博创科技策划

Nios II 系统开发设计与应用实例

孙 恺　程世恒　编著

北京航空航天大学出版社

内容简介

本书介绍了使用 Altera 公司 SOPC Builder、Nios II IDE 等软件建立以 Nios II 处理器为核心的嵌入式系统的方法以及 Nios II 的高级使用技巧。内容包括 FPGA/CPLD 开发基础、Altera FPGA/CPLD 的结构、Quartus II 的基本应用、Quartus II 辅助设计工具的应用、ModelSim SE 的基本应用、Nios II 处理器、Avalon 总线规范、Nios II 系统开发设计基础、Nios II 系统设计基础开发实例、Nios II 系统设计综合提高实例、基于嵌入式操作系统的 Nios II 系统设计与应用等。

本书适合高等院校相关专业的本科高年级、研究生以及 SOPC 技术应用开发人员阅读参考。

图书在版编目(CIP)数据

Nios II 系统开发设计与应用实例 / 孙恺,程世恒编著.
北京:北京航空航天大学出版社,2007.8
ISBN 978-7-81077-991-3

Ⅰ.N… Ⅱ.①孙…②程… Ⅲ.微处理器—系统设计
Ⅳ.TP332

中国版本图书馆 CIP 数据核字(2007)第 098568 号

© 2007,北京航空航天大学出版社,版权所有。
未经本书出版者书面许可,任何单位和个人不得以任何形式或手段复制或传播本书内容。侵权必究。

Nios II 系统开发设计与应用实例

孙 恺 程世恒 编著
责任编辑 唐 瑶 张 楠

＊

北京航空航天大学出版社出版发行
北京市海淀区学院路 37 号(100083) 发行部电话:010-82317024 传真:010-82328026
http://www.buaapress.com.cn E-mail:bhpress@263.net
涿州市新华印刷有限公司印装 各地书店经销

＊

开本:787×1 092 1/16 印张:20.25 字数:518 千字
2007 年 8 月第 1 版 2007 年 8 月第 1 次印刷 印数:5 000 册
ISBN 978-7-81077-991-3 定价:32.00 元

前言

随着微电子设计技术与工艺的发展,数字集成电路从电子管、晶体管、中小规模集成电路、超大规模集成电路(VLSIC)逐步发展到今天的专用集成电路(ASIC)。ASIC 的出现降低了产品的生产成本,提高了系统的可靠性,缩小了设计的物理尺寸。但是 ASIC 因其设计周期长,改版投资大,灵活性差等缺陷制约了它的应用范围。FPGA/CPLD 设计正好弥补了这一缺陷。

FPGA/CPLD 具有功能强大,开发工程投资小、周期短,可反复编程修改,保密性能好,开发工具智能化等特点,特别是随着电子工艺的不断改进,低成本 FPGA/CPLD 器件推陈出新。新一代的 FPGA 甚至集成了中央处理器(CPU)或数字处理器(DSP)内核,在一片 FPGA 上进行软硬件协调设计,为实现片上可编程系统(SOPC,System On Programmable Chip)提供了强大的硬件支持。

SOPC 是 Altera 公司提出来的一种灵活、高效的 SOC 解决方案。SOPC 是一种特殊的嵌入式系统:首先它是片上系统 SOC;其次它是可编程系统,具有灵活的设计方式,可裁剪、可扩充、可升级,并具备软硬件在系统可编程的功能。

SOPC 结合了 SOC 和 FPGA/CPLD 各自优点,具备以下基本特征:

- 至少包含一个嵌入式处理器内核。
- 具有小容量片内高速 RAM 资源。
- 丰富的 IP 核资源可供选择。
- 足够的片上可编程逻辑资源。
- 处理器调试接口和 FPGA 编程接口。
- 可能包含部分可编程模拟电路。
- 单芯片,低功耗,微封装。

SOPC 是 PLD 和 ASIC 技术融合的结果。目前 0.13 μm 的 ASIC 产品制造价格仍然相当昂贵,相反,集成了硬核或软核 CPU、DSP、存储器、外围 I/O 及可编程逻辑的 SOPC 芯片在应用的灵活性和价格上有极大的优势,所以 SOPC 被称为"半导体产业的未来"。

Nios II 是由硬件描述语言编写的基于 FPGA 的软核 CPU,是 Altera 公司 SOPC 战略的重要组成部分。Nios II 嵌入式处理器不仅提供更高的性能、更低的成本,还提供了齐全的软件开发工具以及系统灵活性。它拥有 32 位指令集,32 位数据线宽度,32 个通用寄存器,32 个外部中断源和 2 GB 寻址空间;基于边界扫描测试的调试逻辑,支持硬件断点,数据触发,以及片外和片内的调试跟踪等高级特性。

本书内容丰富,实用性强,从 FPGA 理论入手,讲述了开发工具、Nios II 的基础,最后结合 UP-SOPC2000 教学实验平台开发了一套完整的实践体系。该实验体系从易到难,从浅入深,可以使读者快速全面地掌握 SOPC 的开发方法。本书适合高等院校相关专业的本科高年级、研究生以及 SOPC 技术应用开发人员阅读参考

本书主要由孙恺、程世恒共同编写,作者在 SOPC 方面有多年的工作经验和很深的造诣。在本书编写的过程中,黄伦学、潘峰、王玉峰、朱峰、钱正光、赵宁、刘枫、李伟、赵晓宾、王君、陈佳、李长征、姚远、曹宇男完成了本书资料的收集和整理工作,并且参与书中部分章节的编写工作,这里向他们表示由衷的感谢。作者在编写本书的过程中参考了不少专家和学者的论文、著作,也参考了网络上很多的文献,在此对他们表示谢谢。

限于作者的理论水平和开发经验,书中难免存在一些不足之处或错误,恳请广大读者和相关专家批评指正。

作　者

2007 年 7 月

目录

第一部分 芯片器件与开发工具

第1章 FPGA/CPLD 开发基础
1.1 FPGA/CPLD 概述 …………… 2
  1.1.1 FPGA/CPLD 与 EDA、ASIC 技术 ………………………… 3
  1.1.2 FPGA/CPLD 与 SOPC/SOC ……………………………………… 4
1.2 FPGA/CPLD 硬件体系结构 …… 4
  1.2.1 FPGA 体系结构 …………… 4
  1.2.2 CPLD 体系结构 …………… 7
  1.2.3 FPGA 和 CPLD 的比较 …… 8
1.3 FPGA/CPLD 的开发流程 …… 10
1.4 FPGA/CPLD 的常用开发工具 ……………………………………… 12

第2章 Altera FPGA/CPLD 的结构
2.1 Altera 高密度 FPGA ………… 15
2.2 Altera 低成本 FPGA ………… 19
  2.2.1 主流低成本 FPGA——Cyclone ……………………………… 19
  2.2.2 新一代低成本 FPGA——CycloneII ………………………… 21

第3章 Quartus II 的基本应用
3.1 Quartus II 软件的用户界面 …… 25
3.2 设计输入 …………………… 28

3.3 综合 ………………………… 29
3.4 布局布线 …………………… 32
3.5 仿真 ………………………… 33
3.6 编程与配置 ………………… 35

第4章 Quartus II 辅助设计工具的应用
4.1 定制元件工具 MegaWizard Plug-In Manager 的使用 ……………… 39
  4.1.1 IP 核简介 ………………… 39
  4.1.2 基本宏单元的定制 ……… 41
4.2 RTL 阅读器 ………………… 44
  4.2.1 JRTL 阅读器简介 ………… 45
  4.2.2 RTL 阅读器用户界面 …… 45
  4.2.3 原理图的分页和模块层次的切换 ……………………………… 46
  4.2.4 使用 RTL 阅读器分析设计中的问题 ……………………… 47
4.3 SignalTapII 逻辑分析器 …… 48
4.4 时序收敛平面布局规划器(Timing Closure Floorplan) ……………… 52
  4.4.1 使用 Timing Closure Floorplan 分析设计 …………………… 52
  4.4.2 使用 Timing Closure Floorplan 优化设计 …………………… 54

4.5 Chip Editor 底层编辑器 ……… 54
　4.5.1 Chip Editor 功能简介 …… 54
　4.5.2 使用 Chip Editor 的设计流程
　　　 ……………………………… 55
　4.5.3 Chip Editor 视图 …………… 55
　4.5.4 资源特性编辑器 …………… 55
　4.5.5 Chip Editor 一般应用 …… 57
4.6 时钟管理 …………………………… 57
　4.6.1 时序问题 …………………… 57
　4.6.2 锁相环应用 ………………… 60
4.7 片外高速存储器 …………………… 65
4.8 时序约束与时序分析 ……………… 65
4.9 设计优化 …………………………… 67

第 5 章 ModelSim SE 的基本应用
5.1 基本仿真 …………………………… 70
5.1.1 仿真基本流程 ……………… 70
5.1.2 创建工作设计库 …………… 70
5.1.3 编译设计源文件 …………… 71
5.1.4 装载设计单元到仿真器 …… 71
5.1.5 运行仿真器 ………………… 72
5.1.6 在源代码中设置断点单步运行
　　　 ……………………………… 74
5.2 ModelSim SE 工程 ………………… 75
5.2.1 创建新工程 ………………… 75
5.2.2 编译源文件到工作库和装载设
　　　 计到仿真器中 ……………… 76
5.2.3 用文件夹方式组织工程 …… 77
5.2.4 添加仿真器配置文件到工程中
　　　 ……………………………… 77
5.3 波形分析 …………………………… 79

第二部分　Nios II 理论基础

第 6 章 Nios II 处理器
6.1 Nios II 处理器系统简介 ………… 84
6.2 Nios II 处理器体系结构 ………… 86
　6.2.1 处理器体系结构简介 ……… 86
　6.2.2 处理器的实现 ……………… 87
　6.2.3 寄存器文件 ………………… 88
　6.2.4 算术逻辑单元 ……………… 88
　6.2.5 异常和中断的控制 ………… 89
　6.2.6 存储器与 I/O 组织 ………… 89
　6.2.7 硬件辅助调试模块 ………… 92
6.3 Nios II 内核的三种类型 ………… 92
　6.3.1 Nios II/f 核 ………………… 93
　6.3.2 Nios II/s 核 ………………… 94
　6.3.3 Nios II/e 核 ………………… 94
6.4 Nios II 内核在 SOPC Builder 中的
　　实现 ………………………………… 95
　6.4.1 Nios II 核的选择 …………… 95
　6.4.2 缓存与紧耦合存储器的设置
　　　 ……………………………… 95
　6.4.3 JTAG 调试模块级别的选择
　　　 ……………………………… 96
　6.4.4 用户指令接口 ……………… 97

第 7 章 Avalon 总线规范
7.1 概　述 ……………………………… 99
7.2 术语和概念 ………………………… 100
7.3 Avalon 总线传输 …………………… 103
　7.3.1 主端口接口与从端口接口
　　　 ……………………………… 103
　7.3.2 Avalon 总线时序 …………… 103
　7.3.3 Avalon 总线信号 …………… 104
7.4 Avalon 从端口传输 ………………… 104
　7.4.1 从传输的 Avalon 总线信号
　　　 ……………………………… 105
　7.4.2 Avalon 总线上的从端口读传输
　　　 ……………………………… 106
　7.4.3 在 Avalon 总线上的从端口写
　　　 传输 ………………………… 110
7.5 Avalon 主端口传输 ………………… 114

7.5.1 主传输的 Avalon 信号 … 115
7.5.2 Avalon 总线上的基本主端口读传输 … 116
7.5.3 Avalon 总线上的基本主端口写传输 … 117
7.6 高级 Avalon 总线传输 … 119
　7.6.1 流传输模式 … 119
　7.6.2 Avalon 总线控制信号 … 124
7.7 片外设备与 Avalon 总线接口 … 125
　7.7.1 从传输的 Avalon 三态信号 … 126
　7.7.2 无延迟的 Avalon 三态从端口读传输 … 127
　7.7.3 Avalon 三态从端口写传输 … 128

第 8 章　Nios II 系统开发设计基础
8.1 Nios II 系统设计开发流程概述 … 130
8.2 SOPC Builder 进行硬件开发 … 130
　8.2.1 SOPC Builder 简介 … 130
　8.2.2 SOPC Builder 开发流程 … 133
　8.2.3 用户自定义组件创建与使用 … 137
8.3 Nios II IDE 软件开发 … 137
　8.3.1 Nios II IDE 简介 … 138
　8.3.2 Nios II IDE 开发流程 … 140
　8.3.3 HAL 系统库 … 151
　8.3.4 高级编程 … 181

第三部分　Nios II 实践开发

第 9 章　Nios II 系统设计基础开发实例初级篇
9.1 Hello_world 实验 … 194
　9.1.1 实验目的 … 194
　9.1.2 实验内容 … 194
　9.1.3 实验步骤 … 194
9.2 LED 实验 … 201
　9.2.1 实验目的 … 201
　9.2.2 实验内容 … 201
　9.2.3 实验步骤 … 201
9.3 基于 Nios II 的 UART 串口实验 … 205
　9.3.1 实验目的 … 205
　9.3.2 实验内容 … 205
　9.3.3 实验步骤 … 206
9.4 PIO 实验 … 210
　9.4.1 实验目的 … 210
　9.4.2 实验内容 … 211
　9.4.3 实验步骤 … 211

第 10 章　Nios II 系统设计综合提高实例中级篇
10.1 Flash 存储器实验 … 221
　10.1.1 实验目的 … 221
　10.1.2 实验内容 … 221
　10.1.3 实验步骤 … 221
10.2 SSRAM 和 SDRAM 存储器实验 … 230
　10.2.1 实验目的 … 230
　10.2.2 实验内容 … 231
　10.2.3 实验步骤 … 231
10.3 DMA 实验 … 238
　10.3.1 实验目的 … 238
　10.3.2 实验内容 … 239
　10.3.3 实验原理 … 239
　10.3.4 实验步骤 … 239
10.4 VGA 实验 … 245

10.4.1 实验目的 …………… 245
10.4.2 实验内容 …………… 245
10.4.3 实验步骤 …………… 245
10.5 Nios II 自定义指令实验 …… 251
10.5.1 实验目的 …………… 251
10.5.2 实验内容 …………… 251
10.5.3 实验原理 …………… 251
10.5.4 实验步骤 …………… 254

第11章 基于嵌入式操作系统的 Nios II 系统设计与应用高级篇

11.1 Hello μC/OS-II 实验 ……… 259
11.1.1 实验目的 …………… 259
11.1.2 实验内容 …………… 259
11.1.3 实验步骤 …………… 259
11.2 基于 μC/OS-II 的 TCP/IP Socket Server 实验 …………… 262
11.2.1 实验目的 …………… 262
11.2.2 实验内容 …………… 263
11.2.3 实验步骤 …………… 263
11.3 μClinux 内核与根文件系统的移植及 Flash 在 μClinux 下的使用实验 …………………… 268
11.3.1 实验目的 …………… 268
11.3.2 实验内容 …………… 269
11.3.3 实验步骤 …………… 269
11.3.4 Linux 简介 …………… 283
11.4 μClinux 下应用程序的建立与使用实验 …………………… 284
11.4.1 实验目的 …………… 284
11.4.2 实验内容 …………… 284
11.4.3 实验步骤 …………… 285
11.5 μClinux 下 Ethernet 通信实验 …………………… 287
11.5.1 实验目的 …………… 287
11.5.2 实验内容 …………… 288
11.5.3 实验步骤 …………… 288
11.6 μClinux 下 USB 接口实验 … 299
11.6.1 实验目的 …………… 299
11.6.2 实验内容 …………… 299
11.6.3 实验步骤 …………… 299

参考文献 …………………… 316

第一部分 芯片器件与开发工具

第1章　FPGA/CPLD 开发基础

第2章　Altera FPGA/CPLD 的结构

第3章　Quartus II 的基本应用

第4章　Quartus II 辅助设计工具的应用

第5章　ModelSim SE 的基本应用

第1章
FPGA/CPLD 开发基础

1.1　FPGA/CPLD 概述

随着微电子设计技术与工艺的发展,数字集成电路从电子管、晶体管、中小规模集成电路、超大规模集成电路(VLSIC)逐步发展到今天的专用集成电路(ASIC)。ASIC 的出现降低了产品的生产成本,提高了系统的可靠性,缩小了设计的物理尺寸,推动了社会的现代化进程。但是 ASIC 因其设计周期长、改版投资大、灵活性差等缺陷制约了它的应用范围。FPGA/CPLD 设计正好弥补了这一缺陷。FPGA/CPLD 具有功能强大、开发工程投资小、周期短、可反复编程修改、保密性能好、开发工具智能化等特点,特别是随着电子工艺的不断改进,低成本 FPGA/CPLD 器件推陈出新,新一代的 FPGA 甚至集成了中央处理器(CPU)或数字处理器(DSP)内核,在一片 FPGA 上进行软硬件协调设计,为实现片上可编程系统(SOPC,System On Programmable Chip)提供了强大的硬件支持。在高新技术日新月异的今天,以 HDL 语言来表达设计意图,以 FPGA/CPLD 作为硬件载体,以计算机为设计开发工具,以 EDA 软件为开发环境,以 ASIC、SOC、SOPC 和 IP 核技术等为综合设计的方法,已成为硬件设计工程的主要特征。这一切促使 FPGA/CPLD 成为当今硬件设计的首选方式之一。可以说 FPGA/CPLD 设计技术是当今高级硬件工程师与 IC 工程师的必备技能。

现场可编程逻辑阵列(FPGA)和复杂可编程逻辑器件(CPLD)都属于可编程逻辑器件。可编程逻辑器件指的是一切通过软件手段更改、配置器件内部连线结构和逻辑单元完成既定设计功能的数字集成电路。更形象地说,FPGA/CPLD 能完成任何数字器件的功能,上至高性能的 CPU,下至简单的 74 电路。它如一张白纸或一堆积木,工程师可以通过传统的原理图输入法或硬件描述语言自由地设计一个数字系统,通过软件仿真可以事先验证设计的正确性;在 PCB 完成以后利用 FPGA/CPLD 的在线可反复编程修改功能,随时修改设计而不必更改硬件电路。同时,大大缩短设计时间,减少 PCB 面积,提高系统的可靠性。

1.1.1 FPGA/CPLD 与 EDA、ASIC 技术

1. EDA 技术

EDA 是电子设计自动化(Electronic Design Automation)的简称。现在电子技术设计的核心是 EDA 工程。EDA 工程就是以计算机为工作平台、以 EDA 软件工具为开发环境、以硬件描述语言为设计语言、以 FPGA/CPLD 为载体、以 ASIC、SOPC/SOC 芯片为目的器件、以电子系统设计为应用方向的电子产品自动化设计过程。

2. ASIC 技术

ASIC 是专用集成电路(Application Specific Integrated Circuit)的简称,是一种带有逻辑处理的加速处理器。简单的说就是用硬件的逻辑电路实现软件的功能。使用 ASIC 可把一些原先由 CPU 完成的通用工作用专门的硬件实现,从而在性能上获得突破性提高。FPGA/CPLD 是可编程逻辑器件,而 ASIC 则是指标准单元和门阵列,其芯片实际上是制造时而不是在用户端进行编程。FPGA/CPLD 与 ASIC 各有优势,具体比较如表 1.1 所列。

表 1.1 FPGA/CPLD 与 ASIC 比较一览表

层 面	FPGA/CPLD	ASIC	备 注	结 论
时钟设计	一般同步时钟设计,采用全局时钟驱动	一般异步时钟设计,采用门控时钟树驱动		
布线方式	一般采用时序驱动方式在各级专用布线资源上灵活布线	布线固定		
功 耗	较高	较低	ASIC 由于其门控时钟结构和异步电路设计方式,功耗很低	ASIC 这三方面优势将 FPGA/CPLD 排除在很多高速、复杂、低功耗设计领域之外
设计频率	低	高	目前 FPGA/CPLD 最快频率不过 500 MHz,很多 ASIC 工作频率在 10 GHz 以上	
设计密度	小	大	FPGA/CPLD 底层硬件结构一致,大量单元不能充分利用,与 ASIC 门设计效率比为 1∶10	
设计周期	短	长	FPGA/CPLD 设计流程比 ASIC 简化许多,且可以重复开发	FPGA/CPLD 更适合于那些不断演进的标准
开发成本	低	高	ASIC 的非重复性工程成本(NRE)费用非常高	
灵活性	易于修改,重复编程	不可修改,不能重复编程		

新型 FPGA/CPLD 规模越来越大,成本越来越低。低端 CPLD 已经逐步取代了 74 系列等传统的数字元件,高端 FPGA 也在不断地夺取 ASIC 的市场份额,特别是目前大规模 FPGA

多数支持SOPC,与CPU、DSP核有机结合使FPGA逐步上升为系统级实现平台。

高端FPGA重要特点就是集成了功能丰富的Hard IP Core(硬知识产权核)。这些Hard IP Core一般能完成高速、复杂的设计标准。通过这些Hard IP Core,FPGA正逐步进入一些过去只有ASIC能完成的设计领域。必须强调的是这些内嵌在FPGA之中的DSP或CPU处理器模块的硬件主要由一些加、乘、快速进位链等结构组成,加上用逻辑资源和块RAM实现的软核部分,就组成了功能强大的软计算中心。但是,由于其不具备传统的DSP和CPU的各种译码机制、复杂通信总线、灵活的中断和调度机制等硬件结构,所以还不是真正意义上的DSP和CPU。这种DSP、CPU比较适合实现FIR滤波器、编解码器、FFT(快速傅里叶变换)等运算。以上这种内嵌硬核思路体现了FPGA向ASIC的融合;另一种思路是在ASIC中集成部分可编程配置资源,这种思路是ASIC向FPGA的融合,被称为结构化ASIC。

总之,市场趋势是FPGA设计与ASIC设计技术进一步融合,FPGA通过Hard IP Core和结构化ASIC之路加快占领传统ASIC市场份额。

1.1.2　FPGA/CPLD 与 SOPC/SOC

SOC是片上系统(System On Chip)的简称,即由单个芯片完成整个系统的主要逻辑功能。SOPC是可编程片上系统(System On Programmable Chip)的简称。SOPC是一种特殊的嵌入式系统:首先它是片上系统SOC;其次它是可编程系统,具有灵活的设计方式,可裁剪、扩充、升级,并具备软硬件在系统可编程的功能。而FPGA/CPLD正是SOC/SOPC的高效设计平台。

SOPC结合了SOC和FPGA/CPLD各自优点,具备以下基本特征:
- 至少包含一个嵌入式处理器内核。
- 具有小容量片内高速RAM资源。
- 丰富的IP核资源可供选择。
- 足够的片上可编程逻辑资源。
- 处理器调试接口和FPGA编程接口。
- 可能包含部分可编程模拟电路。
- 单芯片、低功耗、微封装。

SOPC是PLD和ASIC技术融合的结果。目前0.13 μm的ASIC产品制造价格仍相当昂贵,相反,集成了硬核或软核CPU、DSP、存储器、外围I/O及可编程逻辑的SOPC芯片在应用的灵活性和价格上有极大的优势,所以SOPC被称为"半导体产业的未来"。

1.2　FPGA/CPLD 硬件体系结构

1.2.1　FPGA 体系结构

FPGA是现场可编程门阵列(Field Programmable Gate Array)的简称。FPGA是在CPLD的基础上发展起来的高性能可编程逻辑器件,它一般采用SRAM工艺,也有一些专用器件采用 Flash 工艺或反熔丝（Anti-Fuse）工艺等。FPGA 的集成度很高，其器件密度从数万系统门到数千万系统门不等，可以完成极其复杂的时序与组合逻辑电路功能，适合于高速、高密度的高端数字逻辑电路设计领域。

1. FPGA 基本结构

FPGA 的基本组成部分有：可编程 I/O 单元、可编程逻辑单元、布线互连资源、嵌入式块 RAM、底层嵌入功能单元和内嵌专用硬核等。FPGA 结构示意图如图 1.1 所示。

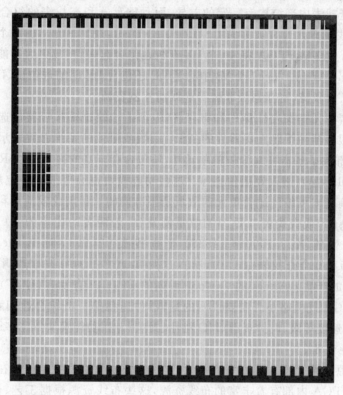

图 1.1　FPGA 结构示意图

（1）可编程 I/O 单元

可编程 I/O 单元是芯片上的逻辑与外部封装脚的接口部分，它们通常排列在芯片的四周，完成不同电气特性下对输入、输出信号的驱动与匹配要求。目前大多数 FPGA 的 I/O 单元被设计成可编程模式，即通过软件配置可以适配不同的电气标准与 I/O 物理特性。常见的电气标准有 LVTTL、LVCMOS、SSTL、HSTL、LVDS、LVPECL 和 PCI 等，可以调整匹配阻抗特性，上下拉电阻，可以调整输出驱动电流的大小等。随着 ASIC 工艺的飞速发展，目前可编程 I/O 支持的最高频率越来越高，一些高端 FPGA 通过 DDR 寄存器技术，可以支持高达 2 Gbit/s 的数据速率。

（2）可编程逻辑单元

基本可编程逻辑单元是可编程逻辑单元的主体，可以根据设计灵活地改变其内部连接与配置，完成不同的逻辑功能。FPGA 一般是基于 SRAM 工艺的，其基本可编程逻辑单元几乎都是由查找表（LUT，Look Up Table）和寄存器（Register）组成的。LUT 本质上就是一个 RAM。目前 FPGA 中多使用 4 输入的 LUT，所以每一个 LUT 可以看成一个有 4 位地址线的

16×1 的 RAM。当用户通过原理图或 HDL 语言描述了一个逻辑电路以后，PLD/FPGA 开发软件会自动计算逻辑电路所有可能的结果，并把结果事先写入 RAM，这样，每输入一个信号进行逻辑运算就等于输入一个地址进行查表，找出地址对应的内容，然后输出即可。查找表一般完成纯组合逻辑功能。FPGA 内部寄存器结构相当灵活，可以配置为带同步/异步复位或置位、时钟使能的触发器，也可以配置成为锁存器(Latch)。FPGA 一般用寄存器完成同步时序逻辑设计。一般来说，经典的基本可编程逻辑单元是一个寄存器加上一个查找表。但是不同厂商的寄存器和查找表内部结构有一定的差异，而且寄存器和查找表的组合模式也不同。例如 Altera 可编程逻辑单元通常被称为 LE(Logic Element，逻辑单元)，由一个寄存器加一个查找表构成。Altera 大多数 FPGA 将 10 个 LE 有机地组合起来，构成更大功能单元——逻辑阵列模块(LAB,Logic Array Block)，LAB 中除了 LE 还包含 LE 间的进位链、LAB 控制信号、局部互连资源、LUT 级联链、寄存器级联链等连线与控制资源。

了解底层配置单元查找表(LUT)和寄存器(Register)的比率对于器件选型和规模估算有很重要的意义。很多器件手册上用器件的 ASIC 门数或等效的系统门数表示器件的规模。由于现在 FPGA 内部除了基本可编程逻辑单元外，还包含有丰富的嵌入式块 RAM、底层嵌入式功能单元(PLL、DLL 等)、嵌入专用硬核等。这些功能模块也会等效出一定规模的系统门，所以再用系统门权衡基本可编程逻辑单元的数量是不准确的。目前比较简单科学的方法是用器件的寄存器(Register)或查找表(LUT)的数量衡量(一般两者的比率为 1:1)。例如，Xilinx 的 Sparten-III 系列的 XC3S1000 有 15360 个查找表(LUT)，而 Lattice 的 EC 系列的 LFEC15E 也有 15 360 个查找表(LUT)，所以这两款 FPGA 的可编程逻辑单元数量基本相当，属于同一规模的产品。Altera 的 Cyclone 系列的 EP1C12 查找表(LUT)数量是 12 060 个，就比前面两款 FPGA 规模略小。需要说明的是，器件选型是一个综合性问题，需要将设计的需求、成本、规模、速度等级、时钟资源、I/O 特性、封装、专用功能模块等诸多因素综合考虑。

(3) 布线互连资源

布线互连资源连通 FPGA 内部所有单元，连线的长度和工艺决定信号在连线上的驱动能力和传输速度。FPGA 内部有着丰富的布线资源，这些布线资源根据工艺、长度、宽度和分布位置的不同而被划分为不同的等级。

- 全局性布线资源：用以完成器件内部的全局时钟和全局复位/置位的布线。
- 长线资源：用以完成器件分区(Bank)间的高速信号和第二全局时钟信号(Low Skew)的布线。
- 短线资源：用以完成基本逻辑单元之间的逻辑互连与布线。
- 逻辑单元内部布线资源：用以完成基本逻辑单元内部的布线互连。

实现过程中，设计者一般不需要直接选择布线资源，而是由布局布线器自动根据输入的逻辑网表的拓扑结构和约束条件选择可用的布线资源连通所用的底层单元模块，所以设计者常常忽略布线资源。其实，布线资源的优化与使用和设计的实现结果(包含速度和面积两个方面)有直接关系。

(4) 嵌入式块 RAM

目前大多数 FPGA 都有内嵌的块 RAM(Block RAM)。FPGA 内部嵌入可编程 RAM 块，大大扩展了 FPGA 的应用范围和使用灵活性。FPGA 内嵌的块 RAM 一般可以灵活配置为单端口 RAM(SPRAM,Single Port RAM)、双端口 RAM(DPRAM,Double Port RAM)、

FIFO(First In First Out)等常用存储结构。FPGA 内部实现 RAM、FIFO 等存储结构都可以基于嵌入式块 RAM 单元,根据需求自动生产相应的粘合逻辑以完成地址和片选等控制逻辑。

不同器件商或不同器件族的内嵌块 RAM 的结构不同,Xilinx 常见的块 RAM 大小是 4 Kbit 和 18 Kbit 两种结构,Lattice 常用的块 RAM 大小是 9 Kbit,Altera 的块 RAM 最为灵活,一些高端器件内部同时含有 3 种块 RAM 结构,分别是 M512RAM(512 bit)、M4KRAM(4 Kbit)、M-RAM(512 Kbit)。

除了块 RAM,FPGA 还可以灵活地将 LUT 配置成 RAM、ROM、FIFO 等存储结构,这种技术被称为分布式 RAM(Distributed RAM)。根据设计需求,块 RAM 的数量和配置方式也是器件选型的一个重要标准。

(5) 嵌入式功能单元

嵌入式功能单元指的是那些通用程度较高的嵌入式功能模块,比如 PLL(Phase Locked Loop)、DLL(Delay Locked Loop)、DSP、CPU 等。随着 FPGA 的发展,这些模块被越来越多地嵌入到 FPGA 的内部,以满足不同场合的需求。

目前大多数 FPGA 厂商都在 FPGA 内部集成了 DLL 或者 PLL 硬件电路,用以完成时钟的高精度、低抖动的倍频、分频、占空比调整、移相等功能。Altera 芯片集成的是 PLL,Xilinx 芯片主要集成的是 DLL,Lattice 的新型 FPGA 同时集成了 PLL 和 DLL 以适应不同的需求。

(6) 内嵌专用硬核

这里内嵌专用硬核与前面的"底层嵌入单元"是有区分的,这里主要指那些通用性、较弱的。例如,Altera 的 Stratix GX 器件族内部集成了 3.187 5 Gbit/s 串并收发单元(SERDES);Lattice 器件的专用硬核(Hard Core)比重更大。但不是所有的 FPGA 器件都包含硬核(Hard Core)。

2. FPGA 的编程工艺

FPGA 的功能由逻辑结构的配置数据决定。工作时,这些配置数据存放在片内的 SRAM 或熔丝图上。基于 SRAM 的 FPGA 器件,在工作前需要从芯片外部的 EPROM 或其他存储体上加载配置数据,配置完成以后,FPGA 进入工作状态。掉电后,FPGA 恢复成白片,片内逻辑关系消失,因此,FPGA 能够反复使用。用户可以控制加载过程,在现场修改器件的逻辑功能,即所谓的现场编程。

FPGA 有多种配置模式:并行主模式为一片 FPGA 加一片 EPROM 的方式;主从模式可以支持一片 PROM 编程多片 FPGA;串行模式可以采用串行 PROM 编程 FPGA;外设模式可以将 FPGA 作为微处理器的外设,由微处理器对其编程。

1.2.2 CPLD 体系结构

CPLD 是复杂可编程逻辑器件(Complex Programmable Logic Device)的简称。CPLD 是在 PAL、GAL 的基础上发展起来的,一般采用 EECMOS 工艺,也有采用 Flash 工艺的。CPLD 一般可以完成设计中较复杂、较高速的逻辑功能,如接口转换、总线控制等。

1. CPLD 基本结构

CPLD 的结构相对比较简单,主要由可编程 I/O 单元、可编程逻辑单元、布线池、布线阵列构成。

(1) 可编程 I/O 单元

CPLD 的可编程 I/O 单元和 FPGA 的可编程 I/O 单元的功能一样,完成不同电气特性下对 I/O 信号的驱动与匹配。由于 CPLD 的应用范围局限性较大,所以其可编程 I/O 的性能和复杂度与 FPGA 相比有一定的差距。CPLD 的可编程 I/O 支持的 I/O 标准较少,频率也较低。

(2) 可编程逻辑单元

CPLD 的基本逻辑单元结构与 FPGA 的相差较大,FPGA 的基本逻辑单元通常是由 LUT 和 Register 按照 1∶1 的比例组成的,而 CPLD 没有 LUT 这种概念,其基本逻辑单元是一种被称为宏单元(MC,Macro Cell)的结构。宏单元是由乘积项加上触发器构成的,其中乘积项完成组合逻辑功能,乘积项实际就是一个与或阵列,每一个交叉点都是一个可编程熔丝,如果导通就是实现"与"逻辑,在"与"阵列后一般还有一个"或"阵列,用以完成最小逻辑表达式中的"或"关系。"与或"阵列配合工作,完成复杂的组合逻辑功能。触发器完成时序逻辑功能,用以实现时序逻辑的寄存器或锁存器等功能。CPLD 器件规模一般由宏单元(MC)数目表示,器件标称中的数字一般都包含该器件的宏单元(MC)数量。例如,Altera 的 EPLD MAX7000 系列 EPM7256AEQC208-10,其中 256 表示 256 个宏单元(MC)。Altera 为了突出特性,曾将自己的 CPLD 器件称为 EPLD(Enhanced Programmable Logic Device 增强型可编程逻辑器件),现已统称为 CPLD。

(3) 布线池、布线阵列

CPLD 的布线及连通方式与 FPGA 差异较大。FPGA 内部有不同速度、不同驱动能力的丰富布线资源,用以完成 FPGA 内部所有单元之间的互连。而 CPLD 的结构比较简单,其布线资源也相对有限,一般采用集中式布线池结构。布线池本质就是一个开关矩阵,通过打结点可以完成不同宏单元的输入与输出项之间的连接。

由于 CPLD 的布线池结构固定,所以 CPLD 的输入引脚到输出引脚的标准延时固定,被称为 Pin-to-Pin 延时,用 Tpd 表示,Tpd 已达到纳秒(ns)级。Tpd 反应了 CPLD 器件可以实现的最高频率,并清晰地表明了 CPLD 器件的速度等级。

2. CPLD 编程工艺

CPLD 大多采用 CMOS EPROM、E2PROM 和 Flash 等编程技术,一般可重复擦写上千次。编程是指将编程数据放到具体的可编程器件中去。器件在编程完毕以后,可以用编译时产生的文件对器件进行检验、加密等工作。对于具有边界扫描测试能力和在系统编程能力的器件来说,测试起来更加方便。ISP 在系统可编程技术使 CPLD 开发过程变得简单,它对器件、电路甚至整个系统有进行现场升级和功能重构的能力。

1.2.3 FPGA 和 CPLD 的比较

FPGA/CPLD 既继承了 ASIC 的大规模、高集成度、高可靠性的优点,又克服了普通 ASIC 设计周期长、投资大、灵活性差的缺点,逐步成为复杂数字硬件电路设计的理想首选。在选择产品时,一般需要考虑芯片速度、器件功耗等技术因素。

- 芯片速度:随着可编程逻辑器件集成技术的不断提高,CPLD 和 FPGA 的工作速度也不断提高,Pin-to-Pin 延时已经达到纳秒(ns)级,在一般使用中,器件的工作频率已经足够了。目前,Altera 和 Xilinx 公司的器件标称工作频率最高都超过了 300 MHz。具体设计中应对芯片速度的选择有一综合考虑,并不是速度越高越好,芯片速度应与所设计系统的最高工作速度一致。使用速度过高器件将加大电路板 PCB 设计的难度。因为器件的高速性能越好,对外界微小毛刺信号的反应越敏感,若电路处理不当极易使系统处于不稳定的工作状态。

- 器件功耗:推荐使用 3.3 V、2.5 V 或更低的元器件,由于在线编程的需要,CPLD 工作电压一般为 5 V,而 FPGA 工作电压的流行趋势是越来越低,3.3 V、2.5 V 在 FPGA 中已十分普遍。因此,就功耗、高集成度方面来说,FPGA 具有绝对优势。Xilinx 公司的器件性能比较稳定,功耗较低,用户 I/O 利用率高。例如,XC3000 系列器件一般只有 2 个电源、2 个地,而密度大体相当的 Altera 器件可能有 8 个电源、8 个地。

FPGA 与 CPLD 的区别与联系如表 1.2 所列。

表 1.2　FPGA 与 CPLD 的比较

层面	FPGA	CPLD	备注
结构工艺	LUT 加寄存器结构,实现工艺为 SRAM,也有 Flash、Anti-Fuse 等工艺	乘积项加触发器结构,工艺为 E^2PROM、Flash、Anti-Fuse 等	
触发器数量	多	少	FPGA 更适合实现时序逻辑,CPLD 多用于实现组合逻辑
Pin-to-Pin 延时	不可预测	固定	对 FPGA 而言,时序约束和仿真很重要
规模与逻辑复杂度	规模大,逻辑复杂度高,高达千万门级	规模小,逻辑复杂度低	FPGA 实现复杂设计,CPLD 实现简单设计
成本与价格	成本高,价格高	成本低,价格低	CPLD 用于低成本设计
编程与配置	一般包括两种:外挂 BootRom 和通过 CPU 或 DSP 在线编程。多数属于 RAM 型,掉电程序丢失	两种编程方式:通过编程器烧写 ROM 和通过 ISP 模式。一般为 ROM 型,掉电程序不丢失	反熔丝工艺的 FPGA(Actel 器件)和内嵌 Flash 或 EECMOS 的 FPGA(Lattice 器件)可以实现非易失配置方式
保密性	较差	好	一些内嵌 Flash 的 FPGA 能提供更高保密性
布线方式、资源	分布式,布线资源丰富	集总式,布线资源有限	FPGA 布线灵活,但时序难规划,时序约束和仿真等手段提高并验证时序性能
适合设计性能	复杂时序功能	简单逻辑功能	
I/O 性能	支持的 I/O 标准较多,频率也较高	支持的 I/O 标准较少,频率也较低	一些高端 FPGA 通过 DDR 寄存器技术,I/O 可以支持高达 2 Gbit/s 的数据速率

1.3 FPGA/CPLD 的开发流程

一般来说,完整的 FPGA/CPLD 设计流程包括电路设计与输入、功能仿真、综合、综合后仿真、实现、布线后仿真与验证、板级仿真验证与调试等主要步骤。

1. 电路设计与输入

电路设计与输入是指通过某些规范的描述方式,将工程师构思输入给 EDA 工具。常用的设计输入方法有硬件描述语言(HDL)和原理图设计输入方法等。原理图设计输入法在早期应用的比较分广泛,它根据设计要求选用器件,绘制原理图,完成输入过程。这种方法优点是直观,便于理解,元器件库资源丰富。但在大型设计中,这种方法的可维护性较差,不利于模块重构与重用。更主要的缺点是当所用芯片升级换代后,所有的原理图都要做相应的改动。目前进行大型工程设计时,最常用的设计方法是 HDL 设计输入法,其中影响最为广泛的 HDL 语言是 VHDL 和 Verilog HDL。它们共同的特点是利于由顶而下设计,利于模块的划分与复用,设计不会因芯片的工艺与结构的不同而变化,更利于向 ASIC 的移植。

2. 功能仿真

电路设计完成后,要用专用的仿真工具对设计进行功能仿真,验证电路功能是否符合设计要求。功能仿真也成为前仿真。常用的仿真工具有 Model Tech 公司的 ModelSim、Synopsys 公司的 VCS 等。通过仿真能及时发现设计中的错误,加快设计进度,提高设计的可靠性。

3. 综合优化

综合优化(Synthesize)是指将硬件描述语言、原理图等设计输入翻译成由与、或、非门,RAM,触发器等基本逻辑单元组成的逻辑连接(网表),并根据目标与要求(约束条件)优化所生成的逻辑连接,输出 edf 和 edn 等标准格式的网表文件,供布局布线器工具进行实现。常用专业综合优化工具有 Synplicity 公司的 Synplify/Synplify Pro 和 Mentor Graphics 公司的 Precision RTL 等。

4. 综合后仿真

综合完成后需要检查综合结果是否与原设计一致,做综合后仿真。把综合生成的标准延时文件反标注到综合仿真模型中,可估计门延时带来的影响。综合后仿真虽比功能仿真精确一些,但只能估计到门延时,不能估计线延时,仿真结果与布线后的实际情况还有一定差距,并不十分准确。这种仿真的主要目的在于检查综合器的综合结果是否与设计输入一致。对于一般性设计而言,可以省略综合后仿真。但是如果在布局布线后仿真时发现有电路结构设计与设计意图不符的现象,则要回到综合后仿真确认是否由于综合歧义造成的问题。

5. 实现与布局布线

综合结果的本质是一些由与、或、非门,触发器,RAM 等基本逻辑单元组成的逻辑网表,它与芯片实际配置情况还有较大差距。此时应该使用 FPGA/CPLD 开发工具(选用器件开发商提供的工具),根据芯片型号将综合输出的逻辑网表适配到具体的 FPGA/CPLD 器件上,这个过程就叫做实现过程。

实现过程中最主要的过程是布局布线(PAR,Place And Route):所谓布局(Place)是指将逻辑网表中的硬件原语或者底层单元合理地适配到 FPGA 内部的固有硬件结构上,布局的优劣对设计的最终实现结果(速度和面积)影响很大;所谓布线(Route)是指根据布局的拓扑结构,利用FPGA内部的各种连线资源,合理正确连接各个元件的过程。

6. 时序仿真与验证

将布局布线的时延信息反标注到设计网表中,所进行的仿真就叫时序仿真或布局布线后仿真,简称后仿真。布局布线后生成的仿真时延文件包含的时延信息最全,不仅包含门延时,还包括实际布线延时,所以布线后仿真最准确,能较好地反应芯片实际工作情况。一般来说,布线后仿真是必须进行的,通过布线后仿真能检查设计时序与FPGA实际运行情况是否一致,确保设计的可靠性和稳定性。布局布线后仿真主要目的在于发现时序违规(Timing Violation),即不满足时序约束条件或者器件固有时序规则(建立时间、保持时间等)的情况。

有时为了保证设计可靠性,在时序仿真后还要做一些验证。例如,可以用QuartusII内嵌时序分析工具完成静态时序分析(STA,Static Timing Analyzer);也可用QuartusII内嵌的Chip Editor分析芯片内部的连接与配置情况。

我们已经介绍了3个不同阶段的仿真,这些不同阶段不同层次的仿真配合使用,能够更好地确保设计的正确性,明确问题定位,节约调试时间。下面对三个不同阶段的仿真作一下比较,如表1.3所列。

表1.3 三个不同阶段仿真对比

仿真类型	所处阶段	本质目的
功能仿真	电路设计完成后,综合前,又称前仿真	验证语言设计的电路结构和功能是否和设计意图相符
综合后仿真	综合优化后,综合生成标准延时文件反标注到仿真模型中,但只估计到门延时	验证综合后的电路结构是否与设计意图相符,是否存在歧义综合结果
时序仿真	布局布线后,门延时、布线延时都反标注到设计网表中,简称后仿真	验证是否存在时序违规

7. 板级仿真与验证

在有些高速设计情况下还需要使用第三方的板级验证工具进行仿真与验证。目的是通过对设计的IBIS(Input/Output Buffer Information Specification)、HSPICE(IC设计软件,主要应用于电路级仿真,可进行直流、交流、瞬态分析,可以辅助调整电路参数,得到功耗、延时等性能估计)等模型的仿真,能较好地分析高速设计的信号完整性、电磁干扰(EMI)等电路特性。

8. 调试与加载配置

设计开发的最后步骤就是在线调试或者将生成的配置文件写入芯片中进行测试。示波器和逻辑分析仪(LA,Logic Analyzer)是逻辑设计的主要调试工具。SignalTapII是一种FPGA在线片内信号分析工具,它的主要功能是通过JTAG口,在线实时地读出FPGA的内部信号。基本原理是利用FPGA中未使用的Block RAM,根据用户设置的触发条件将信号实时地保存到这些Block RAM中,然后通过JTAG口传送到计算机,最后在计算机屏幕上显示出时序波形。

在任何仿真和验证步骤出现问题时,就需要根据错误的定位返回到相应的步骤去更改或者重新设计。

1.4 FPGA/CPLD 的常用开发工具

本节主要介绍 FPGA/CPLD 的一些常用 EDA 开发工具。Quartus II 软件是 Altera 公司的综合 EDA 开发工具，它集成了 Altera 的 FPGA/CPLD 开发流程中所涉及的所有工具和其他 EDA 厂商提供的软件工具(第三方软件工具)接口。

常用的 Altera 自带 FPGA/CPLD 开发工具有：
- Text Editor(文本编辑器)。
- Schematic Editor(原理图编辑器)。
- Memory Editor(内存编辑器)。
- MegaWizard(IP 核生成器)。
- Quartus II 内嵌综合工具。
- RTL Viewer(寄存器传输级视图观察器)。
- Assignment Editor(约束编辑器)。
- LogicLock(逻辑锁定工具)。
- PowerFit Fitter(布局布线器)。
- Timing Analyzer(时序分析器)。
- Floorplan Editor(布局规划器)。
- Chip Editor(底层编辑器)。
- Design Space Explorer(设计空间管理器)。
- Design Assistant(检查设计可靠性)。
- Assembler(编程文件生成工具)。
- Programmer(下载配置工具)。
- PowerGauge(功耗仿真器)。
- SignalTapII(在线逻辑分析仪)。
- SignalProbe(信号探针)。
- SOPC Builder(可编程片上系统设计环境)。
- DSP Builder(内嵌 DSP 设计环境)。
- Software Builder(软件开发环境)。

第三方软件指专门 EDA 工具生产商提供的设计工具。Quartus II 集成了与这些设计工具的友好接口，在 Quartus II 中可以直接调用这些工具。第三方工具一般需要 Listense 授权方可使用。Quartus II 中支持的第三方工具接口有：
- Synplify/Synplify Pro 综合工具。
- Amplify 综合工具。
- Mentor Precision RTL 综合工具。
- Mentor LeonardoSpectrum 综合工具。
- Synopsys FPGA Compiler II 综合工具。
- Mentor 的 ModelSim(包括 SE 和 AE 版本)仿真工具。
- Cadence Verilog-XL 仿真工具。

- Cadence NC-Verilog/VHDL 仿真工具。
- Aldec ActiveHDL 仿真工具。

根据设计流程与功能划分，上述 EDA 工具主要分为设计输入工具、综合工具、仿真工具、实现与优化工具、后端辅助工具、验证与调试工具和系统级设计环境 7 类。

1. 设计输入工具

常用的设计输入方法有 HDL 语言输入、原理图输入、IP 核输入和其他输入方法。对应这些输入方法的常用设计输入工具是 Quartus II 软件提供的 Text Editor(文本编辑器)、Schematic Editor(原理图编辑器)、MegaWizard(IP 核生成器)。目前 HDL 语言设计输入方法应用最广泛；原理图设计输入方法仅仅在有些设计的顶层描述时才会使用；IP 核输入方式是 FPGA 设计中的一个重要设计输入方式，适当选用 IP 核，能大幅度地减轻工程师的设计工作量，提高设计质量。

2. 综合工具

主流的综合工具主要有：Quartus II 内嵌综合工具、Synplicity 公司的 Synplify/Synplify Pro 综合工具、Synopsys 公司的 FPGA ComplierII/Express 综合工具、Mentor 公司的 LeonardoSpectrum 综合工具。

- Quartus II 内嵌综合工具：虽然 Altera 设计综合软件的经验还不够丰富，但只有 Altera 自己对其芯片内部结构最了解，所以其内嵌综合工具的一些优化策略甚至优于其他专业综合工具。
- Synplicity 公司的 Synplify/Synplify Pro 综合工具：该工具作为新兴的综合工具在综合策略和优化手段上有较大幅度提高，特别是先进的时序驱动(Timing Driven)和行为级综合提取技术(BEST, Behavioral Extraction Synthesis Technology)算法引擎，使其综合结果面积较小、速度较快，在业界口碑很好。
- Synopsys 公司的 FPGA ComplierII/Express 综合工具：FPGA Express 是最早的 FPGA/CPLD 综合工具之一，它的综合结果比较忠实于原设计，其升级版本 FPGA ComplierII 是最好的 ASIC/FPGA 设计工具之一。
- Mentor 公司的 LeonardoSpectrum 综合工具：它的综合能力也非常高，对 Altera 器件的支持也越来越好。

3. 仿真工具

业界最流行的仿真工具是 ModelSim。其主要特点是仿真速度快、仿真精度高。ModelSim 支持 VHDL、Verilog 以及 VHDL 和 Verilog 混和编程的仿真。另外 Aldec 公司的 ActiveHDL 也有广泛的用户群。其状态机分析视图在调试状态机时非常方便。Aldec 公司还开发了许多著名的软硬件联合仿真系统。

4. 实现与优化工具

实现与优化工具包含的面比较广。如果能较好地掌握这些工具，将大幅度提高设计者的水平，使设计工作更加游刃有余。Quartus II 集成的实现优化工具主要有：Assignment Editor(约束编辑器)、LogicLock(逻辑锁定工具)、PowerFit Fitter(布局布线器)、Timing Analyzer(时序分析器)、Floorplan Editor(布局规划器)、Chip Editor(底层编辑器)、Design Space Explorer(设计空间管理器)、Design Assistant(检查设计可靠性)等。

- Assignment Editor(约束编辑器)：它是图形界面的用户约束输入工具。约束文件包括时钟属性、延时特性、引脚位置、寄存器分组、布局布线要求和特殊属性等信息,这些信息指导实现过程,由用户设计决定电路实现的目标与标准。设计约束文件有较高的技巧性,设计得当将帮助 Quartus II 达到用户设计目标,如果过约束或约束不得当会影响电路性能。

- LogicLock(逻辑锁定工具):它用以完成模块化设计流程,通过划分每个模块的设计区域,然后单独设计和优化每个模块,最后将每个模块融合到顶层设计中。模块化设计方法是团队协作、并行设计的集中体现。
- Timing Analyzer(时序分析器):用以定位、分析并改善设计的关键路径,从而提高设计的工作频率。
- Floorplan Editor(布局规划器):用以观察、规划、修改芯片内部的实际布局布线情况,是用户分析设计结构、指导布局布线的重要工具。
- Chip Editor(底层编辑器):也是分析修改芯片内部布线情况的重要工具。通过 Chip Editor 可以观察芯片时序关键路径,将 Chip Editor 与 SignalTapII、SignalProbe 调试工具配合使用,可以加快设计验证。
- Design Space Explorer(缩写 DSE,设计空间管理器):它是控制布局布线的另一种有效方法。DSE 对应一个 dse.tcl 的 Tcl 脚本,可以使用 quartus_sh 并执行命令运行它,用以完成设计。
- Design Assistant(检查设计可靠性):用以检查设计的可靠性,在 HardCopy 设计流程中非常有用。

5. 后端辅助工具

Quartus II 内嵌的后端辅助工具主要有:Assembler(编程文件生成工具,用以完成 FPGA 配置文件生成)、Programmer(下载配置工具,用以对 FPGA 下载配置)、PowerGauge(功耗仿真器,用以估算设计的功耗)。

6. 验证调试工具

Quartus II 内嵌的调试工具有:SignalTapII(在线逻辑分析仪)、SignalProbe(信号探针)。SignalTapII(在线逻辑分析仪)和 SignalProbe(信号探针)配合使用,用以分析器件内部结点和 I/O 引脚上的信号。

7. 系统级设计环境

Quartus II 的系统级设计环境主要包括 SOPC Builder(可编程片上系统设计环境)、DSP Builder(内嵌 DSP 设计环境)、Software Builder(软件开发环境)。

- SOPC Builder(可编程片上系统设计环境)为用户提供了一个标准化的 SOPC 图形设计环境。Altera 的 SOPC 标准结构由 CPU、存储器接口、标准外围设备和用户自定义的外围设备等组件组成。
- DSP Builder(内嵌 DSP 设计环境)是一个图形化的 DSP 算法开发环境。DSP Builder 允许系统、算法和硬件设计者共享公共开发平台。它是由 Altera 提供的一个可选软件包。
- Software Builder(软件开发环境)是 Quartus II 内嵌的软件开发环境,用以将软件源代码转换为配置 Excalibur 单元的 Flash 格式文件或无源格式文件,Excalibur 嵌入式处理器带分区结构的存储器初始化数据文件。

第 2 章
Altera FPGA/CPLD 的结构

如今的 FPGA 早已不仅仅是传统意义上的通用可编程逻辑器件了,而是越来越像一个可编程的片上系统(SOPC)。可编程逻辑器件内部硬的功能模块越来越丰富,如片内 RAM、锁相环(PLL)、数字信号处理(DSP)模块、专业高速电路甚至嵌入式 CPU,这些需要用户充分理解其结构特点和工作原理,掌握其使用方法,才能最大程度地发挥它们在系统中的作用,从而使用户的设计达到最优化。

Altera 公司的可编程逻辑器件可以分为高密度 FPGA、低成本 FPGA 和 CPLD3 类,在 Altera 近几年的产品系列中,高端高密度 FPGA 有 APEX 系列和 Stratix 系列;低成本 FPGA 有 ACEX 和 Cyclone 系列;CPLD 有 MAX7000B、MAX3000A 和 MAX II。本章主要介绍 Altera 公司主流 PLD 器件的基本结构特点和应用场合,主要内容如下:
- Altera 高密度 FPGA;
- Altera 低成本 FPGA;
- Altera 的 CPLD 器件。

2.1 Altera 高密度 FPGA

高端 FPGA 逐渐在系统中扮演着核心角色,Stratix 和 Stratix GX 被大量应用在中高端的路由器和交换机中做复杂的协议处理、流量调度,有的用在 3G 系统中做高速 DSP 算法的实现,也有的用在高清晰电视系统中做高速图像处理和传输等。

Altera 的高端 Stratix FPGA 有许多系统的功能模块,如用于时钟产生和管理的锁相环、用于片内存储数据的 RAM 块、用于数字信号处理的 DSP 模块等。Stratix GX 器件内嵌有速度可达 3.187 5 Gbit/s 的高速串行收发器,可以用于芯片之间或背板互连,以及标准协议接口的实现。

Stratix II 是 Altera 公司在 2004 年初推出的 90 ns 高端 FPGA,它采用了全新的逻辑结构——自适应逻辑结构(ALM),不仅显著提高了性能和逻辑利用率,同时也降低了成本。

1. 器件概述

Stratix FPGA 在 2002 年初推向市场,以突出的性价比迅速占领了高端 FPGA 市场。

Stratix 器件在结构和工艺上较前一代的 APEX 系列都有较大提高,增加了许多业界领先的特性。例如,DSP 块、三重的 RAM 结构、内嵌 LVDS 高速电路以及 DQS/DQ 移相电路实现高速存储器接口。Stratix FPGA 采用成熟的 1.5 V、9 层金属走线、0.13 μm 全铜工艺制造。清晰紧密的互连几何结构保证了 Stratix 低缺陷率、低漏电流和高品质。Stratix 系列 FPGA 特性如表 2.1 所列。

表 2.1 Stratix FPGA 系列

器件	逻辑单元 LE	M512RAM	M4KRAM	M-RAM	DSP 块	锁相环	最大用户 I/O
EP1S10	10570	94	60	1	6	6	426
EP1S20	18460	194	82	2	10	6	586
EP1S25	25660	224	138	2	10	6	706
EP1S30	32470	295	171	4	12	10	726
EP1S40	41250	384	183	4	14	12	822
EP1S60	57120	574	292	6	18	12	1022
EP1S80	79040	767	364	9	22	12	1238

2. 平面布局和设计原则

Stratix FPGA 平面布局如图 2.1 所示。

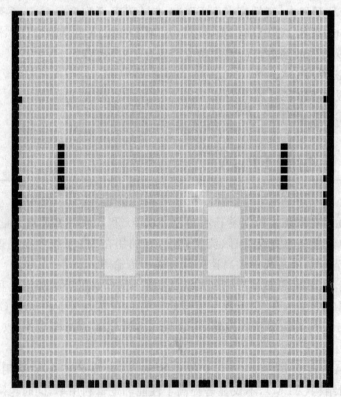

图 2.1 Stratix FPGA 平面布局图

第2章 Altera FPGA/CPLD 的结构

Stratix 器件左右两边(Bank1、2、5、6)支持高速的 LVDS 信号,最高可达 840 Mbit/s 的速率。每个 LVDS(低压差分信号)的发送或接收通道都有专用的硬件 SerDes(一种进行串行数据和并行数据相互转换的收发集成电路)电路来实现高速的并/串转换,性能可以做得很高,而且不需要占用内部逻辑资源。同时,支持高速源同步设计中的快速锁相环(Fast PLL)同样也都分布在器件的这两边。

器件上下两边(Bank3、4、7、8)支持相对较低速的 PCI 总线标准,用于实现外部高速 DDR 存储器接口的 DQS/DQ 专用移相电路也分别在这里。另外,增强型锁相环可以为 FPGA 内部提供丰富的全局时钟资源,同时也可以为外部存储器提供采样时钟。

一般来说,多数用户的设计都可以分为数据通道和控制通道两个部分。根据以上 Stratix 器件资源分布特点,在实际用户设计中,建议按照 Stratix 的平面布局思路来安排设计中的各项功能模块的位置:控制通道逻辑(如 PCI 接口、MPI 接口)和外部高速存储器接口功能分布于上下两边;数据通道的接口尽量分布在器件的左右两边,让高速数据横向流动。在做较大而且模块化较好的设计时,可以使用 Altera 开发工具 QuartusII 的平面布局功能辅助设计。用户可以根据自己设计的需求,合理地规划模块位置和数据流向,往往可以显著地提高设计的性能。

3. 内嵌 RAM 块

在逻辑设计中,常常需要在 FPGA 内部缓存一些数据,或者在两个时钟之间做数据的交换,有的用户还需要做数据位宽的变换等。随着设计的日益复杂,RAM 的需求量也越来越大,以前 FPGA 内单一的 RAM 种类已满足不了复杂系统的要求。因此,Stratix 器件根据不同应用的需求,设计了 3 种内嵌的 RAM 块:M512RAM,512 bit RAM;M4 K,4 Kbit RAM;M-RAM,512 Kbit RAM。

M512 在 Stratix 器件中数量众多,主要用于大量分散的数据存储、浅 FIFO、移位寄存器、时钟域隔离等功能。M4K 的数量也比较多,通常用做芯片内部数据流的缓存、ATM 信元的处理、信元 FIFO 接口以及 CPU 的程序存储器等。而 M-RAM 主要用在大数据包的缓存(如以太网帧、IP 包等大到几 KB 的数据包),视频图像帧的缓存等。

下面将对 Stratix 片内 RAM 做一个全面、深入的介绍,以便更有效地使用它们。

(1) 同步 RAM 和异步 RAM 的概念

首先声明 Stratix 的片内 RAM 都是同步 RAM。同步 RAM 的读写操作都需要时钟来控制,在时钟沿处才动作。同步 RAM 的好处是它的带宽可以做得很大,可以采用流水线(Pipeline)结构。而且同步电路利于时序的分析,也节省用户的资源。

异步 RAM 的读写与时钟没有关系,写接口需要用户自己产生一个写使能脉冲,而且地址/数据要和这个写使能脉冲之间满足一定的建立/保持时间关系,每写一个数据,写使能必须翻转两次。同步 RAM 的写接口很简单,只要地址、数据和写使能信号与时钟之间满足一个建立/保持时间关系就可以了。如果连续对不同地址写数据时,只要写使能保持有效不变就可以了。

Stratix 的 RAM 所有输入信号(包括地址、数据、读写使能等)都有经过一级固有的寄存器,而输出的数据信号有一级用户可选的寄存器。按照业界对同步 RAM 的定义,如果只有输入信号寄存,这时数据在地址有效后的第一个时钟上升沿送出,即 flow-through 模式。如果输入和输出信号都寄存,这时数据在地址有效后的第二个时钟上升沿送出,即 pipelined 模式。

异步 RAM 的读操作要求数据在地址有效后经过一段时间的延时有效。如果设计中有这种异步读时序的要求,可以用时钟的下降沿进行读操作,有效数据可以在一个时钟周期内输出,这样就实现了一个伪异步读时序。

(2) 端口模式

端口存储器模式就是 RAM 只有一个读写口,同时只能做读或者写操作。

简单双端口存储器模式指的是 RAM 有两个端口,但是其中一个端口只能读,另一个端口只能写。这种模式多用在像 FIFO 一样的缓存电路中。

真正双端口存储器是指 RAM 的两个端口都可以做读写操作,没有任何限制。

(3) 混合时钟方式

为了使用户使用 RAM 更加方便,Stratix 的 RAM 支持几种混合时钟模式。在各种端口模式下,可以支持读写用不同时钟,也可以用相同时钟。

(4) 两端口分别对同一地址读写

在双端口模式下,当一个端口在写,而另一个端口在读同一地址的时候,读出的结果会怎样呢?用户在使用 M512 和 M4K 通过 Quartus II 工具生成 RAM 时,可以选择两种输出结果,即输出旧值(写之前该地址中的值)或输出未知值(读写冲突,造成读出未知的数),但是 M-RAM就只能读出未知值。

在两个端口分别对同一地址进行读写时,可以保证输出的值正确(即使是旧值),这在一些应用中很重要。例如,有一个双端口的 RAM 是作为统计数据存储的,一边把系统数据向里写,另一边向外读,两边很可能访问到同一个地址空间,必须防止读出未知的值造成电路的误操作,所以要保证每次读出来的统计数据必须是正确的,即使不是最新的。如果两个端口同时写同一个地址时,写入的为不定值,同时读同一个地址时,读出的为正常值。

(5) 时钟网络和锁相环(PLL)

在 Stratix FPGA 中,共有 16 个内部的全局时钟网络,可以将时钟或其他全局控制信号(如全局复位、时钟使能等)分发到整个芯片。另外,从平面看来,芯片又分为几个区域,每个区域内都有一些区域时钟网络,这些时钟只能在该区域使用,但可以在其服务的区域提供更小的时钟延时和歪斜(Skew)。

一般来说,如果全局时钟资源够用,建议使用全局时钟,一旦全局时钟不够,可以考虑使用区域时钟。在使用区域时钟时,要保证使用该时钟的模块内所有的资源都分布在该区域中,否则就会出现布线问题。通常 Quartus II 软件会根据用户的设计把资源自动放在该区域中,除非该区域的资源不够。

时钟设计可以说是同步设计中最重要、最敏感的部分。在一些复杂设计中,往往有许多功能模块,这些功能模块的时钟源或者工作频率都不一样,这样每个模块就需要一个独立的时钟网络。在这样的设计中,时钟网络资源的数量成为设计是否可行的关键。对这些处于不同时钟域模块之间的交互数据,就需要由异步 FIFO 或握手协议电路来完成。

全局时钟和区域时钟网络可以由器件的专用时钟引脚驱动,也可以由芯片内部的锁相环来驱动。在 Stratix FPGA 中,锁相环分为增强型锁相环(EPLL)和快速锁相环(FPLL)两种。EPLL 可以为整个设计提供丰富的时钟资源,它有 6 个内部输出时钟,4 个(或 4 对差分信号)专用片外输出时钟。FPLL 同样可以提供内部使用的时钟,而它的另一个主要功能是作为高速差分信号的随路时钟输入,同时输出高速采样时钟和控制信号给内部的源同步接口的 Ser-Des 电路。

FPLL 除了用做通用的锁相环之外，另一个重要功能就是在支持高速的源同步接口模式下，FPLL 有专用的高速时钟和控制信号送给 SerDes 电路。FPLL 的 3 个用于时钟输出的计数器都可以输出到全局和局部时钟网络。

Altera PLL 和 Xilinx DLL 的区别：PLL 是 Phase Lock Loop，叫做锁相环，就像传统的 PLL，是模拟电路；DLL 是 Delay Lock Loop，叫做延时锁定环，它是纯数字的，通过内部的延时模块来调节相位。一般来说，DLL 使用简单，在对时钟要求不是很高时，做时钟管理比较方便，PLL 的锁相输出时钟质量要高一些。

(6) DSP 块

在数字信号处理领域，最常用的功能模块函数包括有限脉冲响应滤波器(FIR)、无限脉冲响应滤波器(IIR)、快速傅里叶变换(FFT)和离散余弦变换(DCT)等。这些函数往往是更复杂系统的组成部分，如 W-CDMA 基站、基于互联网的语音(VoIP)和数字高清晰电视(HDTV)等。

虽然这些系统非常复杂，但它们都有相似的功能单元，如乘法器和累加器等。Stratix 中的 DSP 块集成了乘、加、减、累加、求和这几种算术操作，并且在这些计算的路径中，集成了可选的寄存器级，可以实现高性能的 DSP 算法。

2.2 Altera 低成本 FPGA

Altera 公司的低成本 FPGA 继 ACEX 之后，推出了 Cyclone(飓风)系列，之后还有基于 90 ns 工艺的 CycloneII。低成本 FPGA 主要定位在量大，且对成本敏感的设计，如数字终端、手持设备等。另外，在 PC、消费类电子产品和工业控制领域，FPGA 还不是特别普及，主要原因就是以前成本太高，随着 FPGA 厂商的工艺改进，制造成本的降低，FPGA 会越来越多地被接受。

2.2.1 主流低成本 FPGA——Cyclone

1. 器件概述

Cyclone FPGA 是基于 Stratix 的工艺架构，Altera 公司给它的定位是一款低成本的 FPGA。Cyclone FPGA 的应用主要是在终端市场，如消费类电子、计算机、工业和汽车等领域。Cyclone 器件采用 1.5 V、0.13 μm 的工艺制造，其内部有锁相环、RAM 块，逻辑容量从 2 910 到 20 060 个 LE。Cyclone 系列 FPGA 特性如表 2.2 所列。

表 2.2 Cyclone 系列 FPGA 特性

器　件	逻辑单元(LE)	锁相环(PLL)	M4KRAM 块	最大用户 I/O
EP1C3	2 910	1	13	104
EP1C4	4 000	2	17	301
EP1C6	5 980	2	20	185
EP1C12	12 060	2	52	249
EP1C20	20 060	2	64	301

2. 平面布局和基本功能块

Cyclone FPGA 的平面布局如图 2.2 所示。

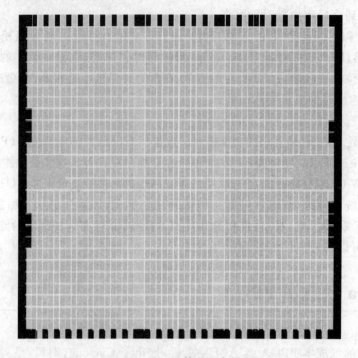

图 2.2 Cyclone FPGA 的平面布局(EPEC12)

Cyclone 的 LAB 和 LE 结构基本和 Stratix 一样。Cyclone 内部的 RAM 块只有 M4K 一种，与 Stratix 器件中的 M4K 特性一样，它可以实现真正双端口、简单双端口和单端口的 RAM，可以支持移位寄存器和 ROM 方式。

Cyclone 内部有 8 个内部全局时钟网络，可以由全局时钟引脚 CLK0~3、复用的时钟引脚 DPCLK0~7、锁相环(PLL)或者是内部逻辑来驱动。

Cyclone FPGA 中的 PLL 只能由全局时钟引脚 CLK0~3 来驱动。CLK0 和 CLK1 可以作为 PLL1 的两个可选的时钟输入端，也可以作为一对差分 LVDS 的时钟输入引脚，CLK0 作为正端输入(LVDSCLK1p)，而 CLK1 作为负端输入(LVDSCLK1n)。同样 CLK2 和 CLK3 可以作为 PLL2 的两个可选的时钟输入端，也可以作为一对差分 LVDS 的时钟输入引脚，如图 2.3 所示。

一个 PLL 的输出可以驱动两个内部全局时钟网络和一个或一对 I/O 引脚，Cyclone 的 PLL 支持 3 种反馈模式。

- 正常反馈模式：在该模式下，内部被补偿的时钟网络末端相位与时钟输入引脚同相位。
- 0 延时驱动器反馈模式：在这种模式下，PLL 外部的被补偿的时钟专用输出引脚相位与时钟输入引脚同相位。这时 FPGA 内部的 PLL 就好像是一个 0 延时的锁相环电路。
- 无补偿模式：这种模式下，反馈回路中没有任何补偿延时电路，内部时钟和输入时钟的相位关系就是由 PLL 的基本特性决定的。

Cyclone 的 PLL 没有外部反馈输入引脚，不支持外部反馈模式。

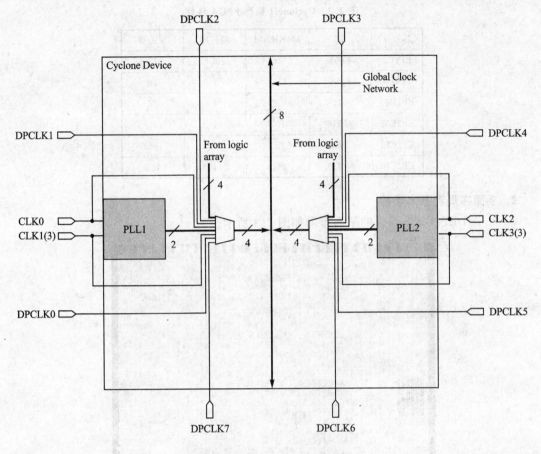

图 2.3　Cyclone 中的时钟资源

Altera 公司为 Cyclone 的低成本方案专门设计了一种低成本串行加载芯片,有 EPCS1 和 EPCS4 两款。这种加载方式称为主动串行模式(Active Serial)。Cyclone 器件在加载时主动发出加载时钟和其他控制信号,数据从串行加载芯片中读出。Cyclone 器件还支持配置文件的压缩模式。

2.2.2　新一代低成本 FPGA——CycloneII

1. 器件概述

CycloneII FPGA 是基于 StratixII 的 90 nm 工艺推出的低成本的 FPGA。最大的 CycloneII 器件规模将是 Cyclone 的 3 倍,其增加了乘法器模块、硬的 DSP 块,在芯片总体性能上要优于 Cyclone 系列器件。CycloneII 将继续 Cyclone 系列低成本的优势。

CycloneII 系列 FPGA 特性如表 2.3 所列。

表 2.3 CycloneII 系列 FPGA 特性

芯　片	LE	M4KRAM	锁相环	乘法器
EP2C5	4 608	26	2	13
EP2C8	8 256	36	2	18
EP2C20	18 752	52	4	26
EP2C35	33 216	105	4	35
EP2C50	50 528	129	4	86
EP2C70	68 416	250	4	150

2. 平面布局和基本功能

CycloneII EP2CF35 器件的平面布局如图 2.4 所示。

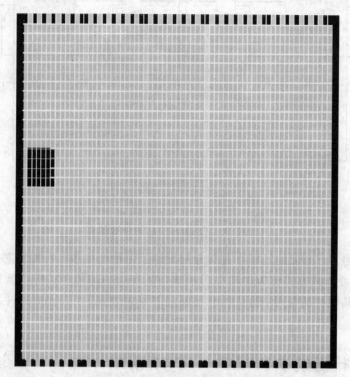

图 2.4　CycloneII EP2CF35 器件平面布局图

在 CycloneII 的器件中,1 个 LAB 中有 16 个 LE,与 Cyclone 器件相比,在 CycloneII 器件中,增加了乘法器模块,因此,大大增加了 DSP 处理的能力。

3. 时钟网络和 PLL

在小规模的 CycloneII 器件中(EP2C5 和 EP2C8),有 2 个 PLL 和 8 个全局时钟网络,另外有 2 个时钟控制块(Clock Control Block),用来控制全局时钟网络的选择和使用。

在大规模的 CycloneII 器件中(EP2C20、EP2C35、EP2C50、EP2C70),有 4 个 PLL,4 个时钟控制块,16 个全局时钟网络。PLL 的输出引脚、CLK 引脚、DPCLK 输入引脚和 CDPCLK 引脚都可以直接驱动全局网络,如图 2.5 所示。

第 2 章　Altera FPGA/CPLD 的结构

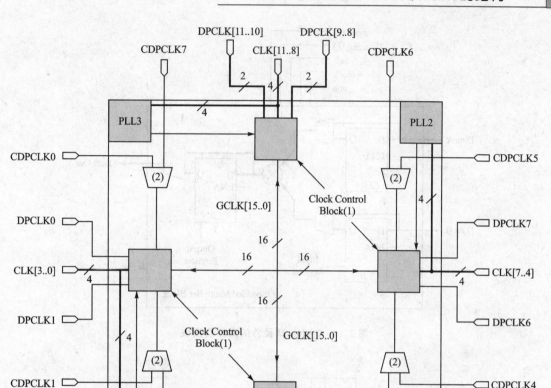

图 2.5　大规模 CycloneII 器件的时钟结构

4. 乘法器

在 CycloneII 器件中的乘法器模块中,是一个 18×18 的乘法器,而在输入和输出接口上,有内嵌的寄存器,这个 18×18 的乘法器可以分成两个 9×9 的乘法器使用。内嵌的寄存器级如图 2.6 所示。

5. 高速存储器接口和高速差分接口

与 Cyclone 器件类似,CycloneII 器件中也有用于实现高速存储器接口的 DQ/DQS 延时电路。它可以将输入的 DQS 信号相对于 DQ 多延时 90 度,通过全局时钟网络去采样 DQ 信号,这样可以保证第一个级采样正确,DDR SDRAM 数据接口示意图如图 2.7 所示。

在支持高速差分接口方面,CycloneII 器件也有较大的改善。其 LVDS 发送端的数据速率可以支持 622 Mbit/s,而接收端的数据速率可以支持 805 Mbit/s。

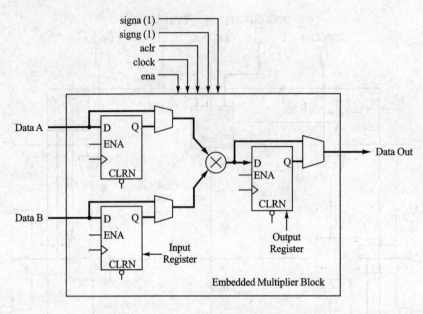

图 2.6　CycloneII 器件的乘法器模块

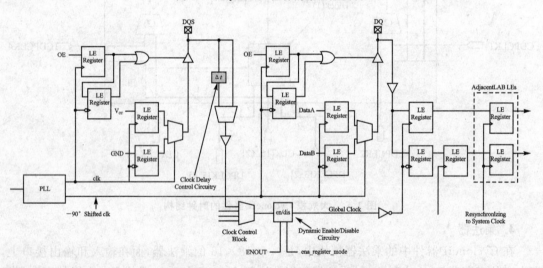

图 2.7　DDR SDRAM 数据接口示意图

第 3 章

Quartus II 的基本应用

本章主要介绍 Altera 综合开发平台 Quartus II 的应用,以一个简单的实例演示其基本开发流程和设计输入、综合、布局布线、仿真、编程与配置等常用工具的使用方法。本章按照一般的设计步骤,主要介绍 5 方面内容:

- 设计输入(Design Entry):在 Quartus II 中集成了多种设计输入方式,并可使用 Assignment Editor(分配编辑器)方便地设定引脚约束和时序约束,正确地使用时序约束可以得到设计的详细时序报告,以便分析设计是否满足时序要求。
- 综合(Synthesis):综合是指将 HDL 语言、原理图等设计输入翻译成由与、或、非门,RAM,触发器等基本逻辑单元组成的逻辑连接,并根据目标及要求优化所生成的逻辑,最后输出 edf 或 vqm 网表文件供布局布线用。
- 布局布线(Fitter):布局布线是将综合生成的逻辑网表适配到具体器件中,并把工程的逻辑和时序要求与器件的可用资源相匹配,它将每个逻辑功能分配给最好的逻辑单元位置,进行布局布线。
- 仿真(Simulation):时序仿真是验证当前设计是否满足功能及时序要求。
- 编程和配置(Programming & Configuration):编程和配置是将布局布线后的器件、逻辑单元和引脚分配转换为器件的配置文件(目标器件的一个或多个 Programmer 对象文件(.pof)或 SRAM 对象文件(.sof)写入芯片中以便测试。

3.1 Quartus II 软件的用户界面

启动 Quartus II 软件后默认界面如图 3.1 所示,由标题栏、菜单栏、工具栏、资源管理窗、编译状态显示窗、信息显示窗和工程工作区等部分组成。

1. 标题栏

标题栏显示当前工程的路径和程序的名称。

2. 菜单栏

菜单栏主要由文件(File)、编辑(Edit)、视图(View)、工程(Project)、资源分配(Assignments)、操作(Processing)、工具(Tools)、窗口(Window)和帮助(Help)9 个下拉菜单组成。

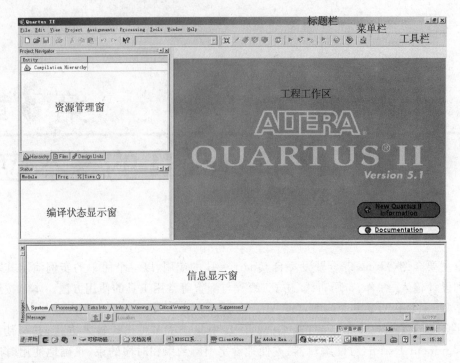

图 3.1 Quartus II 软件的用户界面

其中工程(Project)、资源分配(Assignments)、操作(Processing)、工具(Tools)集中了 Quartus II 软件较为核心的全部操作命令,下面分别加以介绍。

① 工程(Project)菜单主要是对工程的一些操作。
- Add/Remove Files in Project:添加或新建某种资源文件。
- Revisions:创建或删除工程。
- Archive Project:为工程归档或备份。
- Generate Tcl File for Project:产生工程的 Tcl 脚本文件。
- Generate Power Estimation File:产生功率估计文件。
- HardCopy Utilities:HardCopy 器件相关功能。
- Locate:将 Assignment Editor 中的结点或源代码中的信号在 Timing Closure Floorplan、编译后布局布线图、Chip Editor 或源文件中定位其位置。
- Set as Top-level Entity:把工程工作区打开的文件设定为顶层文件。
- Hierarchy:打开工程工作区显示的源文件的上一层或下一层的源文件以及顶层文件。

② 资源分配(Assignments)菜单的主要功能是对工程的参数进行配置,如引脚分配、时序约束、参数设置等。
- Device:设置目标器件型号。
- Assign Pins:打开分配引脚对话框,给设计的信号分配 I/O 引脚。
- Timing Settings:打开时序约束对话框。
- EDA Tool Settings:设置 EDA 工具,如 Synplify 等。
- Settings:打开参数设置页面,可以切换到使用 Quartus II 软件开发流程的每个步骤所需的参数设置页面。

第3章　QuartusⅡ的基本应用

- Wizard：启动时序约束设置、编译参数设置、仿真参数设置、Software Build 参数设置。
- Assignment Editor：分配编辑器，用于分配引脚、设定引脚电平标准、设定时序约束等。
- Remove Assignments：用户可以使用它删除设定的类型的分配，如引脚分配、时序分配、SignalProbe 信号分配等。
- Demote Assignments：允许用户降级使用当前较不严格的约束，使编译器更高效地编译分配和约束等。
- Back-Annotate Assignments：允许用户在工程中反标引脚、逻辑单元、LogicLock 区域、结点、布线分配等。
- Import Assignments：给当前工程导入分配文件。
- Timing Closure Foorplan：启动时序收敛平面布局规划器。
- LogicLock Region：允许用户查看、创建和编辑 LogicLock 区域约束以及导入导出 LogicLock 区域约束文件。

③ 操作(Processing)菜单包含了对当前工程执行各种设计流程，如开始综合、开始布局布线、开始时序分析等。

④ 工具(Tools)菜单是调用 QuartusⅡ软件中集成的一些工具，如 MegaWizard - In-manager(用于生成 IP 核和宏功能模块)、Chip Editor、RTL Viewer、Programmer 等工具。

3. 工具栏(Tool Bar)

工具栏中包含了常用命令的快捷图标。将鼠标移到相应图标时，在鼠标下方出现次图标对应含义，而且每种图标在菜单栏均能找到相应的命令菜单。用户可以根据需要将自己常用的功能定义为工具栏上的图标，以便在 QuartusⅡ软件中灵活快速地进行各种操作。

4. 资源管理窗

资源管理窗用于显示当前工程中所有相关的资源文件。资源管理窗左下角有三个标签，分别是结构层次(Hierarchy)、文件(Files)、和设计单元(Design Units)。结构层次窗口在工程编译之前只显示了顶层模块名，工程编译了一次后，次窗口按层次列出了工程中所有的模块，并列出了每个源文件中所用资源的具体情况。顶层可以是用户产生的文本文件，也可以是图形编辑文件。文件窗口列出了工程编译后的所有文件，文件类型有设计器件文件(Design Device Files)、软件文件(Software Files)和其他文件(Others Files)。设计单元窗列出了工程编译后的所有单元，如 AHDL 单元、Verilog 单元、VHDL 单元等，一个设计器件文件对应生成一个设计单元，参数定义文件没有设计单元。

5. 工程工作区

器件设置、定时约束设置、底层编辑器和编译报告等均显示在工程工作区中，当 QuartusⅡ实现不同功能时，次区域将打开相应的操作窗口，显示不同的内容，进行不同的操作。

6. 编译状态显示窗

编译状态显示窗主要显示模块综合、布局布线过程及时间。模块列出工程模块，过程显示综合、布局布线进度条，时间表示综合、布局布线所耗费的时间。

7. 信息显示窗

信息显示窗显示 QuartusⅡ软件综合、布局布线过程中的信息，如开始综合时调用源文件、库文件、综合布局布线过程中的定时、告警、错误等。如果是告警和错误，则会给出具体的原因，方便设计者查找及修改错误。

Nios II 系统开发设计与应用实例

本章将围绕一个简单的实例,从创建工程到依次完成由设计输入、综合、布局布线、仿真、生成编程文件及配置 FPGA 等步骤组成的一个基本设计流程。

3.2 设计输入

Quartus II 软件中的工程由所有设计文件和与设计文件有关的设置组成。用户可以使用 Quartus II 原理图输入方式、文本输入方式、模块输入方式和 EDA 设计输入工具等表达自己的电路构思。设计输入的流程如图 3.2 所示。

FPGA 设计是一个复杂的过程,项目的管理很重要,良好清楚的目录结构可以使工作更有条理性、提高工作效率。一个清晰的工程文件目录如图 3.3 所示。

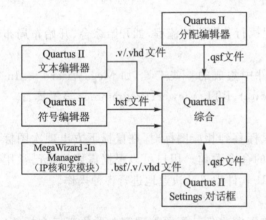

图 3.2　设计输入流程图

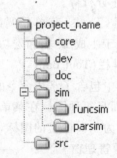

图 3.3　工程管理目录

- project_name 表示工程名称,该目录下存放工程所有相关的文件。
- core 目录存放集成环境生成的各种 ram core、pll、rom 的初始化列表等。
- dev 目录下用于存放综合和布局布线后的结果和中间过程文件,若是使用第三方工具综合,则最好将综合和布局布线分成两个目录。
- doc 目录用于存放 FPGA 相关的设计文档。
- sim 目录下 funcsim 目录存放的是跟功能仿真有关的文件,parsim 目录存放的是跟时序仿真有关的文件。
- src 目录存放源代码。

创建好工程后,需要给工程添加设计输入文件。设计输入可以使用文本形式的文件、存储器数据文件(HEX、MIF)、原理图设计输入,以及第三方 EDA 工具产生的文件(EDIF、HDL、VQM)。同时,还可以混合使用以上几种设计输入方法进行设计。

1. Verilog/VHDL 硬件描述语言设计输入方式

大型设计中一般都采用 HDL 语言设计方法。它们的共同特点是易于使用自上向下的设计方法、易于模块划分和复用、移植性强、通用性好、设计不因芯片工艺和结构的改变而变化、利于向 ASIC 移植。

2. 模块/原理图输入方式

原理图输入方式是FPGA/CPLD设计的基本方法之一,几乎所有的设计环境都集成有原理图输入方法。这种设计方法直观、易用,支撑它的是一个功能强大、分门别类的器件库。然而,由于器件库元件通用性差,导致其移植性差,如更换设计实现的芯片信号或厂商不同时,整个原理图需要做很大的修改甚至是全部重新设计。所以原理图设计方式主要是一种辅助设计方式,更多的应用在混合设计中的个别模块。

3. 使用 MegaWizard Plug-In Maneger 产生 IP 核/宏功能模块

MegaWizard Plug-In Maneger 工具的使用基本可以分为以下几个步骤:工程的创建和管理,查找适用的 IP 核/宏功能模块及其参数设计与生成,IP 核/宏功能模块的仿真与综合等。

3.3 综 合

工程中添加设计文件以及设置引脚锁定后,下一步就是对工程进行综合了。随着FPGA/CPLD越来越复杂、性能要求越来越高,高级综合在设计流程中也成为一个很重要的部分,综合结果的优劣直接影响了布局布线的结果。综合的主要功能是将HDL语言翻译成基本的与、或、非门,RAM,触发器等基本逻辑单元的网表,并根据要求、约束条件优化所生成的门级逻辑连接,输出网表文件,供下一步的布局布线用。好的综合工具能够使设计占用芯片的物理面积更小、工作频率更快,这也是评定综合工具优劣的两个重要指标。

Analysis & Synthesis 的分析阶段将检查工程的逻辑完整性和一致性,并检查边界连接和语法错误。它使用多种算法来减少门的数量,删除冗余逻辑以及尽可能有效地利用器件体系结构。分析完成后,构建工程数据库,此数据库中包含有完全优化且合适的工程,工程将用于为时序仿真、时序分析、器件编程等建立一个或多个文件。

可以使用属性、Quartus II 软件逻辑选项、Quartus II 软件综合网表优化选项来控制综合。这些属性用于保留寄存器、指定上电时的逻辑电平、删除重复或冗余的逻辑、优化速度或区域、设置状态机的编码级别以及控制其他许多选项,设置综合的逻辑选项如图3.4所示。

各个选项含义解释如下:
- Optimization Technique:有速度(Speed)、平衡(Balanced)和面积(Area)三个选项。这里"面积"指的是一个设计所消耗的FPGA逻辑资源的数量。"速度"指的是设计在芯片上可以稳定运行所达到的最高工作频率,这个频率由设计的时序状况决定,并且和设计满足的时序周期等众多时序特征量密切相关。这两者是一对矛盾的统一体,要求一个设计既要工作频率高又要占用资源少是不现实的。一般来说,科学的目标是在满足要求的工作频率下使用尽量少的资源或是在规定面积下,使设计的时序余量更大,工作频率更高。但是两者冲突时,满足时序要求,达到要求的工作频率更重要,也即速度优先原则。
- Auto Globe Options:仅仅针对MAX器件,指的是把某一信号当成时钟、输出使能或寄存器控制全局信号,将此信号布置到全局布线资源上。
- Creat debugging nodes for IP cores:使在设计中所有MegaCore的特定调试结点可见,如重要的寄存器、引脚、状态机等。当使用SignalTapII逻辑分析器调试MegaCore时

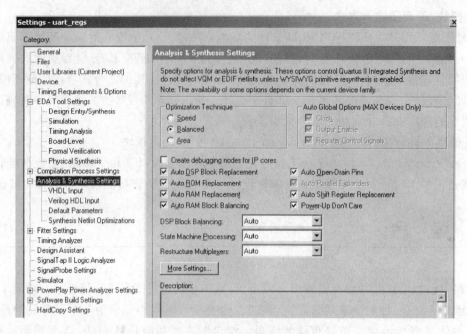

图 3.4 综合的参数设置对话框

更加方便。

- Auto DSP Block Replacement、Auto ROM Replacement、Auto RAM Replacement：QuartusII 编译器自动识别 HDL 代码的一些类型，如果发现用宏功能会提供更优化的综合结果时，就会调用适当的宏功能模块来实现。即使用户没有在代码中实例化这个宏功能模块，编译器在编译时还是会使用 Altera 的宏功能模块，这是因为宏功能模块对 Altera 器件提供更为优化的综合结果。

- Auto RAM Block Balancing：表示在设计中生成 RAM 时，如果不特指使用某种 RAM 块，则编译器自动选择 RAM 块来实现。

- State Machine：选择状态机编码方式。FSM（有限状态机）是由寄存器组和组合逻辑构成的硬件时序电路，其状态只能在同一时钟跳变的情况下才能从一个状态跃迁到另一个状态，具体转向哪一个状态不仅取决于各个输入值还取决于当前的状态值。主要有 Auto、Minimal Bits、One-Hot、User-Encoded 等。Auto 表示编译器为设计选择最好的状态机编码方式；Minimal Bits 表示使用最少的 Bit 位编码状态机；One-Hot 表示以 One hot 方式编码状态机；User-Encoded 表示用户自定义编码状态机。One-Hot 编码格式是每次只有一个状态 Bit 置位，它的电路特点是触发器较多，组合逻辑较少，所以它是最快的，最适合于大量触发器的 FPGA 设计。使用 QuartusII 集成综合工具时，Verilog 的编码方式默认为 One-Hot，VHDL 的编码方式默认为 Minimal Bits。

- Auto Open-Drain Pins：编译器将强的低数据输入缓存器，并转换成漏级开路缓存器。

- Auto Shift Register Replace：编译器以宏单元替换代码中有一组同样长度的循环移位寄存器。

- Power Up Don't Care：把上电初值状态没有要求的寄存器设置为对设计最有利的逻辑电平。

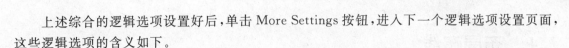

上述综合的逻辑选项设置好后,单击 More Settings 按钮,进入下一个逻辑选项设置页面,这些逻辑选项的含义如下。

- Auto Carry Chains:是否允许编译器在设计中通过插入 CARRY_SUM 缓存器自动生成进位链,默认为 On。
- Auto Resource Sharing:是否允许编译器在 HDL 代码中共享硬件资源。若允许共享,则会节省资源,但是由于共享资源会引入额外的复用和控制逻辑,有可能会影响设计的最高工作频率,默认为 Off。
- Carry Chain Length:定义用户定义或编译器综合的 CARRY_SUM 缓存器最大链长度,默认值为 70。
- Ignore Carry Buffers:编译器是否忽略设计中已实例化的 CARRY_SUM 缓存器。默认为 Off。
- Ignore CASCADE Buffers:编译器是否忽略设计中已实例化的级联缓存器,默认为 Off。
- Ignore Global Buffers:编译器是否忽略设计中已实例化的全局缓存器,默认为 Off。
- Ignore LCELL Buffers:编译器是否忽略设计中已实例化的 LCELL 缓存器,默认为 Off。
- Ignore ROW GLOBAL Buffers:编译器是否忽略设计中已实力化的行全局缓冲器,默认为 Off。
- Ignore SOFT Buffers:编译器是否忽略设计中已实例化的 SOFT 缓冲器,默认为 Off。
- Remove Redundant Logic Cells:删除冗余 LCELL 原语或 WYSIWYG 原语。设置这个参数的目的主要是优化设计的面积和速度,默认为 Off。

使用综合网表优化选项,选中 Settings 对话框中的 Analysis & Synthesis/Synthesis Netlist Optimizations 选项,进入综合网表优化选项设置,不管是用第三方综合工具还是用 QuartusII 软件集成的综合工具,这些参数都将改变综合网表,从而根据用户选择的优化目标对面积或是速度有所改善。综合网表的优化主要有下面 3 个选项。

- Perform WYSIWYG Primitive resythesis:表示进行 WYSIWYG 基本单元再综合。它是将第三方工具综合结果在 atom 网表中的逻辑单元 LE 解映射成逻辑门,然后再重新由 QuartusII 软件将逻辑门映射成 Altera 特定原语。
- Perform gate-level register retiming:设置逻辑门级寄存器重新定时。它允许编译器移动组合逻辑中的寄存器以满足时序要求,这不会改变设计的功能,而且它只是移动组合逻辑门之间的寄存器,并不会移动用户实例化的 LCELL 原语、存储块、DSP 块或进位链等。
- Allow register retiming to trade off Tsu/Tco with Fmax:表示允许定时器重新定时,在 Tsu/Tco 和 Fmax 之间进行取舍。它影响逻辑门级寄存器重新定时的优化结果。如果它和逻辑门级寄存器重新定时一起选项则会影响输入 I/O 或由 I/O 输入的寄存器;如果单选逻辑门级寄存器重新定时选项,则它不会移动直接连到 I/O 引脚的寄存器。

3.4 布局布线

Quartus II 软件中的布局布线,就是使用由综合 Analysis&Synthesis 生成的网表文件,将工程的逻辑和时序要求与器件的可用资源相匹配。它将每个逻辑功能分配给最好的逻辑单元位置,进行布线和时序,并选择相应的互连路径和引脚分配。如果在设计中执行了资源分配,则布局布线器将试图使这些资源与器件上的资源相匹配,并努力满足用户设置的任何其他约束条件,然后优化设计中的其他逻辑。如果没有对设计设置任何约束条件,则布局布线器将自动优化设计。

1. 一般布局布线器参数设置

运行布局布线之前,首先需要输入约束和设置布局布线器的参数,以便更好地使布局布线结果满足设计要求。选择 Assignment | Settings 命令,在弹出的 Settings 对话框中选择 Fitter Settings 选项,如图 3.5 所示。

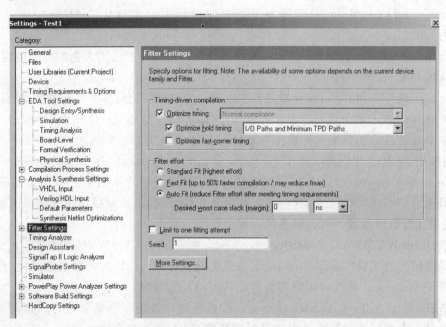

图 3.5 布局布线参数设置对话框

这些参数的可用性取决于器件族和布局布线器。图中主要有三个部分的参数设置,分别为时序驱动编译(Timing-drive compilation)、布局布线努力目标(Fitter Effort)和更多参数设置(More Settings)。

- Timing-driven compilation:设置布局布线在走线时优化连线以满足时序要求,如 tsu、tco 和 Fmax 等。不过这需要花费布局布线器更多时间去优化以改善时序性能。
- Fitter effort:主要是在提高设计的工作频率和工程编译之间寻找一个平衡点,若要布局布线器尽量优化以达到更高的工作频率,则所使用的编译时间就更长。有 3 种布局布线目标选项:标准布局选项(Standard Fit)是尽力满足 Fmax 时序约束条件,但不降低布局布线程度;快速布局选项(Fast Fit)表示降低布局布线程度,其编译时间减少了50%,但是,通常设计的最大工作频率也降低10%,且设计的Fmax也会降低;自动布局选项(Auto Fit)表示指定布局布线器在设计的时序已经满足要求后降低布局布线目标要求,这样可以减少编译时间。若是设计者希望在降低布局布线目标要求前布局布线的时序结果超过时序约束,可以在理想的最坏情况下的slack(Desired worst case slack)栏设置一个最小slack值,指定布局布线器在降低布局布线目标要求前必须达到这个slack值。

- Limit to one fitting attempt:表示布局布线在达到一个目标如时序要求后,将停止布局布线,以减少编译时间。
- Seed:表示初始布局设置。改变此值会改变布局布线结果,因为当初始条件改变时,布局布线算法是随机变化的。因此,有时可以利用这一点改变seed值来优化最大时钟频率。

2. 物理综合优化参数设置

Quartus II软件除了支持上述一般布局布线参数外,还提供包括物理综合的高级网表优化功能以进一步优化设计。这里所说的高级网表优化指的是物理综合优化,同前面介绍的综合网表优化概念不同。综合网表优化是在Quartus II软件编译流程的综合阶段发生的,主要是根据设计者选择的优化目标而优化综合网表以达到提高速率或减少资源的目的。物理综合优化是在编译流程的布局布线阶段发生的,是通过改变底层布局以优化网表,主要是改善设计的工作频率性能。

选中Settings对话框中的Fitter Settings | Physical Synthesis Optimizations项,进入物理综合优化选项对话框,这些选项的可用性取决于所选择的设计器件系列。物理综合优化分两个部分,一个是仅仅影响组合逻辑和非寄存器,另一个是能影响寄存器的物理寄存器的物理综合优化。分成两个部分的原因是方便设计者由于验证或其他原因需要保留寄存器的完整性。

- Perform physical synthesis for combination logic:执行组合逻辑的物理综合。允许Quartus II软件的布局布线器重新综合设计以减少关键路径的延时。物理综合是通过在逻辑单元中交换查找表的端口信号来减少关键路径延时的优化。还可以通过复制LUT进一步优化关键路径的目的。
- Perform register duplicate:执行寄存器复制。允许布局布线器在布局信息的基础上复制寄存器。当此选项选中时,组合逻辑也可以被复制。
- Perform register retiming:执行寄存器定时。允许Quartus II软件的布局布线器在组合逻辑中增加或删除寄存器以平衡时序。其含义与综合优化设置中的执行门级寄存器定时选项相似,主要是在寄存器和组合逻辑已经被布局到逻辑单元以后应用。

3.5 仿 真

在整个设计流程中,完成了设计输入以及成功综合、布局布线,只能说明设计符合一定的语法规范,但是否满足设计者的功能要求并不能保证,这需要设计者通过仿真对设计进行验证。仿真的目的就是在软件环境下,验证电路的行为和设想中的是否一致。一般在FPGA/

CPLD 中仿真分为功能仿真和时序仿真。功能仿真是在设计输入之后,还没有综合、布局布线之前的仿真,又称为行为仿真或前仿真,是在不考虑电路的逻辑和门的延时,着重考虑电路在理想环境下的行为和设计构想的一致性。时序仿真又称为后仿真,是在综合、布局布线后,也即电路已经映射到特定的工艺环境后,考虑器件延时的情况下对布局布线的网表文件进行的一种仿真,其中器件延时信息是通过反标时序延时信息来实现的。功能仿真的目的是设计出能工作的电路,这不是一个孤立的过程,它与综合、时序分析等形成一个反馈工作过程,只有过程收敛,之后的综合、布局布线等环节才有意义,如果在设计功能上都不能满足,不要说时序仿真,就是综合也谈不上。所以首先要保证功能仿真结果是正确的。不过孤立的功能仿真通过是没有意义的,如果在时序分析中发现时序不满足需要更改代码,则功能仿真必须重新进行。

1. 指定仿真器设置

在 Quartus II 中通过建立仿真器设置,指定要仿真的类型、仿真涵盖的时间段、激励向量以及其他仿真选项。选中 Settings 对话框中的 Simulator 项,仿真属性对话框如图 3.6 所示。

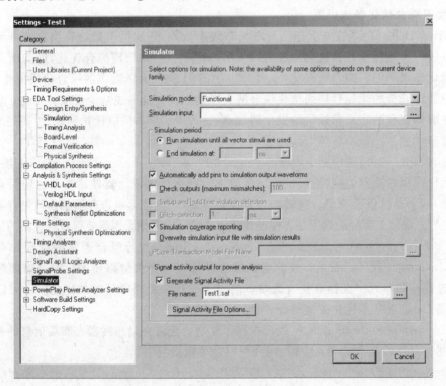

图 3.6 仿真属性对话框

- Simulation mode:包含 Timing 和 Functional 两个选项。Timing 是时序仿真,在综合、时序分析之后有时序延时的仿真,即后仿真。Functional 是没有器件延时的仿真,即功能仿真。
- Simulation input:调入用于仿真的激励文件。
- Simulation period:设置仿真周期。Run simulation until all vector are used 是当所有激励信号均运行过后停止仿真。
- End simulation:设置仿真结束时间。

- Automatically add pins to simulation output waveforms：在仿真输出波形中自动增加所有输出引脚波形。
- Check outputs：设置仿真器在仿真报告中指出目标波形输出与实际波形输出的不同点。
- Setup and hold time violation detection：表示时序仿真时监测建立、保持时间。
- Glitch detection：表示时序仿真时检测多少纳秒(ns)的毛刺。
- Simulation coverage reporting：报告仿真代码覆盖率。代码覆盖率可以用来衡量测试激励以及设计文件的执行情况，还可以验证激励是否完备，是检验代码质量的一个重要手段。测试激励的代码覆盖率至少要达到95％以上，才能基本认为代码在逻辑上通过质量控制。代码覆盖率是保证高质量测试代码的必要条件，但不是充分条件，即便代码覆盖率达到了100％，也不能肯定代码已经得到100％的验证。
- Overwrite simulation input file with simulation result：表示用仿真输出结果文件覆盖输入激励文件。

3.6 编程与配置

使用 Quartus II 成功编译工程且功能、时序均满足设计要求后，就可以对 Altera 器件进行编程和配置了。可以使用 Quartus II 的 Assembler 模块生成编程文件，使用 Quartus II 的 Programmer 工具与编程硬件一起对器件进行编程和配置。

1. 建立编程文件

要配置 Altera 器件，需要设置符合用户配置要求的配置文件类型和参数。Assembler 自动生成一个或多个 Programmer 对象文件(.pof)或 SRAM 对象文件(.sof)，作为布局布线后的包含器件、逻辑单元和引脚分配的编程图像。可以在包括 Assembler 模块的 Quartus II 软件中启动全编译，也可以在完成布局布线后选择 Processing | Start | Start Assembler 命令单独运行 Assembler。

除了.sof 和.pof 文件格式外，还可以通过下面方法生成其他格式的编程文件。

(1) 设置 Assembler 可以生成的其他格式编程文件

选择 Assignments | Device 命令，在弹出的对话框中单击"Device&Pin Options"按钮，进入 Device&Pin Options 对话框，选择 Programming Files 选项卡，指定可选辅助编程文件格式。例如十六进制输出文件(.hexout)、表格文本文件(.ttf)、原始二进制文件(.rbf)、JamTM 文件(.jam)、Jam 字节代码文件(.jbc)、串行矢量格式文件(.svf)和系统内置文件(.isc)等。其中对于.hexout 文件，需要通过设置 Start 选项表明该十六进制文件的起始地址，还需要通过设置 Count 选项(可选 Up 或 Down)指出存储的地址排序是递增还是递减方式，这种十六进制的.hexout 文件可以写入 EPROM 或是其他存储器件，通过存储器向 FPGA/CPLD 器件进行编程配置。

(2) 创建 Jam 文件、Jam 字节代码文件、串行矢量格式文件或系统内配置文件

选择 Tools | Programmer 命令，打开编程器，然后选择 File | Creat | Update | Creat JAM, SVF, or ISF File 命令，弹出如图 3.7 所示的对话框。

其中各项含义如下：
- File name：列出目标文件名和存储路径。
- File fomat：选择需要创建的文件类型，包括 Jam 文件、Jam 字节代码文件、串行矢量格式文件或系统内配置文件。这些文件与编程硬件或智能主机配合使用，用以配置 Quartus II 支持的任何 Altera 器件。
- Operation：选择是编程还是验证。
- Programming options：选择是否检查器件为空和是否对编程进行验证。
- Clock frequency：设置配置器件的时钟频率。
- Supply voltage：设置配置工作电压。

图 3.7 Creat Jam、svf or isc 文件对话框

(3) 将一个或多个设计的 SOF 和 POF 组合并转换成其他辅助编程文件格式

选择 File | Convert Programming Files 命令，弹出如图 3.8 所示的对话框。

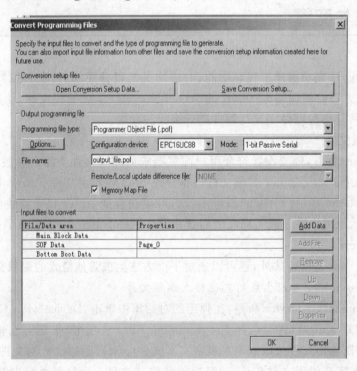

图 3.8 编程文件格式转换

其中各项含义如下：
- Output programming files：设定输出编程文件格式。
- Configuration device：设置 EPROM 器件系列。
- Mode 用于设置器件配置模式。
- File name：选择输出文件名和存储路径。
- Input files to convert：添加要转换的输入文件。

第 3 章　Quartus II 的基本应用

- Options：设置 JTAG 用户码和配置时钟频率等。
- Save Conversion Setup：将对话框中指定的设置保存成转换设置文件(.cof)。
- Open conversion setup data：打开保存的转换设置文件。

2. 器件编程和配置

生成编程文件后，即可对器件进行编程和配置以进行板级调试。编程器允许建立包含设计所用器件名称和选项的链式描述文件(.cdf)。对于允许对多器件进行编程和配置的一些编程模式，CDF 还指定了 SOF、POF、Jam 文件和设计所用器件的自上向下顺序以及链中器件的顺序。

器件编程和配置步骤如下：

① 选择 Tools | Programmer 命令，进入器件编程和配置对话框，如图 3.9 所示。

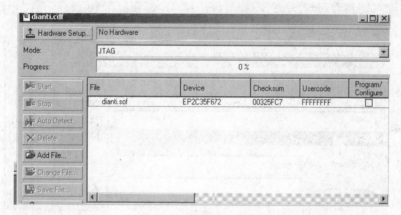

图 3.9　器件编程和配置

② 单击 Hardware Setup 按钮，选择编程硬件设置，如图 3.10 所示。

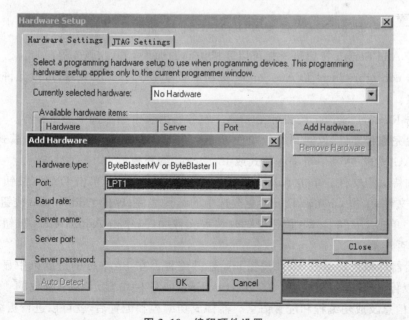

图 3.10　编程硬件设置

在 Hardware Settings 选项卡中可根据使用的编程硬件设置硬件类型。单击 Add Hardware 按钮添加编程硬件类型。有两种编程硬件类型：ByteBlasterMV or ByteBlasterII，其硬件接口为并口 LPT(LPT 并口是一种增强了的双向并行传输接口，在 USB 接口出现以前是扫描仪，打印机最常用的接口。最高传输速度为 1.5 Mbit/s，设备容易安装及使用，但是速度比较慢)；MasterBlaster，其硬件接口为串口 COM，波特率可选。选择好硬件设置后，选中的硬件类型就显示在可用硬件列表中，选中这个硬件类型，此硬件就显示在 Currently selected 的右方，表示选择这个硬件类型来编程器件。单击 Remove Hardware 按钮可以在硬件类型列表中删除选中的硬件类型。

JTAG Settings 选项卡中可设置 JTAG 服务器以进行远程编程，如图 3.11 所示。

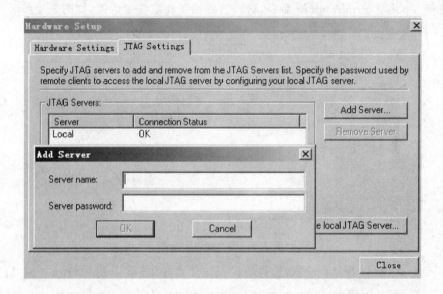

图 3.11　JTAG 编程对话框

- 单击 Add Server 按钮可添加可以联机访问的远程 JTAG 服务器。
- 单击 configure local JTAG Server 按钮配置本地 JTAG 服务器，可以允许远端客户端连接。
- 单击 Remove Server 按钮可在 JTAG 服务器列表中删除选中的服务器。

③ 设置完编程硬件，返回到编程硬件界面。在 Mode 中选择相应的编程模式，如被动串行模式、JTAG 模式、主动串行编程模式或 In-Socket 编程模式。

④ 添加待编程文件。单击 Add File 按钮添加待编程文件；单击 Delete 按钮可以删除已添加的编程文件；单击 Change File 可更改选中的编程文件；单击 Add Device 按钮添加用户自定义的器件；单击 Up 和 Down 按钮可更改编程文件顺序；单击 Auto Detect 按钮将自动检测编程硬件是否连接。

⑤ 开始器件编程。单击 Start 按钮开始器件编程。在 Process 的进度条中显示编程的进度，中途可以停止编程。完成后，在 Quartus II 的信息栏中显示器件加载的 JTAG USER CODE 检测信息及成功编程和配置信息。器件成功编程和配置后，就可以进行板级调试了。

第 4 章
Quartus II 辅助设计工具的应用

4.1 定制元件工具 MegaWizard Plug-In Manager 的使用

4.1.1 IP 核简介

IP 核是知识产权核(Intellectual Propety Kernel)的简称。美国 Dataquest 咨询公司将半导体产业的 IP 定义为用于 ASIC、ASSP、PLD 等芯片当中的,并且是预先设计好的电路功能模块。

在 PLD 领域,IP 核是指将一些在数字电路中常用的但比较复杂的功能块,如 FIR 滤波器、SDRAM 控制器、PCI 接口等,设计成参数可修改的模块,让其他用户可以直接调用这些模块。根据实现的不同,IP 可以分为软 IP、固 IP 和硬 IP。

- 软 IP 用硬件描述语言的形式描述功能块的行为,但是并不涉及用什么电路和电路元件实现这些行为。软 IP 的最终产品基本上与通常的应用软件类似,开发过程也与应用软件的开发过程类似,只是所需的开发软、硬件环境要求较高,尤其是 EDA 工具软件价格昂贵。软 IP 的设计周期短、设计投入少,由于不涉及物理实现,为后续设计留下很大的发挥空间,增大了 IP 的灵活性和适应性。软 IP 的缺点是设计中会有一定比例的后续工序无法适应软 IP 设计,从而造成一定程度软 IP 的修正。
- 固 IP 是完成了综合的功能块,有较大的设计深度,以网表的形式提交客户使用,如果客户与固 IP 使用同一个生产线的单元库,IP 的成功率会比较高。
- 硬 IP 提供设计的最终阶段产品——掩膜(Mask)。随着设计深度的提高,后续工序所需要做的事情就越少,当然,灵活性也就越低。

Altera 公司以及第三方 IP 合作伙伴给用户提供了许多可用的功能模块,他们基本分为两类:免费的 LPM 宏功能模块(Megafunctions/LPM)和需要授权使用的 IP 知识产权核(MegaCore)。这两者只是从实现的功能上区分,使用方法上基本相同。

Altera LPM 宏功能模块是一些复杂或高级的构建模块,可以在 Quartus II 设计文件中和门、触发器等基本单元一起使用,这些模块一般都是通用的,比如 Counter、FIFO、RAM 等。Altera 提供的可参数化 LPM 宏功能模块和 LPM 函数均为 Altera 器件结构做了优化,而且必须使用宏功能模块才可以使用一些 Altera 特定器件的功能,例如存储器、DSP 块、LVDS 驱动器、PLL 以及 SerDes 和 DDIO 电路。

IP 知识产权模块是某一领域内实现某一算法或功能的参数化模块。这些模块是由 Altera 以及 Altera 的第三方 IP 合作伙伴(AMPP,Altera Megafunction Partners Program)开发的,专门针对 Altera 的可编程逻辑器件进行过优化测试,一般需要用户付费购买才能使用。Altera 的 IP 核都是以加密网表(netlist)的形式交给客户使用的,这就是前面所提到的固 IP,同时配合以一定的约束文件,如逻辑位置、引脚,以及 I/O 电平的约束。

1. 基本宏功能(Megafunctions/LPM)

在 Altera 的开发工具 Quartus II 中,有一些内带的基本宏功能可供用户选用,如乘法器、多路选择器、移位寄存器等。当然,这些基本的逻辑功能也可以由通用的硬件描述语言描述出来。然而 Altera 的这些基本宏功能都是针对其实现的目标器件进行优化过的模块,它们应用在具体 Altera 器件的设计中,往往可以使用户的设计性能更高,使用的资源更少。使用 Altera 的基本宏功能还可以显著提高用户设计的开发进度,缩短用户产品的上市时间。另外,还有一些 Altera 器件特有的资源,例如片内 RAM 块、DSP 块、LVDS 驱动器、PLL、DDIO 和高速的收发电路等,同样是通过基本宏功能方式提供给用户使用的。这样用户使用起来非常方便,设置参数比较简单,只需通过图形界面(GUI)操作即可,而且不易出错。

Altera 可以提供的基本宏功能如表 4.1 所列。

表 4.1 Altera 可提供的基本宏功能

类 型	描 述
算术组件	包括累加器、加法器、乘法器和 LPM 算术函数
门	包括多路复用器和 LPM 门函数
I/O 组件	包括时钟数据恢复(CDR)、锁相环(PLL)、双数据速率(DDR)、千兆位收发器块(GXB)、LVDS 收发器、PLL 重新配置和远程更新宏功能模块
存储器编译器	包括 FIFO、RAM 和 ROM 宏功能模块
存储组件	存储器、移位寄存器宏模块和 LPM 存储器函数

2. Altera 的 IP 核与 AMPP IP 核(MegaCore)

Altera 除了提供一些基本宏功能以外,还提供了一些比较复杂的、相对比较通用的功能模块,例如 PCI 接口、DDR SDRAM 控制器等。这些就是 Altera 可以提供的 IP 库,也称为 MegaCore。

Altera 的 MegaCore 可以分为 4 大类,如表 4.2 所列。

表 4.2 Altera 的 MegaCore

数字信号处理类	通信类	接口和外设类	微处理器类
FIR	UTOPIA2	PCI MT32	Nios & Nios II
FFT	POS—PHY2	PCI T32	SRAM interface
Reed Solomon	POS—PHY3	PCI MT64	SDR DRAM interface
Virterbi	SPI4.2	PCI64	FLASH interface
Turbo Encoder/Decoder	SONET Framer	PCI32 Nios Target	UART
NCO	Rapid IO	DDR Memory I/F	SPI
Color Space Converter	8B10B	HyperTransport	Programmable I/O
DSP Builder			SMSC MAC/PHY I/F

第4章 Quartus II 辅助设计工具的应用

此外,一些 Altera 的合作伙伴 AMPP(Altera Megafunction Parters Program)也向 Altera 的客户提供了基于 Altera 器件的优化的 IP 核。

所有的 Altera 或 AMPP 的 IP 具有统一的 IP Toolbench 界面,用来定制和生成 IP 文件。所有的 IP 核可以支持功能仿真模型,绝大部分 IP 核支持 OpenCorePlus,用户可以免费在实际器件中验证所用的 IP 核(用户必须把所有器件通过 JTAG 电缆连到 PC 机上,否则 IP 核电路不会工作),直到用户觉得没有问题,再购买 IP 许可证。

在使用 Altera 的 IP 或是 AMPP 的 IP 时,一般的开发步骤如下:
- 下载所要 MegaCore 的安装程序并安装;
- 通过 MegaWizard 的界面打开 IP 核的统一界面 IP Toolbench;
- 根据用户的需要定制要生成 IP 的参数;
- 产生 IP 的封装核网表文件,以及功能仿真模型;
- 用户对 IP 的 RTL 仿真模型做功能仿真;
- 用户把 IP 的封装文件和网表文件放在设计工程中,并实现设计;
- 如果 IP 支持 OpenCorePlus,用户可以把设计下载到器件中做验证和调试;
- 如果确认 IP 使用没有问题,即可以向 Altera 或第三方 IP 供应商购买许可证。

统一的 IP Toolbench 界面使用户定制 IP 变得非常方便,OpenCorePlus 的支持使用户使用 Altera 的 IP 核没有任何风险,用户完全可以在验证完整个设计后再决定是否购买 IP 核的许可证。

3. MegaWizard 管理器

为了方便用户使用宏功能模块,Quartus II 软件为用户提供了 MegaWizard Plug-In Manager,即 MegaWizard 管理器。它可以帮助用户建立或修改包含自定义宏功能模块变量的设计文件,然后可以在用户自己的设计文件中对这些 IP 模块文件进行实例化。这些自定义宏功能模块变量基于 Altera 提供的宏功能模块,包括基本宏功能、MegaCore 和 AMPP 函数。MegaWizard 管理器运行一个向导,帮助用户轻松地为自定义宏功能模块变量指定选项,产生需要的功能。

4.1.2 基本宏单元的定制

通常在使用 Altera 的基本宏单元功能时,有以下几种方法:
- 通过 Altera 的 IP 工具 MegaWizard 管理器定制基本宏功能参数,生成一个封装文件,然后在设计代码中调用该封装文件;
- 用户可以在设计代码中对宏功能模块直接进行参数化调用;
- Quartua II 集成的综合器或第三方综合器可以根据代码中的 HDL 语言描述,自动推断出一些基本宏功能,如计数器、乘法器和 RAM 等。

推荐用户使用 MegaWizard 管理器定制宏功能,这样定制参数非常方便。

1. 定制基本宏功能

MegaWizard 管理器允许用户选择基本宏功能模块,然后为其选择合适的参数,选择需要的输入/输出端口设置,再生成用户设计所需的模块文件。向导将提供一个供自定义和参数化宏功能模块使用的图形界面,并确保用户正确设置所有宏功能模块的参数。

要运行 MegaWizard 管理器，可以利用 Tool | MegaWizard Plug-In Manager 命令，或在原理图设计文件(.bdf)的空白处双击鼠标左键，打开 MegaWizard Plug-In Manager。也可以将 MegaWizard 作为独立实用程序来运行，在 Windows 操作系统下选择"开始"→"运行"命令，在打开运行窗口中输入 qmegawiz，即可打开 MegaWizard Plug-In Manager。如果我们在第三方设计软件(如 Synplify)中设计自己的项目时，直接在 Windows 下运行 MegaWizard 管理器是非常有帮助的，这样就不需要在 Quartus II 中运行 MegaWizard 管理器生成 MegaCore 模块。

在启动 MegaWizard 管理器后，出现第一页的窗口，如图 4.1 所示。用户可以选择进行以下的操作模式：

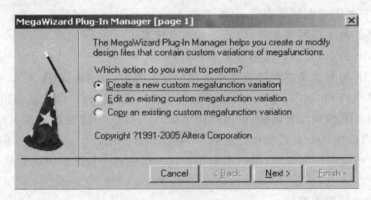

图 4.1　MegaWizard 启动窗口

- 创建一个新的宏功能(Create a new custom megafunction variation)：用户可以创建一个新的基本宏功能、设置参数、生成输出的文件；
- 编辑一个已存在的宏功能(Edit an existing custom megafunction variation)：用户可以打开一个已存在的宏功能文件，对参数进行重新设置，生成新的文件；
- 复制一个已存在的宏功能(Copy an existing custom megafunction variation)：用户可以根据一个已存在的宏功能文件，做一份备份，这个备份文件可以在原文件的基础上做一些参数的修改。

下面先创建一个新的宏功能模块为例介绍 MegaWizard 管理器的使用方法。

单击 Next 按钮，进入宏功能模块选择窗口，如图 4.2 所示。

在窗口的左边列出了可供选择的宏功能模块的类型，有已安装的组件(Installed Plug-Ins)和未安装的组件(IP MegaStore)两部分。已安装的部分包括 Altera SOPC Builder、算术(Arithmetic)、ARM-based Excalibur、门(Gates)、I/O、存储器编译器(Memory Compiler)等；未安装的部分主要是 Altera 的 IP 核，它们需要上网下载，然后再安装。

图中右边部分包括器件选择、语言选择、输出文件路径和名称，以及库文件的指定，也就是用户在 Quartus II 中编译时需要用到的文件库。用户在使用非系统默认的、用户自己安装的 IP 核时，需要指定用户库。

此外，有一些基本宏功能模块还有一个可选的白盒(Clearbox)模式。一般来说，我们生成的宏功能模块都是以黑盒(Blackbox)方式产生的，这样放到第三方综合工具中综合的时候，只需要把生成的封装文件声明为黑盒即可，第三方综合工具不会关心模块内部的细节，也不会对

第 4 章 Quartus II 辅助设计工具的应用

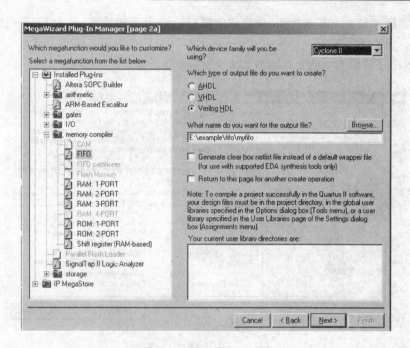

图 4.2 宏功能模块选择窗口

模块内部的网表做优化;以白盒模式生成的宏功能模块,它生成的文件就不仅仅是一个封装文件,而是内部包含了许多详细的实现信息和特定的器件信息,这样的模块可以放到第三方的综合工具中去综合,使综合工具对模块内部进行优化。

以一个 CycloneII 器件的 FIFO 为例说明下一步的操作,语言选择 Verilog HDL,输入文件名为 myfifo。单击 Next 按钮,进入参数设置的页面,如图 4.3 所示。

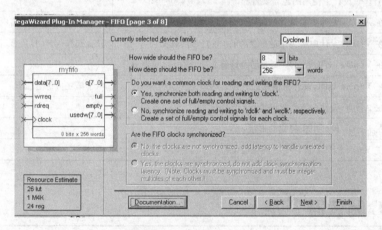

图 4.3 myfifo 参数设置

图 4.3 中左边是模块端口图,右边是参数选择项。myfifo 中的参数包括数据位宽、FIFO 深度、时钟模式等设置。

如果单击左下方的 Documentation 按钮,会出现可供选择的两个操作,分别是 Generate Sample Waveforms(用来产生该宏功能 FIFO 的时序图样)和 Quartus II Megafunction Reference(用来产生该宏功能的说明(Quartus II 中的帮助文件))。

· 43 ·

在用户按顺序设置完其余页面,最后选中需要的输出文件类型,单击 Finish 按钮,即可产生输出文件。如图 4.4 所示。

MegaWizard 可以产生的文件类型如表 4.3 所列。

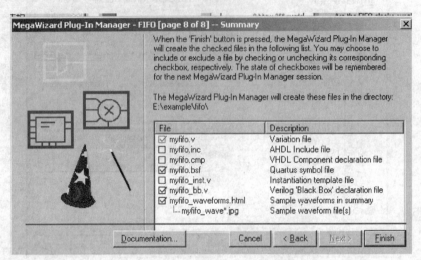

图 4.4 产生的文件类型

表 4.3 MegaWizard 输出的文件

文件	描述	说明
*.bsf	Quartus II 原理图编辑器中使用的块符号文件	
*.cmp	VHDL 设计中使用的包含文件	
*.inc	AHDL 设计中使用的包含文件	
*.tdf	在 AHDL 设计中实例化的封装文件	只有选择 AHDL 语言时才输出
*.vhd	在 VHDL 设计中实例化的封装文件,或白盒网表文件	只有选择 VHDL 语言时才输出
*.v	在 Verilog HDL 设计中实例化的封装文件,或白盒网表文件	只有选择 Verilog HDL 语言时才输出
*_bb.v	在 Verilog HDL 设计中使用的只包含端口的黑盒文件	用于第三方综合工具
*_inst.tdf	在 AHDL 设计中实例化的模板	
*_inst.vhd	在 VHDL 设计中实例化的模板	
*_inst.v	在 Verilog HDL 设计中实例化的模板	

4.2 RTL 阅读器

随着 FPGA 设计的复杂度越来越大,有时一个设计需要几个人分别完成不同的模块,而对每一个用户来说,分析和理解综合工具如何把设计翻译成逻辑原语也是一个很重要的能力。Quartus II 中的 RTL 阅读器就给用户提供了在调试、优化过程中观察自己设计的初始综合结果的途径。

在 Quartus II 的 RTL 阅读器中不仅可以查看由它的集成综合工具综合后的 RTL 结构,

还可以查看由第三方工具综合后的 RTL 结构。RTL 阅读器观察的电路结构是在执行综合和布局布线之前的结果,由于还没有设计转换,因此它并不是最终实现的电路结构,但它是对源代码设计的最原始的展现。

4.2.1 JRTL 阅读器简介

在 Quartus II 中,用户只需要运行完 Analysis and Elaboration(分析和解析,检查工程中调用的设计输入文件及综合参数设置)命令即可观察设计的 RTL 结构。RTL 阅读器显示的是最后一次分析和解析成功的设计结构。如果用户对设计做了更改,但是在执行 Analysis and Elaboration 过程中报错,也不能打开新的 RTL 视图结构,不过,这时还可以显示没有更改前的 RTL 结构,因为前一次的 Analysis and Elaboration 是成功的。如果用户在执行编译过程中报错,而之前又没有单独执行分析和解析步骤,则打开 RTL 视图时软件会报错,从而观察不到设计的 RTL 结构。如果在执行一个新编译的时候 RTL 阅读器窗口是打开的,则直到编译结束后 RTL 阅读器才会重新显示,在编译过程中是不显示 RTL 阅读器的。

RTL 阅读器显示了设计中的逻辑结构,其尽可能地接近原设计,但是一些优化操作将使得阅读器的可读性有所变化。例如,没有扇出(如输出信号没有连接)的逻辑和没有扇入的逻辑都将从 RTL 结构中删除,内部使用的三态缓冲器原语也将从 RTL 结构中删除。默认连接如 V_{CC} 和 GND 等在阅读器中没有显示。

4.2.2 RTL 阅读器用户界面

选择 Tools/RTL Viewer 命令,打开 RTL 阅读器,如图 4.5 所示。该窗口由工具栏、层次列表和 RTL 级原理图 3 部分组成。

1. RTL 级原理图

原理图显示在 RTL 阅读器窗口的右方(这是 RTL 阅读器中观察设计结构的主窗口),它包含了设计中的逻辑块和连线,如寄存器、复用器、逻辑门和加法器等。

设计结构在原理图中显示的结点单元主要是输入/输出端口、寄存器、逻辑门、Altera 原语、高级操作符和等级实体。在原理图中用鼠标选中一个单元(结点或线)时,这个单元将以红色显示,可以用鼠标和 Shift 键一次选择多个单元。被选中的单元同时在左边的层次列表中也被选中,此时等级列表根据需要自动展开。

当在原理图中选中一个结点或端口时,此结点或端口以红色显示,但是与其相连的线则没有高度显示。只有当选择了一个网线(线或总线)时,所有与此线相连的线均以红色显示。因此,在不同层次或页面之间切换时都可以观察到此高度显示的网线,这样便于在原理图中查找选定网线的所有扇入和扇出。

2. 层次列表

层次列表在 RTL 阅读器窗口中的左边,在每个层次上以树的形式列出了设计的所有单元。RTL 阅读器中的层次列表功能可以帮助用户在设计的不同层次间切换,观察每个层次的逻辑原理图,并且把每个层次的 RTL 视图细化到底层。在层次列表中选择一个结点后,它在原理图中以高度显示。

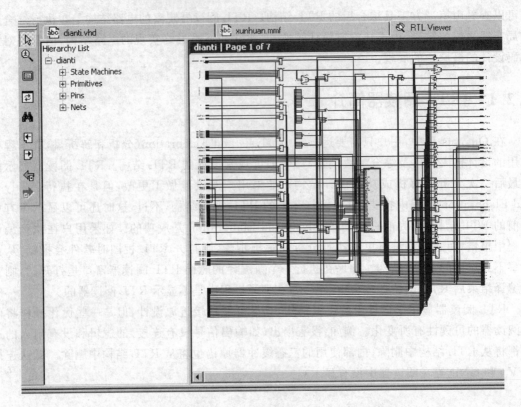

图 4.5　RTL 观察器

对于设计中的每个模块，层次列表中列出了以下内容。
- 实例（Instance）：设计中能够被扩展成低层次的模块或实例。
- 原语（Primitives）：不能被扩展到任何低层次模块的低层结点。当使用 Quartus II 综合时，它包括寄存器和逻辑门；当使用第三方综合工具时，它包括逻辑单元。
- 引脚（Pins）：当前层次的 I/O 端口。如果当前页面显示的是顶层原理图，则它列出的是器件的 I/O 端口；如果当前页面显示低层次的原理图，则它是当前页面模块的 I/O 端口。当一个 I/O 端口是总线形式时，可以将之展开，这样可以观察到总线中的每个端口信号名。
- 网线（Nets）：连接结点（实例、原语和引脚）的网线。同样，当一个网线表示的是总线时，可以将之展开以观察每个单独的线名称。

若要在原理图中显示具体项目时，当在层次列表中选中一个项目（实例、原语、引脚或网线）或者一次选中多个项目，在 RTL 阅读器中可以执行以下操作。
- 如果选中的项目不在当前页面，则原理图将切换到包含此项目的层次和页面。
- 如果需要，原理图将会改变当前包含选中项目的原理图的中心位置。
- 在原理图中以红色高度显示选中项目。

4.2.3　原理图的分页和模块层次的切换

对于大多数的设计层次，RTL 阅读器将原理图分成多页。用户可以设定每页原理图显示

第4章 Quartus II 辅助设计工具的应用

的结点数和端口数。选择 Tools | Options 命令,在弹出的对话框中的左边类别(Category)中选择 RTL Viewer,在右边显示的窗口显示设置(Display setting)中设置每页显示的结点和端口数。Nodes per page 参数定义了每页显示的结点数目,其默认值为 50,范围为 1~1 000。Ports per page 参数定义了每页显示的端口或引脚数,其默认值为 1 000 个端口,范围为 1~2 000。用户可以根据自己的需要设定这两个参数值,RTL 阅读器在分页时如果当前页超过了设定值,则自动又分成一个新的页面。

当原理图被分成多个页面时,在 RTL 阅读器窗口的主题栏显示了当前页是哪个实例总页数中的第几页。由于原理图在 RTL 阅读器中以分页的形式显示,因此就需要在各个页面之间切换,在原理图的各个页面之间切换时,就存在一个页面之间的连接关系查找问题。除了前面介绍的高度显示原理图中一个网线的查找方法,还可以使用输入或输出连接器。输入或输出连接器是用于表示同一层次页面之间的结点连接关系的。在原理图中选中一个输入或输出连接器,单击鼠标右键,如果选中的是输入连接器,则弹出的菜单命令有两种,一是 From Page 用于打开包含源信号的页面,另一个是 Related Page 用来打开包含同一个源信号连接关系的页面(即此源信号输出到几个结点),这样就可以快速找到此连接器的源信号和相连的相关信号。如果是输出连接器,则弹出的菜单命令只有一种,就是 To Page,指示此连接器上的信号是输出到哪个页面。灵活地使用页面切换工具,可以帮助用户快速查找信号的连接关系。

在 RTL 阅读器中如果要查看当前模块的上一层或是下一层模块,可以使用层次列表打开不同层次的模块,或者选中此模块,单击右键,在弹出的菜单中选择 Hierharchy Up 或 Hierharchy Down 命令,从当前层次模块原理图回到上一层或下一层模块。

4.2.4 使用 RTL 阅读器分析设计中的问题

使用 RTL 阅读器可以帮助用户分析设计,以及观察源设计如何被翻译成逻辑门、原语等,因此它是观察及确定源设计是否实现了要求的理想逻辑的最好工具。用户在执行仿真验证设计功能之前可以先使用 RTL 阅读器查找设计中的问题。在设计的早期就找到问题可以为后期验证工作节省很多时间。

如果用户在验证阶段发现了非预期的结果,则可以使用 RTL 阅读器回溯到初始逻辑门、原语翻译阶段,确定设计中的连接及逻辑是否正确。若是在 RTL 阅读器中查找不到源设计的问题,则可以将分析的重点放到设计的后期处理过程中。例如,在综合或布局布线期间的优化,或者由于布局布线引起的时序问题或是验证流程本身的缺陷等。这样就不必在验证设计的过程中一次次地回去检查源代码设计了。

在分析设计时,使用 RTL 阅读器中的一些功能,如原理图中特定结点与源设计代码间的切换对于调试设计是很有用的。可以快速追踪用户关心的结点源信号和目标信号。另外,RTL 阅读器还可以帮助用户在第三方综合工具的综合结果 VQM 或 EDIF 网表文件中快速查找关心的结点。这种功能非常有用,如在设计中对两个寄存器之间的多时钟做时序约束。有时对第三方工具综合后的寄存器名称很难确定,这时可使用 RTL 阅读器中的层次列表功能,在层次列表中的特定层次中查找。还可以在原理图中选定一个 I/O 端口,使用过滤、前后页面切换的方式在各个层次的原理图之间查找用户关心的结点以及逻辑路径。

Nios II 系统开发设计与应用实例

4.3 SignalTapII 逻辑分析器

SignalTapII 逻辑分析器是 Quartus II 软件中集成的一个内部逻辑分析软件,使用它可以观察设计的内部信号波形,方便用户查找设计的缺陷。

1. SignalTapII 逻辑分析器用户界面

SignalTapII 逻辑分析器的用户界面如图 4.6 所示。

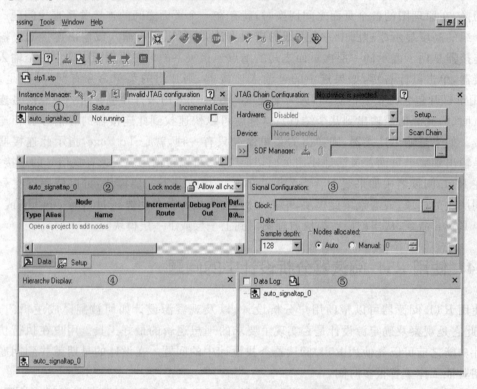

图 4.6 SignalTapII 逻辑分析器的用户界面

创建 SignalTapII 逻辑分析器的文件有两种方法:一种是选择 Tools | SignalTapII Logic Ananlyzer 命令;另一种是新建设计输入文件时,选择 SignalTapII 文件类型。两种方法均弹出如图 4.6 所示的 SignalTapII 逻辑分析器界面,该界面主要包括信号显示栏、资源显示栏、JTAG 链检测及文件加载栏、参数设置栏等。

① 参数设置栏:主要设置采样时钟、深度,使用的 RAM 类型,以及触发器个数等。
② 资源显示栏:显示当前实例及其所用的 RAM 资源。设置好采样深度后,每添加一个信号,此栏就显示已经使用了多少 RAM 块。
③ 信号显示栏:添加并显示待观察信号、设置触发条件。双击此栏中的空白位置,弹出信号查找对话框,找到需要观察的信号后,此信号自动显示在图中。信号选定后可以设置各种各样的波形触发条件。
④ 模块等级显示栏:显示添加的信号在模块中的等级。

第 4 章　Quartus II 辅助设计工具的应用

⑤ 数据日志栏:显示了使用 SignalTapII 逻辑分析器捕获的历史数据和用于捕获数据的触发条件。分析器捕获了数据后,将其存放在日志中并以波形的形式显示。默认的日志名称是时间标签,表示这些数据是何时捕获的。数据是以触发条件来分级存储的。若要调用一给定触发条件下的数据日志,只需双击对应的数据日志即可。

⑥ JTAG 链检测及配置文件加载栏:在 SignalTapII 逻辑分析器文件已经成功包含到工程设计中,并完成成功编译后,需要检测 JTAG 链是否已经正确连接,以便将编译后的包含有 SignalTapII 逻辑分析器文件的配置文件下载到器件中进行调试。

2. SiganlTapII 逻辑分析器使用

(1) 新建 STP 文件(即 SignalTapII 逻辑分析器文件)

SignalTapII 逻辑分析器是针对具体工程使用的,首先打开一个实例工程,SignalTapII 逻辑分析器方可使用。

(2) 打开 STP 文件界面

STP 文件包含了 SignalTapII 逻辑分析器的所有设置。另外,STP 文件显示捕获的数据以供分析和参考。

(3) 添加触发时钟以及参数设置

SignalTapII 逻辑分析器添加采样时钟和设置逻辑分析器参数的界面如图 4.7 所示。具体参数设置:

- 添加采样时钟:单击 Clock 栏的"…"按钮,打开信号查找界面,在信号查找界面的 Filter 栏选择 SignalTapII Pre-Synthesis,找到并添加用于采样的时钟信号,此信号将显示在 Clock 栏。SignalTapII 逻辑分析器是在时钟的上升沿采样,用户可以使用设计中的任何信号作为采样时钟。但为了更好地观察波形信号,推荐使用同步系统全局时钟作为采样时钟。若是使用门控时钟,有可能会产生不准确反映设计的意料不到的结果。

- 定义采样深度:采样深度决定了每个信号可存储的采样数目。在 Sample depth 栏设置较理想的采样深度。采样深度的设置范围为 0~128K。可设置的采样深度是根据设计中剩余的 RAM 块和待观察信号来决定的。若待观察信号多,则在同样 I/O Bank 个数情况下采

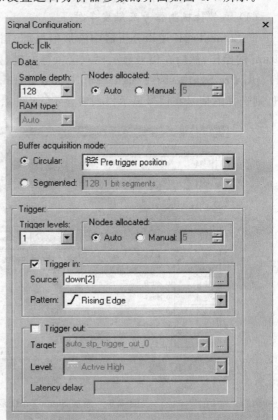

图 4.7　STP 文件配置参数界面

样深度小。添加了待观察信号,设置采样深度后,会在资源显示栏显示使用了多少

RAM 块资源。
- 定义分配的结点类型：Nodes Allocated 设置可以被 SignalTapII 逻辑分析器分析信号数目。若设置为 Auto，表示只分析 STP 文件包含的信号；若设置为 Manual，表示除 STP 文件中的信号外还能分析其他信号。当增加和改变信号时，使用增量布线可以减少编译时间。
- 定义触发设置：Circular 栏是设置触发位置的，通过设置触发位置选择采样触发前和触发后数据的最好比例。此处有 4 种触发位置选择：Pre trigger position 表示采样到的数据 12% 为触发前的，88% 为触发后的；Center trigger position 表示采样到的数据触发前和触发后各一半；Post trigger position 表示采样到的数据 88% 为触发前的，12% 为触发后的；Continuous trigger position 表示无限采样数据直到人为使之停止。
- 定义触发条件级数：Trigger 栏设置触发条件级数。使用 SignalTapII 逻辑分析器可以设置达到 10 级的触发条件，帮助过滤不相干的数据，更快地找到用户需要的数据。若有几级触发条件，SignalTapII 逻辑分析器首先分析第一级触发条件，若第一级为满足，则转到分析第二级是否满足，直到分析完所有触发条件均满足才最终触发时钟采样数据。Trigger in 栏表示使用外部送进来的信号作为逻辑分析器的触发信号。Source 栏添加作为触发的输入信号，Pattern 栏选择触发条件。

(4) 添加待观测信号及触发条件

向 SignalTapII 逻辑分析器中添加信号前，需要对工程设计执行包含 Analysis & Elaboration 的操作，然后在信号显示栏双击鼠标左键，弹出信号查找对话框，在 Filter 栏选择 SignalTapII Pre-Synthesis 或 SignalTapII Post-Fitting 类型，找到所需待观测信号后，单击 OK 按钮，则选择的信号在信号显示栏列表显示，如图 4.8 所示。

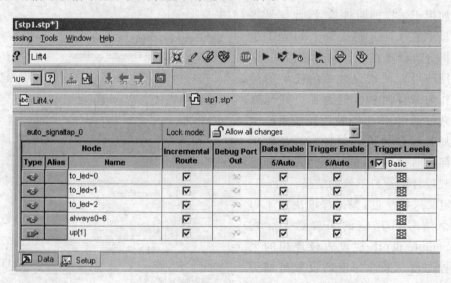

图 4.8　添加 SignalTapII 逻辑分析器信号对话框

选项 Lock mode 是给 SignalTapII 逻辑分析器设置限定条件，防止当 STP 文件有改动的时候执行全编译。它主要有 3 种模式：
- **Allow all Changes**：表示允许对 STP 文件做增加或删除实例、改变触发级数、改变信号个数、分配信号、改变采样深度、使用触发器输入或输出等所有的操作,此时需要执行全编译。
- Allow incremental route changes only:表示允许在 STP 文件中修改增量布线特性以执行增量布线。
- Allow trigger condition changes only:表示仅仅允许 STP 文件的触发条件改变。在此模式下,改变了触发条件,不需要执行重编译。

Name 栏显示已添加的待观测信号名。

Incremental Route 栏表示允许用户在不执行全编译的情况下向 STP 文件中添加新的结点信号。向 STP 文件添加新的结点信号不会影响当前的布局布线。

信号添加且触发条件均设置好后,保存该 STP 文件。

(5) 编译包含 STP 文件的工程

STP 文件生成后,需要对工程进行编译。首先设置 SugnalTapII 逻辑分析器的编译参数。选择 Assignments | Settings 命令,在弹出的窗口左边 Category 栏选择 SignalTapII Logic Analyzer 选项,如图 4.9 所示。

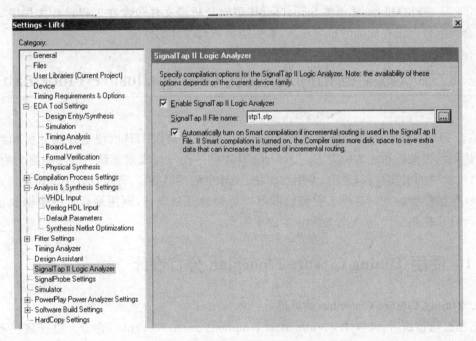

图 4.9 SignalTapII 逻辑分析器编译参数设置

Enable SignalTapII Logic Analyzer 表示使能 SignalTapII 逻辑分析器,在 SignalTapII 中键入或是调入要编译的 STP 文件名。

Antomatically turn on Smart compilation…表示在 SignalTapII 逻辑分析器文件中自动打开 Smart 编译方式,此编译方式减少了编译时间,但是使用更多的磁盘空间。设置好编译参数后,选择 Processing | Start | Start Compilation 命令执行全编译。

(6) 检测硬件配置 JTAG 链

在使用 JTAG 链加载包含 SignalTapII 逻辑分析器的配置文件前需要检测待加载器件的 JTAG 链是否已正确连接。然后选择硬件配置端口,扫描 JTAG 链,若是正常,则在 Device 处显示检测到的器件族。最后选择配置文件，加载文件到器件中。

（7）捕获数据及观察波形

运行逻辑分析器，当触发条件满足的时候，数据捕获开始。捕获的数据以波形的形式表示出来。

与传统逻辑分析器相比，使用 SignalTapII 逻辑分析器有以下好处。

- 不占用额外的 I/O 引脚。若使用传统的逻辑分析器观察信号波形，则必须将待观测信号引到空闲引脚。这样在器件引脚紧张时，SignalTapII 逻辑分析器的优点就显示出来了。
- 不占用 PCB 上的空间。若使用传统逻辑分析器，需要从 FPGA 器件上引出测试引脚到 PCB 上，这样增加了 PCB 走线难度。
- 不破坏信号的完整性。
- 传统逻辑分析器价格昂贵，而 SignalTapII 逻辑分析器集成在 Quartus II 软件中，无需另外付费。

虽然 SignalTapII 逻辑分析器有上述优点，但也有缺点。由于它是使用设计中剩余的 RAM 块资源来存放数据的，因此其存储深度由设计中的 RAM 剩余大小来决定。而且要使用 SignalTapII 逻辑分析器，必须将 SignalTapII 逻辑分析器文件包含在工程设计文件中一起编译，这会影响整个工程设计的布局布线，有可能影响到设计的性能。

4.4 时序收敛平面布局规划器(Timing Closure Floorplan)

随着 FPGA 设计超过了百万门后，用户越来越需要高级工具以便更好地分析和约束设计，以达到系统性能和成本的要求。Quartus II 中的平面布局规划器是一个功能强大的工具，可以对设计中的引脚、内部逻辑、专用功能块、设计中的关键路径，甚至设计中的模块指定适当的约束(包括位置约束)，这样工程师们就可以合理地规划设计，利用最合适的逻辑和布线资源，使得设计达到最优，满足性能和成本的平衡点。

4.4.1 使用 Timing Closure Floorplan 分析设计

1. Timing Closure Floorplan 的界面

工程布局布线后，选择 Assignment | Timing Closure Floorplan 命令。打开底层布局布线图。在 Timing Closure Floorplan 中，用户可以定制视图模式，其中整体视图是以资源的不同颜色来显示芯片的整体视图，以 CycloneII 器件 EP2C35F672C8 为例，其整体视图(Field View)如图 4.10 所示。

在 Field View 中可以观察每个资源的详细信息，方法是选中一个资源，单击鼠标右键，在弹出的菜单中选择 Show Details 命令，此时就在视图中显示了所选中单元的详细信息。同样，若是想将已经显示的单元详细信息隐藏起来，则可以先选择 Edit | Select All 命令，然后单击鼠标右键，在弹出的菜单中选择 Hide Details 命令即可。

在 Timing Closure Floorplan 中还有内部单元视图(Interior Cell)、内部 LAB 视图(Interior LAB)、封装顶视图(Package Top)和封装底视图(Package Bottom)。通过 View 菜单中的

命令可以在平面布局规划器中的几个视图之间切换。

2. 在 Timing Closure Floorplan 中观察资源分配

在 Timing Closure Floorplan 中,用户可以同时查看用户设置的分配约束和布局布线器的布局结果。用户设置的分配主要指的是用户所做的引脚分配、LogicLock 分配以及其他的位置约束。布局布线器的分配指的是在全编译之后 Quartus II 软件对设计中所有结点的布局结果。

查看用户设置的分配视图,选择 View | Assignment | Show User Assignments 命令。查看布局布线分配结果的方法与查看用户分配视图类似,只是选择 View | Assignment | Show Fitter Placements 命令查看结果。

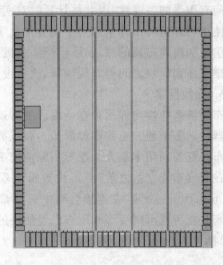

图 4.10　CycloneII EP2C35F672C8 的整体视图

3. LogicLock 区域连接

在分配的 LogicLock 区域之间通过观察其连接可以知道 LogicLock 区域的逻辑是如何接口的,这种功能对于把一个实体分配到一个 LogicLock 区域中尤其有用。在 LogicLock 区域还可以观察其扇出和扇入。

观察 LogicLock 区域连接,选择 View | Routing | Show LogicLock Regions Connectivity 命令。若要观察具体的连接数目,选择 View | Routing | Show Connection Count 命令即可。观察 LogicLock 区域的扇入和扇出,选择 View | Routing | Show Node Fan-In 和 Show Node Fan-Out 命令即可。

4. 在 Timing Closure Floorplan 中观察关键路径

关键路径是设计中对性能影响最大的路径,通常决定了整个设计的总体性能。在 Quartus II 的时序报告中,将关键路径按照 Slack(时序余量)的多少来排列。选择 View | Routing | Show Critical Paths 命令,即可显示设计中的关键路径。

如果设计中关键路径比较多,为了更快定位用户需要的关键路径,可以先设置观察关键路径的参数。例如,希望观察多少关键路径;是观察所有时钟域还是一个指定时钟域的关键路径等。选择 View | Routing | Cirtical Paths Settings 命令,用户可以进入设置关键路径显示参数的窗口。

5. 物理延时估计

在 Timing Closure Floorplan 中选择一个资源,可以观察到它与其他任何一个资源之间的大概物理布线延时。

在 Floorplan 视图中选择一个源 LAB,选择 View | Routing | Show Physical Timing Estimation 命令,可以观察到此 LAB 在器件芯片中与其他 LAB 资源的大概延时。这些延时信息是以颜色来表示的,颜色越深,则表明延时越大,把鼠标放到另一个 LAB 资源上,此时显示了两个资源之间大概的纳秒级延时信息,这些延时估计信息是在最佳布线的情况下的延时,实际延时由布线资源的可用性决定,可能比显示的延时值要大。但一般来说,估计延时和实际延

时之间有很强的关联性,因此估计延时对实际延时有一定的参照作用。

使用物理延时估计信息对于在器件上手工布局很有作用,用户可以参考这些信息把关键结点信号和模块布局的更近,可以把非关键路径的结点信号和模块布局得更远,这样就减少了在关键实体和模块之间得布线拥塞,改善设计的可布线性和时序性能。

6. 布线拥塞

布线拥塞特性允许用户在全编译之后观察设计占用了多少布线资源,它主要是协助用户识别器件的哪个地方布线资源紧张。布线拥塞是以颜色和阴影来表示布线资源的,阴影越深,代表布线资源利用率越大。逻辑资源使用率如果超过特定门限则会以红色标出。

在观察布线拥塞之前,需要设置希望观察的标准,选择 View | Routing | Routing Congestion Settings 命令,在连接类型中选择希望观察的布线资源,在拥塞门限中设置门限。布线拥塞是在所有可用资源和所有已经使用的资源基础上计算出来的。在设置了布线拥塞门限后,选择 View | Routing | Show Routing Congestion 命令,可以观察布线资源的使用情况。

4.4.2 使用 Timing Closure Floorplan 优化设计

使用 Timing Closure Floorplan 分析设计对于优化一个复杂设计的资源或者性能是一个基本的要求。Timing Closure Floorplan 除了前面介绍的用于分析设计的特性之外,还可以在其中直接对逻辑资源或 I/O 重新指定位置约束,使其满足设计的性能要求。

Timing Closure Floorplan 可以通过人为干预综合和布局布线的过程来达到设计目标。它可以对复杂的设计进行更快的时序逼近,减少优化迭代次数并自动在多个设计约束之间做平衡。Timing Closure Floorplan 与传统的 Quartus II 设计工具结合在一起,给设计的平面布局规划提供了一个很好的方法。

4.5 Chip Editor 底层编辑器

Altera FPGA 在容量和性能上有很多的优势。Stratix 和 Cyclone 器件系列都有嵌入的存储器、专用数字信号处理块(DSP)以及支持多种 I/O 标准。FPGA 有了这些特性,其设计也越来越复杂,因此就需要有高效的设计工具,使系统投放市场的时间更短。在这种形式下,Altera 在 Quartus II 4.0 及以上的版本都提供有 Chip Editor,它是在设计后端对设计进行快速查看和修改的强有力工具。

Chip Editor 可以查看编译后布局布线的详细信息,它允许用户直接修改布局布线后的逻辑单元、I/O 或 PLL 单元的属性和参数,而不是修改源代码,这样就避免了重新编译整个设计的过程。实际上,Chip Editor 可以帮助用户解决很多问题,包括快速修改功能上的小缺陷。

4.5.1 Chip Editor 功能简介

在 Chip Editor 中,用户可以观察到设计的如下信息:
- 设计中 FPGA 已用资源。例如,检查两个块之间是如何物理连接的以及两个块之间的

第4章　Quartus II 辅助设计工具的应用

信号布线等。
- LE 配置。用户可以通过此功能观察到自己设计中 LE 的配置方式,例如哪个 LE 的输入被使用了,是 LE 中的寄存器资源还是查找表资源,还是两者都被使用了,或者这个 LE 仅仅作为信号传输路径,信号透明传输直接穿过这个 LE。
- I/O 单元配置。使用 Chip Editor 可以观察器件 I/O 资源使用情况。例如,可以观察到哪个部分的 I/O 已经使用了,IOE 中哪些寄存器被使用了。用户还可以编辑 IOE 中的 I/O 可编程延迟单元。
- PLL 配置。使用 Chip Editor 可以观察到设计中的 PLL 是如何配置的。例如,以观察 PLL 的哪个控制信号被使用了,也可以修改 PLL 的配置参数。

另外,在 Chip Editor 中,用户能修改器件的路径单元、I/O 单元和锁相环 PLL 的实现电路。当使用 Chip Editor 改变了设计时,被改变地方有更改管理器记录。更改管理器记录了所有 Chip Editor 所做的更改。因此,如果使用 Chip Editor 更改后得到一个错误结果,则可以使用更改记录器迅速退回到原来的版本。

4.5.2　使用 Chip Editor 的设计流程

通常的设计流程是以编写 RTL 级代码开始的,之后是验证 RTL 级代码是否实现了正确的功能,验证布局布线后的结果是否满足设计的时序要求,最后是将编程文件配置到目标 FPGA 器件中调试,完成整个开发流程。

但是,我们在设计时经常在 RTL 代码中找到错误,甚至要从设计流程的第一步开始进行修改,在对源代码做了适当的修改后,再重新执行整个设计流程,如综合和布局布线,生成配置文件后重新调试。在反复修改的过程中,有一些设计错误是非常微小的,例如,一个输出信号被错误地反相了,或者一个 PLL 的移相参数设置错误。如果要修改这种错误,使用 Chip Editor 就可以有效地缩短开发时间和投放市场地时间。使用 Chip Editor 的用户可以直接修改布局布线后的数据库文件,产生一个新的编程文件,而不需修改 RTL 源代码。

4.5.3　Chip Editor 视图

Chip Editor 使用户可以快速便捷地查看设计全编译后的的布局布线信息。选择 Tools | Chip Editor 命令,打开 Chip Editor 视图。Chip Editor 是以层次图来表示目标 Altera 器件的底层布局布线信息的。随着层次图越深入,其底层布线信息就越详细。

Chip Editor 的第一层视图提供了整个器件的布局视图,此视图同 Timing Closure Floorplan 的视图相似。它允许用户在设计中对某一个结点在 Chip Editor 中进行定位。用颜色来区分器件资源,以不同的蓝色来表示 MRAM、M4K 和 M512 存储块,DSP 块用橙色来表示;逻辑单元以浅蓝色表示,如图 4.11 所示。

4.5.4　资源特性编辑器

在 Chip Editor 中使用资源特性编辑器(Resource Properties Editor)可以修改逻辑单元

图 4.11　Chip Editor 视图

(LE)、自适应路径模块(ALM)、I/O 单元(IOE)和 PLL 等设计模块的功能。在 Altera FPGA 中最小的逻辑单元就是 LE。Altera 器件 Stratix 和 Cyclone 的 LE 包含一个四输入查找表 LUT,它能够实现四变量输入的任何功能。另外,每个 LE 中还包含一个寄存器,它可以由 LUT 的输出来驱动或是由其他 LE 中的 LUT 来驱动。在 StratixII 器件中,逻辑不是传统的 LE 结构,而是 ALM。每一个 ALM 中有一个自适应的 8 输入函数发生器,以及两个寄存器。

在工程底层布局布线视图中选择一个 LE,双击逻辑单元,进入资源特性编辑器,对逻辑单元、IO 单元或 PLL 资源的属性和参数进行编辑,如图 4.12 所示。

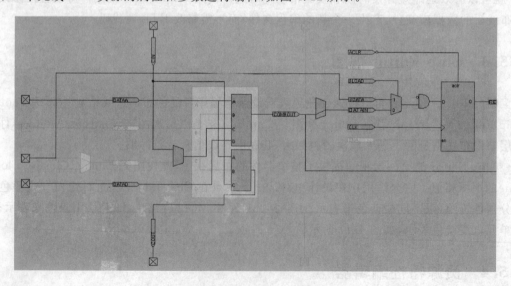

图 4.12　LE 结构图

第4章 Quartus II 辅助设计工具的应用

4.5.5 Chip Editor 一般应用

在应用 Chip Editor 中的工具时,可以通过门级寄存器重定时、内部信号到输出引脚的布线、调整 PLL 的相移、修正设计中的功能缺陷等方法,帮助用户调试和改善设计。

- 门级寄存器重定时。在保留整个电路功能的前提下移动设计中的寄存器以平衡一条数据路径上的组合逻辑延时。
- 内部信号到输出引脚的布线。在 Chip Editor 中可以将一个内部信号布线到一个没有使用的输出引脚。这种特性帮助用户在使用外部逻辑分析仪时采集 FPGA 的内部信号分析设计。这种内部信号到输出引脚的布线是直接的布线过程,花费的时间非常少。因此用户只需要花很少的时间在工具布局布线上面,而可以把更多的时间花在调试设计上。其操作方法为:首先创建源 LE 的 regout 或 combout 信号;再将输出引脚的 datain 端口与源 LE 的 regout 或 combout 端口相连接;最后,连接一个时钟信号到输出引脚的 CLK 端口。
- 调整 PLL 的相移。在设计中使用 PLL 有利于 I/O 定时。但是如果使用 PLL 还是不能使设计的 I/O 定时达到要求,这是可以通过调整 PLL 的相移参数来满足设计的 I/O 定时。将时钟相位向后移,会使 t_{su} 性能下降,而使 t_{co} 性能更好;如果相位向前移,则效果刚好相反。
- 快速修正设计缺陷。在调试设计时,通常会发现功能上的缺陷。传统上,这些缺陷都需要通过修改 RTL 源代码然后执行整个设计流程,如综合、布局布线、配置文件等后才能修正设计。一般如果使用 Chip Editor,则可以直接修改布局布线结果而不必更改 RTL 源代码,这样就避免了重新综合和布局布线过程。

Altera 的 Chip Editor 使用户能在布局布线后快速修改设计。而且,使用它可以更改 LE、I/O 单元、PLL 的一些特性。更重要的是,使用 Chip Editor 更改设计后,不需要全编译,这样就消除了 RTL 代码修改、重综合、重布局布线的冗长过程。

总之,使用 Chip Editor 在设计中的主要作用是:工程设计的关键路径不满足时序要求时,通过手动修改布线、关键路径预处理等方法,可花费较短的时间提高设计的工作频率、提高设计的性能和减小设计面积等。

4.6 时钟管理

4.6.1 时序问题

1. 时钟偏斜(Skew)和抖动(Jitter)

时钟偏斜(Skew)是指在时钟分配系统中到达各个时钟末端(器件内部触发器的时钟输入端)的时钟相位不一致的现象。时钟偏斜主要由两个因素造成:一是时钟源之间的偏差,例如同一个 PLL 所输出的不同时钟信号之间的偏斜;另一个是时钟分配网络的偏斜。时钟偏斜是永远存在的,但是其大到一定程度,就会严重影响设计的时序,因此需要用户在设计中尽量减小其影响。

时钟抖动是指时钟边沿的输出位置和理想情况存在一定的误差。抖动一般可以分为确定性抖动和随机性抖动。确定性抖动一般比较大,而且可以追踪到特定的来源,如信号噪声、串扰、电源系统和其他类似的来源;随机抖动一般是由环境内的因素造成的,如热干扰和辐射等,而且往往难以追踪。在实际环境中,可以说任何时钟都存在一定的抖动。而当时钟的抖动大到影响设计时序时,这样的时钟抖动是不可接受的,必须予以减弱。

2. 时序余量(Timing Margin)

在一个同步设计中,可以说时序决定一切。为了保证同步系统正常工作,设计中所有的时序路径延时都必须在系统规定的时钟周期以内,如果某一路径超出了时间限制,那么整个系统都会发生故障。尤其是在目前的高速系统设计中,在如何保证设计功能正确的前提下,满足设计的时序要求,是工程师们面临的一个巨大的挑战。所以设计者通常需要考虑各种可能的因素,精确计算时序余量,使系统可靠地工作。

3. 使用全局时钟网络和锁相环改善时钟

在可编程器件中,一般都有全局时钟网络,可以驱动全片的所有触发器和时序电路,包括LE、IOE、RAM 和 DSP 等资源中的触发器。

许多逻辑设计工程师对全局时钟网络的特性有一个曲解,认为其延时很小。其实,全局时钟网络的特点是:为了保证到芯片的各个角落的延时尽量相等,时钟分配树首是走到芯片的中间,再向芯片的四周分布,所以从时钟的源端到所驱动的触发器走过的路径比较长,延时比较大,但是到各个时序元件(触发器)时钟输入端等长,保证时钟偏斜(Skew)很小。同时全局时钟网络具有很强的驱动能力,而且在芯片设计的时候对时钟网络做了保护,尽量防止芯片内部的信号对时钟信号质量有影响,这样可以保证信号引入的抖动非常小。

在 Altera 的 FPGA 内部具有多个全局时钟网络,在高端的 FPGA(如 Stratix)内部还有一些区域时钟,这些区域时钟只能驱动 FPGA 内部的某个区域内的逻辑,比如一个象限或者半个芯片,不能走到全片,在使用时需要注意。一般来说,时钟和复位信号建议使用 FPGA 内部的全局时钟网络,以使到达各个目的点的偏斜最小。一些高扇出的控制信号,例如时钟使能信号,如果使用全局网络,可以减少大扇出数(扇出数是指同类型的逻辑门电路对下一级门电路驱动数的大小)对路径延时的影响,大大提高设计的性能,而且能节省逻辑资源,防止综合与布线工具对逻辑的复制,同时也节省了普通的布线资源,提高了设计的可布线性。

在 Quartus II 软件中,有全局的设置选项 Auto Global Clock,可以使得工具在实现的时候自动把一些高扇出的时钟信号走到全局网络上去。与此类似,Auto Global Register Control Siganls 选项同样可以自动把一些高扇出的触发器控制信号(如复位和时钟使能信号)走到全局网络上去,如图 4.13 所示。

如果用户不希望某个结点(引脚或内部信号)被选择使用全局时钟网络,可以在 Assignment Editor 中单独对该信号设置开关,如图 4.13 所示。当然,同样的方法也可以约束某个引脚和内部结点自动使用全局时钟网络。用户还可以选择某个引脚和内部结点具体使用什么时钟网络类型,包括全局时钟网络和几种区域时钟网络,给用户更多的自由去分配时钟网络资源,如图 4.14 所示。

第 4 章　Quartus II 辅助设计工具的应用

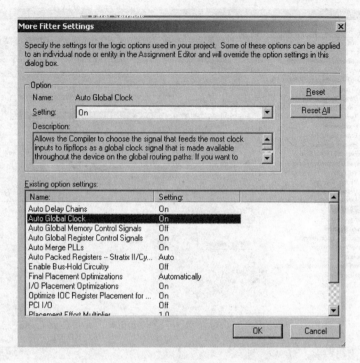

图 4.13　Quartus II 中的"自动全局时钟"选项

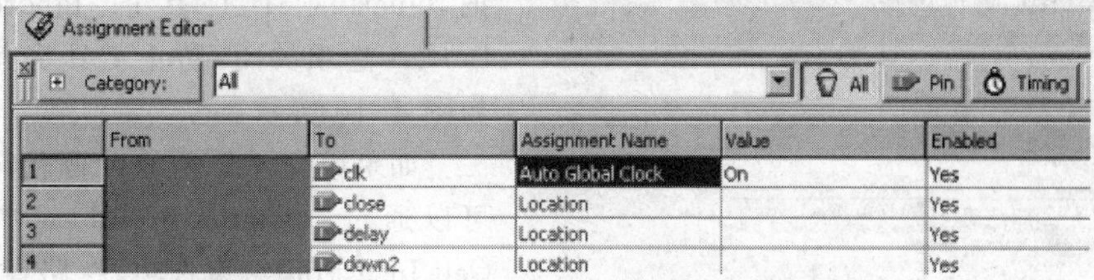

图 4.14　对结点作"自动全局时钟约束"

4. 局部走线

如果 FPGA 内部的全局资源不够时,也可以采用内部的非全局布线资源来走时钟等高扇出的控制信号。非全局走线的问题是,它到不同目的结点的延时可能相差较大,也就是说偏斜较大,可能会给时序带来麻烦。

对时钟信号来说,偏斜会影响设计中与之相关路径的建立保持时间时序,尤其是当时钟偏斜大于数据延时的时候,就会造成保持时间问题。复位信号的偏斜同样会造成一些问题,如不同触发器的复位放开时间不一致,可能会导致逻辑内部状态机的混乱。关于设计中保持时间的时序问题,通常情况下,建议由工具自动检查非全局时钟的建立保持时间要求,在 Quartus II 中的布局布线选项中,也有对设计中的保持时间进行优化的选项,可以选择是仅优化 I/O 引脚还是优化所有的路径保持时间,如图 4.15 所示。

对于保持时间违反的路径,也可以在路径的中间人为地增加一些延时电路,增加数据通路的延时,满足保持时间的要求。如果需要在源代码中增加延时电路,Altera 提供了一个延时原语 LCELL(仅仅是一个传输门),用户可以在设计中实例化这个 LCELL,同时

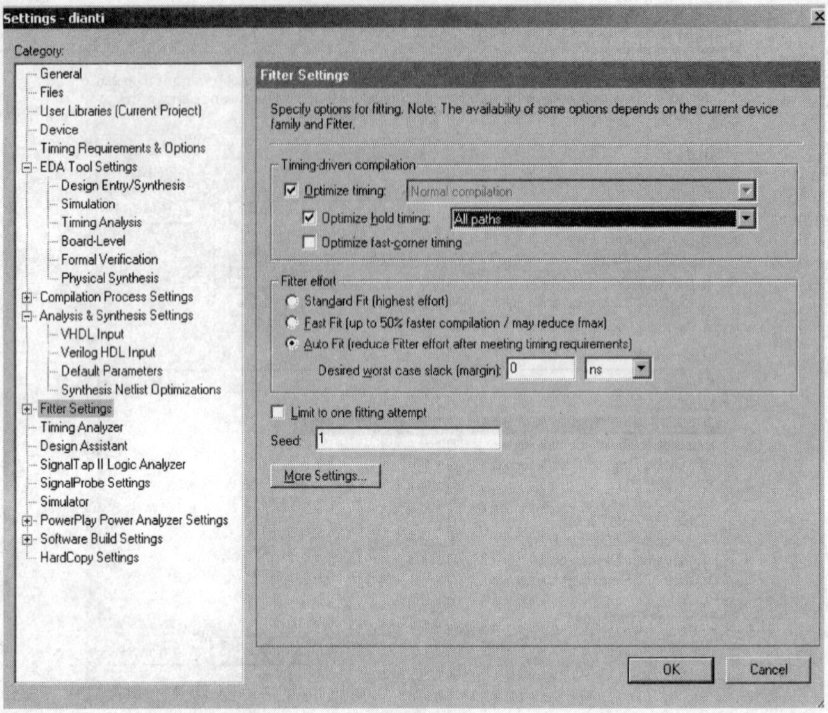

[图 4.15 所示]

图 4.15 保持时间优化设置

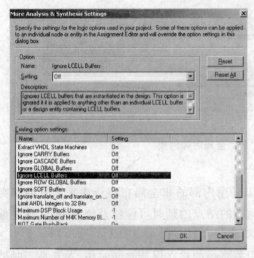

把 Quartus II 工具的 Ignore LCELL Buffers 选项关闭,防止工具将其优化掉,如图 4.16 所示。

如果用户不希望修改源代码,那么也可以通过 Assignment Editor 中的 Logic Cell Insertion 约束选项,在路径的源端结点和目的端结点之间自动插入 LCELL,而插入的 LCELL 数目可以由用户来指定。不同器件的 LCELL 延时都不一样,而且具体会增加多少延时值,跟信号走线关系很大,这些都需要用户去分析和判断。

图 4.16 Quartus II"忽略 LCELL 驱动器"选项

4.6.2 锁相环应用

1. PLL 和 DLL

随着系统时钟频率逐步提升,I/O 性能要求也越来越高。在内部逻辑实现时,往往需要多个频率和相位的时钟,于是在 FPGA 内部出现了一些时钟管理元件,最具代表性的就是锁相环(PLL,Phase Lock Loop)和延时锁定环(DLL,Delay Lock Loop)两种电路。

Altera 在 FPGA 内部内嵌了模拟的锁相环 PLL,而 Xilinx 在其 FPGA 中内嵌了纯数字的

第4章 Quartus II 辅助设计工具的应用

DLL。PLL 和 DLL 都可以通过反馈路径来消除时钟分布路径的延时,可以做频率综合(如分频和倍频),也可以用来去抖动、修正占空比和移相等。两种电路各有所长,要视具体应用而定。

PLL 工作原理:压控振荡器(VCO)通过自振输出一个时钟,同时反馈给输入端的频率相位检测器(PFD),PFD 根据比较输入时钟和反馈时钟的相位来判断 VCO 输出的快慢,同时输出 Pump-up 和 Pump-down 信号给环路低通滤波器(LPF),LPF 把这些信号转换成电压信号,再用来控制 VCO 的输出频率,当 PFD 检测到输入时钟和反馈时钟边沿对齐时,锁相环就锁定了。

模拟锁相环有以下几个显著的特点:
- 输出时钟是内部 VCO 自振产生的,把输入参考时钟和反馈时钟的变化转换为电压信号间接地控制 VCO 的频率。
- VCO 输出频率有一定的范围,如果输入时钟频率超出这个范围,则锁相环不能锁定。
- LPF 部件可以过滤输入时钟的高频抖动,其输出时钟的抖动主要来自 VCO 本身以及电源噪声,而不是输入时钟带入的抖动。
- 由于是模拟电路,所以对电源噪声敏感,在设计 PCB 时,一般需要单独模拟电源和模拟地。

DLL 一般是由数字电路实现的。Xilinx FPGA 内部的 DLL 是由离散的延时单元来完成相位调整的。DLL 的输出时钟是由输入时钟经延时得到的,相位延时控制(PDC,Phase Delay Control)根据 CLKIN 和 CLKFB 的边沿关系选择延时链的抽头,也就是不同相位的时钟输出,直到两者边沿完全对齐,DLL 最终锁定。

DLL 自身的特点如下:
- 时钟输入真实、及时地反映输入时钟,跟踪时钟输入迅速。
- 能锁定的输入时钟频率范围较宽,但是由于延时电路的总延时有限,所以不能锁定时钟频率过低的输入时钟。
- 不能过滤时钟源的抖动,会引入固有抖动,造成抖动的积累。
- 用数字电路实现,对电源噪声不敏感。

2. Altera 器件的 PLL

Altera 的 Stratix 和 StratixII 器件内部有两种锁相环,分别是增强型锁相环(EPLL,Enhanced PLL)和快速锁相环(FPLL,Fast PLL)。在低成本 Cyclone 系列的器件中则有一种经过简化的快速锁相环。

EPLL 可以对片内和片外提供丰富的时钟输出,具有一些高级属性。FPLL 主要用于高速源同步差分 I/O 接口的设计和一些普通的应用中。以 StratixII 为例,在该器件中,有 4 个 EPLL 和 8 个 FPLL,EPLL 分布在器件的上下两边,而 FPLL 分布在器件的左右两边。较小的 StratixII 器件没有这么多的 PLL,具体需要查看 Altera 的数据手册。

以 StratixII 中的 EPLL 为例,说明其特点和使用方法。EPLL 的结构如图 4.17 所示。

StratixII 的 EPLL 的两个时钟输入信号 inclk0 和 inclk1 均可由在同一边的 4 个外部时钟引脚输入,或者由器件内部的全局时钟网络(GCLK)和局部时钟网络(RCLK)输入。

EPLL 在输入路径上有一个分频系数 $N(1\sim512)$,反馈路径上有一个倍频系数 $M(1\sim512)$。压控振荡器(VCO)输出的高速时钟有 8 个相位抽头(Phase Tap)可供输出和反馈路径

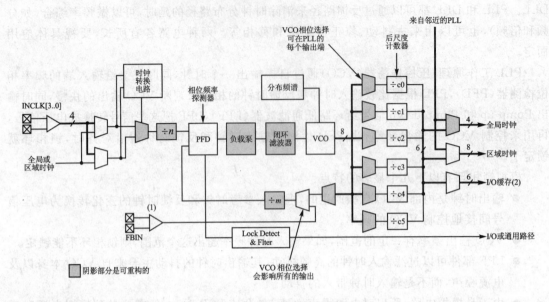

图 4.17 StratixII 的 EPLL

选择。在时钟的输出部分,有多个分频计数器(C0～C5),每个输出的分频计数器的分频因子都是可以独立设置的(1～512),用以对高速的 VCO 输出时钟进行分频,以产生需要的时钟频率。这些输出分频计数器可以驱动内部的全局时钟网络 GCLK、区域时钟网络 RCLK 或者输出引脚。

在使用 Quartus II 软件生成 EPLL 时,工具会根据用户的输入/输出时钟频率,以及移相(Phase Shift)、占空比要求决定 n、m 和 c 因子。假设 EPLL 的输入频率为 f_{in},首先把 VCO 的振荡频调到:

$$f_{VCO} = f_{in} \times (m/n)$$

VCO 的输出频率有一定的范围,不同的器件范围不一样。例如在 StratixII-5 速度等级的器件中,VCO 输出的范围是 400～800 MHz。由输出分频因子 C 把 VCO 的高倍时钟分到所需要的时钟频率上,输出的时钟频率为:

$$f_{OUT} = f_{VCO}/c$$

VCO 输出同频但不同相位的 8 个时钟,这 8 个时钟相位差分别为 45°。而每个分频计数器的输入时钟可以单独从 VCO 的 8 个相位抽头中选择一个,来满足精密移相的要求,而且即使在选择同一抽头时,通过控制分频计数器的计数初始时间(Counter Starting Time)也可以控制输出时钟的相位。

锁相环的几种反馈模式:

- 在正常(Normal)模式中,反馈路径补偿了时钟输入延时和时钟网络延时,使得 FPGA 输入时钟与内部使用时钟同相位。
- 在零延迟缓冲(Zero Delay Buffer)模式中,反馈路径补偿了时钟输入延时和时钟输出延时,使得时钟输入引脚与时钟输出引脚同相,这时锁相环就相当于一个零延时的时钟驱动器,可以用来产生镜像时钟输出。
- 在外部反馈(External Feedback)模式中,反馈路径是由时钟输出引脚通过 PCB 板上

第4章 Quartus II 辅助设计工具的应用

的走线从反馈输入引脚输入,由于时钟输入延时和反馈输入延时相等,所以可以保证时钟输入引脚和反馈输入引脚锁定成同相位。如果在 PCB 布线时,保证时钟输出 PCB 走线和外部反馈 PCB 走线两者等长,这就保证了下游芯片的时钟输入端和 FPGA 的反馈输入端同相位,这样 FPGA 和下游器件就构成了一个同步系统,而不需要一个外部时钟驱动。

- 在无补偿(No Compensation)模式下,锁相环的反馈路径中没有任何延时单元,不补偿任何的路径延时,所以时钟输出具有最好的抖动性能。
- 在 StratixII 的锁相环中,多了一种反馈模式,叫源同步(Source Synchronous)反馈模式,使得数据和采样时钟在引脚处的相位关系在 IOE 触发器上得到保持。

Stratix 的 EPLL 的时钟输入只能从外部引脚输入,而不能由内部的时钟网络输入,但是 FPLL 可以由时钟网络输入。在 Stratix FPGA 中的输出分频计数器为专门输出到引脚的计数器,而在 StratixII 中,EPLL 和 FPLL 可以由外部引脚或者内部时钟网络输入。在 EPLL 中有 6 个分频计数器,它们可以驱动内部时钟网络,或者驱动专用的 PLL 时钟输出引脚,使用更灵活。

在实际应用中,用户其实并不用关心锁相环内部的太多细节,而只需要在 Altera 的 MegaWizard 工具中,选择对输入/输出时钟的要求,如频率和相位等,工具会根据用户的要求,自动地设置内部的参数来满足用户的需求。

3. PLL 电源设计

Altera FPGA 中的锁相环是由模拟电路实现的,其对电源噪声比较敏感,所以在设计 PCB 的时候,对给 PLL 的供电部分要做一些特殊处理。即使在设计中没有用到 PLL,也必须给其供电。

锁相环的电源和地分别是 VCCA_PLL 和 GNDA_PLL。在给 VCCA_PLL 供电的时候,不要将其直接连到数字电源上,由于数字电源的噪声比较大,需要将 VCCA 和数字电源隔离开,防止数字电源上的噪声串入模拟电源 VCCA 而影响 PLL 稳定的工作。

要隔离 VCCA 有几种方法,最好的方法是给模拟电源一个单独的电源平面,把所有 VCCA 引脚接到该电源平面上。不过,增加 PCB 层数会增加其成本,如果用户不能接受单独电源层,可以采用电源岛的方式给 VCCA 供电。所谓电源岛就是在某一个 PCB 层上单独挖出来的一块模拟电源,通过磁珠(Ferrite Bead)、大电容和数字电源平面相连,VCCA 引脚直接连接到该模拟电源岛上。如果由于单板的限制无法实现电源岛,则可以从供电电源走一条较粗的电源线到 VCCA,而该电源走线至少需要 20 mil 宽。

无论哪种电源隔离方案,都需要一个磁珠和一个 10 μF 的大电容,用来滤除一些外部的噪声,防止其进入模拟电源中。而在每一个 VCCA 引脚处,需要一个 0.1 μF 和一个 0.001 μF 的电容来对 PLL 产生的高频噪声进行去耦,防止其进入模拟电路,影响其他的 VCCA 供电。这两个小电容应该尽量靠近 VCCA 的引脚。

4. 工具支持

在实际应用中,用户可以调用 MegaWizard 中的 ALTPLL 来生成所需要的锁相环,无论是 EPLL 还是 FPLL 都可以在这里选择,如图 4.18 所示。

在设计 PLL 的时钟频率时,并没有出现在前面介绍的 n、m 和 c 等因子,在设计 PLL 相位时,也没有 VCO TAP 和分频计数器的初始值等的设置,用户所能设置的只是倍频和分频系

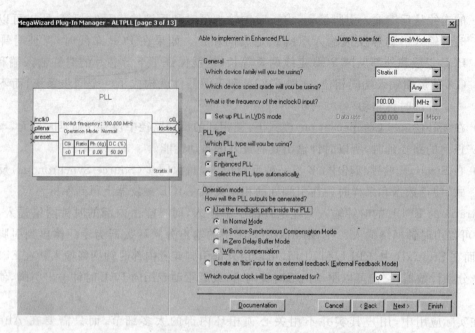

图 4.18　用 ALTPLL 产生 PLL 模块

数,以及相移的具体度数或者延时大小,MegaWizard 根据用户设置的这些值自动设置 PLL 内部具体的参数,同时也会检查用户设置的合法性,这样,用户可以非常方便地产生所需的 PLL 类型和参数,而无需关心其内部复杂的结构,如图 4.19 所示。

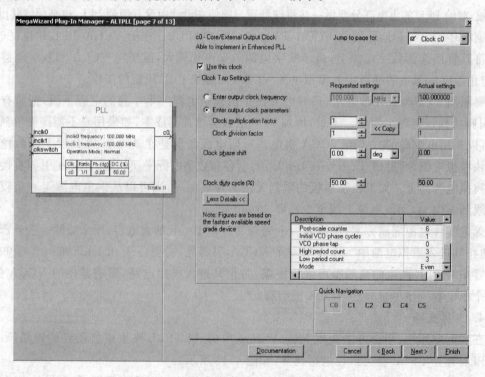

图 4.19　PLL 输出时钟的设置

4.7 片外高速存储器

在 FPGA 应用系统中,和片外高速存储器相连已经显得越来越重要。针对设计工程师们的迫切需求,本节介绍各种高速存储器的类型以及接口的设计技术。

传统的存储器主要可以分为静态存储器(SRAM)和动态存储器(DRAM)。目前业界主流的 SRAM 存储单元一般都是采用六晶体管的结构,而 DRAM 的存储单元则一般是采用单晶体管加上一个无源的电容构成。SRAM 和 DRAM 相比:SRAM 的访问时间短、总线利用率高、静态功耗相对较低,但是占用硅片面积较大、容量小、价格较贵。它适用于存储量不大,性能要求较高的领域。而 DRAM 的读写访问过程比较复杂,访问时间较长,总线利用率相对较低,而且由于电容不断地漏电,需要周期性地去刷新,所以静态功耗较大。但 DRAM 的存储容量可以做的很大,价格便宜,被大批量地用于计算机和服务器市场。

早期的异步 SRAM 逐渐向同步的 SSRAM 改进,随后出现了零总线转换周期的 NoBL/ZBT SSRAM,到目前发展成为 QDR SRAM 和 QDR II SRAM,使得 SRAM 的容量和总线带宽逐步扩大,性能也得到了提升。

DRAM 可以分为普通 DRAM 和专用 DRAM 两类。普通 DRAM 目前主要有 SDRAM、DDR SDRAM 和 DDR2 SDRAM,被大量用在 PC 机和服务器中;专用的 DRAM 主要是为了满足一些特殊的应用设计,包括以下几类:

- RLDRAM(Reduced Latency DRAM):主要应用在网络设备中,实现高速路由查找和数据包缓存,性能介于 SRAM 和普通 DRAM 之间。
- FCDRAM(Fast Cycle DRAM):应用在多媒体以及网络设备中,性能介于 SRAM 和普通 DRAM 之间。
- Mobile DRAM:静态功耗低,主要应用在手持设备中。
- Graphic DRAM:主要应用在高速图像处理中。

通常从单位比特的成本来说,SRAM 最高,RLDRAM 次之,DDR/DDR2 SDRAM 最低;而从访问延时来说,SRAM 最小,RLDRAM 次之,DDR SDRAM 的延时最大。

4.8 时序约束与时序分析

设计中常用的约束(Assignments 或 Constraints)主要分为 3 大类:时序约束、区域与位置约束和其他约束。时序约束主要用于规范设计的时序行为,表达设计者期望满足的时序条件,指导综合和布局布线阶段的优化算法等;区域与位置约束主要用于指定芯片 I/O 引脚位置以及指导实现工具在芯片特定的物理区域进行布局布线;其他约束泛指目标芯片型号、电气特性等约束属性。

时序约束作用主要有两个方面。其一:提高设计的工作频率。通过附加约束可以控制逻辑的综合、映射、布局布线,以减小逻辑和布线延时,从而提高工作频率。当设计的时钟频率要求较高,或设计中有复杂时序路径时,需要附加合理的时序约束条件以确保综合、实现的结果满足用户的时序要求。

设置时序约束的常用方法：时序约束设置的一般性思路是"先全局，后个别"，即首先指定工程范围内通用的全局性时序约束属性，然后对特殊的结点、路径或分组指定个别的时序约束。如果个别性的时序约束与全局性的时序约束冲突，则个别的时序约束属性优先级更高。

1. 指定全局时序约束

对设计增加时序约束的目的是要使得工具在实现过程中朝着这个所约束的方向努力，尽量做到满足时序要求。在工程中需要首先将布局布线的过程设置为时序驱动（Timing Driven Compilation）的编译过程。

在 Quartus II 中，运行 Assignments | Settings 命令，然后在 Settings 窗口中选择 Fitter Settings，即可进入 TDC 设置界面，如图 4.20 所示。

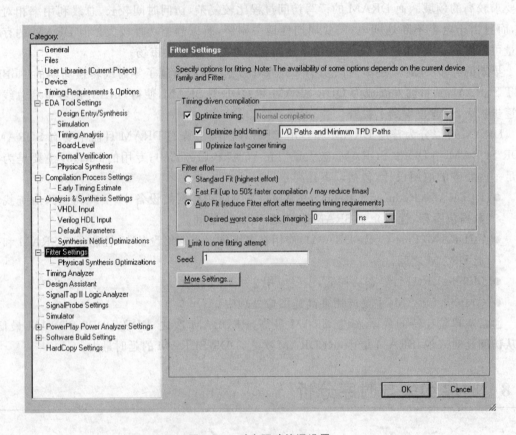

图 4.20　时序驱动编译设置

时序驱动的编译包括以下内容：
- 优化时序：把关键路径中的结点放得更加靠近；
- 优化保持时间：修改布局布线，满足保持时间和最小时序要求；
- 优化 I/O 单元寄存器的放置：为了满足时序要求，自动将寄存器移到 I/O 单元中。

在优化保持时间中，用户可以选择以下操作：
- 优化 I/O 路径保持时间和最小 TPD 路径要求；
- 优化所有路径，包括内部寄存器到寄存器之间的路径保持时间。

2. 全局时钟和全局 I/O 时序设置

选择 Assignments | Timing Settings 命令,即可设置全局时钟和全局 I/O 的时序,如图 4.21 所示。

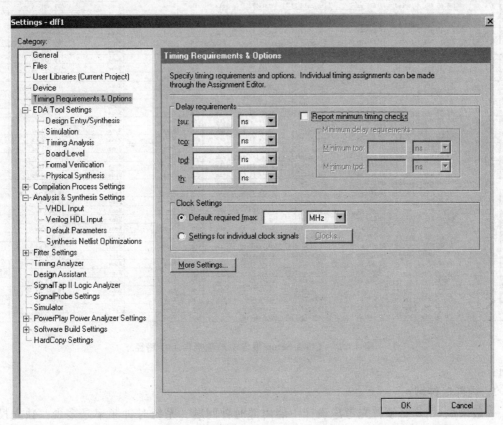

图 4.21 全局时钟和全局 I/O 时序设置

3. 时序分析和报告选项

在 Quartus II 工具中,有一些设置选项可以用来控制时序分析和报告。例如,分析哪些路径,不分析哪些路径,还有如何报告时序等。在时序分析约束界面,用户可以选择报告的路径数量和时序要求,如图 4.22 所示。

4.9 设计优化

设计优化是可编程逻辑器件的精华所在。如何节省设计所占用的面积,如何提高设计的性能,是可编程逻辑设计的两个核心。

在对设计优化的时候,需要充分理解设计的特点,找出设计真正的瓶颈所在,才能在对设计的优化工作有的放矢,事半功倍。相反,如果对设计的结构特点不熟悉,约束不合理或不完备,都会使 EDA 工具把器件中宝贵的资源用在不必要的地方,这样既牺牲了设计本身的性能和经济性,同时也会使整个设计周期加长,影响产品开发进度。在设计中,应该注意以下几个

	Slack	Actual fmax (period)	From	To	From Clock	To Clock	Required Setup Relationship	Required Longest P2P Time	Actual Longest P2P Time	
1	N/A	78.30 MHz (period = 12.771 ns)	to_hold[1]	state.F2	clk	clk	None	None	12.506 ns	
2	N/A	82.27 MHz (period = 12.155 ns)	to_hold[1]	state.F1	clk	clk	None	None	11.891 ns	
3	N/A	84.37 MHz (period = 11.853 ns)	up_hold[1]	state.F2	clk	clk	None	None	11.589 ns	
4	N/A	84.82 MHz (period = 11.790 ns)	down_hold[2]	state.F2	clk	clk	None	None	11.523 ns	
5	N/A	85.65 MHz (period = 11.675 ns)	up_hold[2]	state.F2	clk	clk	None	None	11.404 ns	
6	N/A	86.56 MHz (period = 11.553 ns)	down_hold[4]	state.F2	clk	clk	None	None	11.279 ns	
7	N/A	87.49 MHz (period = 11.430 ns)	down_hold[3]	state.F2	clk	clk	None	None	11.171 ns	
8	N/A	88.99 MHz (period = 11.237 ns)	up_hold[1]	state.F1	clk	clk	None	None	10.974 ns	
9	N/A	89.12 MHz (period = 11.221 ns)	to_hold[1]	state.F2	clk	clk	None	None	10.957 ns	
10	N/A	89.49 MHz (period = 11.174 ns)	to_hold[1]	state.F1	clk	clk	None	None	10.908 ns	
11	N/A	89.89 MHz (period = 11.125 ns)	to_hold[4]	state.F2	clk	clk	None	None	10.859 ns	
12	N/A	89.91 MHz (period = 11.122 ns)	up_hold[3]	state.F2	clk	clk	None	None	10.855 ns	
13	N/A	90.42 MHz (period = 11.059 ns)	to_hold[1]	state.F1	clk	clk	None	None	10.789 ns	
14	N/A	91.43 MHz (period = 10.937 ns)	down_hold[4]	state.F1	clk	clk	None	None	10.664 ns	
15	N/A	92.10 MHz (period = 10.858 ns)	down_hold[4]	state.stop	clk	clk	None	None	10.576 ns	
16	N/A	92.47 MHz (period = 10.814 ns)	down_hold[2]	state.stop	clk	clk	None	None	10.539 ns	
17	N/A	92.47 MHz (period = 10.814 ns)	down_hold[3]	state.F1	clk	clk	None	None	10.556 ns	
18	N/A	92.88 MHz (period = 10.767 ns)	to_hold[1]	up_led_reg0	clk	clk	None	None	10.501 ns	
19	N/A	93.47 MHz (period = 10.699 ns)	to_hold[2]	state.stop	clk	clk	None	None	10.420 ns	
20	N/A	94.30 MHz (period = 10.605 ns)	to_hold[2]	state.F1	clk	clk	None	None	10.342 ns	
21	N/A	94.74 MHz (period = 10.555 ns)	to_hold[1]	state.F2	clk	clk	None	None	10.287 ns	
22	N/A	94.83 MHz (period = 10.545 ns)	to_hold[1]	down_led_reg0	clk	clk	None	None	10.279 ns	
23	N/A	95.16 MHz (period = 10.509 ns)	to_hold[4]	state.F1	clk	clk	None	None	10.244 ns	
24	N/A	95.18 MHz (period = 10.506 ns)	to_hold[3]	state.F1	clk	clk	None	None	10.240 ns	
25	N/A	96.20 MHz (period = 10.395 ns)	to_hold[1]	state.stop	clk	clk	None	None	10.122 ns	
26	N/A	97.47 MHz (period = 10.260 ns)	down_hold[3]	state.stop	clk	clk	None	None	9.993 ns	
27	N/A	97.61 MHz (period = 10.245 ns)	to_hold[1]	state.F1	clk	clk	None	None	9.973 ns	
28	N/A	97.69 MHz (period = 10.236 ns)	down_hold[2]	down_led_reg0	clk	clk	None	None	9.968 ns	
29	N/A	97.69 MHz (period = 10.236 ns)	down_hold[2]	up_led_reg0	clk	clk	None	None	9.968 ns	
30	N/A	97.95 MHz (period = 10.209 ns)	to_hold[1]	state.stop	clk	clk	None	None	9.935 ns	
31	N/A	98.01 MHz (period = 10.203 ns)	down_hold[4]	down_led_reg0	clk	clk	None	None	9.928 ns	
32	N/A	98.01 MHz (period = 10.203 ns)	down_hold[4]	up_led_reg0	clk	clk	None	None	9.928 ns	
33	N/A	98.77 MHz (period = 10.125 ns)	to_hold[3]	state.stop	clk	clk	None	None	9.849 ns	
34	N/A	99.86 MHz (period = 10.014 ns)	up_hold[3]	state.stop	clk	clk	None	None	9.739 ns	
35	N/A	100.32 MHz (period = 9.968 ns)	down_hold[4]	state.F3	clk	clk	None	None	9.686 ns	
36	N/A	100.48 MHz (period = 9.952 ns)	down_hold[2]	state.F3	clk	clk	None	None	9.677 ns	
37	N/A	100.61 MHz (period = 9.939 ns)	to_hold[3]	state.F1	clk	clk	None	None	9.672 ns	
38	N/A	100.72 MHz (period = 9.929 ns)	down_led_reg0	state.F2	clk	clk	None	None	9.660 ns	
39	N/A	101.15 MHz (period = 9.886 ns)	to_hold[1]	state.F3	clk	clk	None	None	9.613 ns	
40	N/A	101.53 MHz (period = 9.849 ns)	up_hold[1]	up_led_reg0	clk	clk	None	None	9.584 ns	

图 4.22 Clock Setup 报告中单独报告 I/O 路径

方面:

1. 内部时钟域

一般来说,用户必须首先考虑设计中的内部时钟问题。系统时钟频率是多少? 独立模块的时钟频率是多少? 一些外部接口需要跑多快的时钟频率才能满足带宽要求? 用户还需要考虑器件内部的时钟资源:这些时钟从哪里来,片内 PLL 是否能满足要求,片内的全局时钟网络是否够用等。

在不同的时钟域之间的路径应该重点考虑。这些不同的时钟之间,又分为相关时钟和不相关时钟。相关时钟就是频率和相位有一定关系的时钟信号,在设计中同样也需要利用这样的关系;无关时钟就是时钟之间的频率和相位完全没有关系,用户需要把时钟之间的路径完全当作异步接口路径处理。

总之,内部时钟域以及时钟之间的关系需要用户根据自己的设计特点来判断,如果不清楚这些关键点,设计中始终存在着隐患。

2. 多周期路径和伪路径

在同步电路的时序路径中,多周期路径和伪路径都比较常见。

多周期路径是指一条路径的延时允许在多个时钟周期以内。一种典型的多周期路径是一个路径的源端和目的端使用同一个时钟使能信号。如果该使能信号(CE)每 2 个时钟有效一次,则这条路径就可设置成 2 个周期的多周期路径,数据在 2 个时钟周期以内的任何时间到达都可以。这样需要将多周期设成 2(Multicycle=2),多周期保持也设成 2(Multicycle Hold=2)。另外,一种比较特殊的多周期路径是,源端和目的端寄存器都没有时钟使能信号,但是路径延时本身已经大于1个时钟周期,但小于2个时钟周期。这时,可以把该路径设置为2周期路径。同时必须设置其多周期保持为1(Multicycle Hold=1),这样确保数据在1个周期以后,2个周期之前到达目的端。

伪路径就是用户不需要关心其时序路径。例如不相关时钟之间的路径、异步复位路径、双向三态 I/O 反馈的路径、异步输入/输出的信号等,这些路径应该把宝贵的逻辑和走线资源让给真正需要它们的关键路径。用户需要在工具中把这些无需关心的路径剪除掉,防止其影响布线结果,同时防止布线报告中出现太多的伪路径,影响报告的阅读和分析。

3. I/O 接口的时序要求

设计中另一个需要重点考虑的是 PLD 器件与外围芯片之间接口的时序要求。

在同步系统的设计中,外围芯片和逻辑器件用同一个相位时钟来操作。设计中主要是芯片输入引脚的建立保持时间(t_{su} 和 t_h 要求),以及输出数据的时钟到输出延时(t_{co})。

在源同步的接口设计中,数据和时钟是随路传送的。这种接口设计在 PCB 走线上要保证数据线和时钟线的严格等长,在接口数据的第一级采样时,需要靠逻辑器件内部的数据和时钟的相对时延来保证采样的正确性。

4. 平衡资源的使用

在一个设计中,需要用户充分了解各项资源的利用情况,包括逻辑单元(LE)、RAM 块、I/O 单元(IOE)、DSP 块等,以便在各项资源利用之间达到一种平衡,从而最大限度地发挥器件的功用。一般建议用户尽量使用器件中的这些专用硬件模块,如果某些专用硬件模块(如 RAM、DSP)资源不够用,而 LE 资源丰富,同样可以用 LE 去实现这些专用硬件模块,以平衡设计的资源使用。

在专用模块(RAM、DSP、IOE)中都有专用的触发器资源,建议用户尽量使用这些专用模块中的触发器资源,不仅可以显著提升设计的性能,同时可以减少内部逻辑阵列块(LAB)中触发器的消耗。

第 5 章
ModelSim SE 的基本应用

5.1 基本仿真

5.1.1 仿真基本流程

仿真基本流程如图 5.1 所示。

本章用到的设计文件是一个简单的 8 位二进制计数器和相关的测试文件。文件存放的路径为：
- Verilog-Modeltech_6.0\examples\projects\verilog\counter.v and tcounter.v
- VHDL-Modeltech_6.0\examples\projects\vhdl\counter.vhd and tcounter.vhd

5.1.2 创建工作设计库

对一个设计仿真之前，首先要创建一个工作库并把源代码编译到库中。创建工作库对话框如图 5.2 所示。

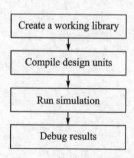

图 5.1 基本仿真流程

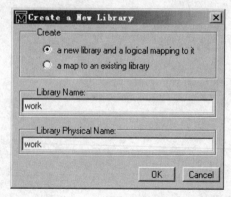

图 5.2 创建工作库对话框

第 5 章　ModelSim SE 的基本应用

单击 OK 按钮,之后看到新创建的工作库 work 和在 transcript 窗口中相应的命令行,如图 5.3 所示。

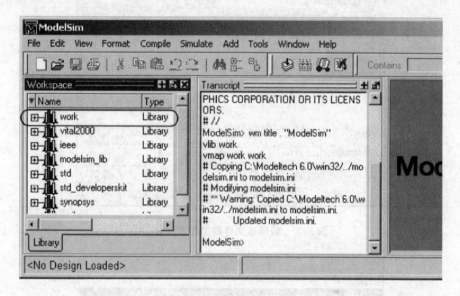

图 5.3　新建的工作库 work

若没有源文件载入,左下角有<No Design Loaded>。在 Transcript 窗口中相应的命令行为:

```
vlib work
vmap work work
# Copying C:\Modeltech_6.0\win32/../modelsim.ini to modelsim.ini
# Modifying modelsim.ini
#  ** Warning: Copied C:\Modeltech_6.0\win32/../modelsim.ini to modelsim.ini.
#         Updated modelsim.ini.
```

前 3 行是对应的命令"♯ Modifying modelsim.ini"表示对 modelsim 初始化的更新。

5.1.3　编译设计源文件

创建完工作库后,就可以用菜单和图形界面对源文件进行编译。
选择菜单 Compile | Compile 把源文件编译到新建的工作库 work 中,如图 5.4 所示。
单击 Compile 按钮,把源文件编译到 work 工作库中,然后单击 Done 按钮。
可看到 work 中有两个设计单元,并可以查看它们的类型和路径,如图 5.5 所示。

5.1.4　装载设计单元到仿真器

装载 test_counter 模块到仿真器中有两种方法:
- 在 Workspace 窗口双击 test_counter 模块,将其装载到仿真器中。
- 选择菜单 Simulate | Start Simulation,在 Start Simulation 对话框中选择装载模块 test

图 5.4　编译源文件到工作库 work 中

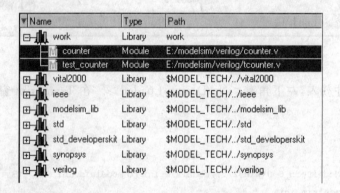

图 5.5　work 工作库中的设计单元

_counter,如图 5.6 所示。

单击 OK 按钮,装载完成后,在 Workspace 栏中将新添 Sim 和 Files 栏。Sim 显示设计文件的层次结构。Files 显示设计中所有的源文件,如图 5.7 所示。

5.1.5　运行仿真器

运行仿真器可选择 View | Debug Windows | All Windows 打开所有的窗口。包括:Dataflow、List 和 Wave windows,也可有选择地打开要用到的窗口。

添加信号到 Wave window。在 Workspace 窗口中选择 sim 栏,右击 test_counter,在快捷菜单中选择 add | add to wave。信号会添加到波形图中。

最后,运行仿真器。具体运行有以下几种方法:
- 单击 Main 和 Wave 窗口中的"运行"图标,仿真器缺省运行 100 ns。
- 在脚本命令窗口 VSIM＞输入 run 500,仿真器将运行加上默认 100 ns 共 600 ns,如图 5.8所示。
- 单击 Main 和 Wave 窗口中的 run-all 图标,仿真器直到用户执行一个 break 或代码中

第 5 章　ModelSim SE 的基本应用

图 5.6　装载设计模块到仿真器中

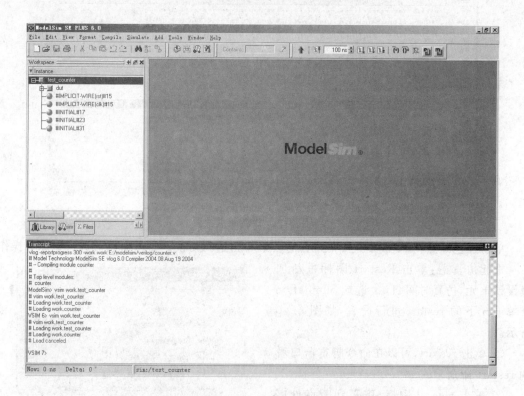

图 5.7　装载设计模块到仿真器后 Workspace 新添文件设计

stop 命令时才会停止。
- 单击 break 图标，仿真器停止运行。

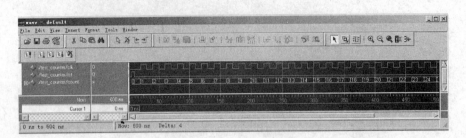

图 5.8 仿真器运行 600ns 波形图

5.1.6 在源代码中设置断点单步运行

下面简单看一下 ModelSim 环境下的内部调试性能。在源代码中设置一断点,然后运行仿真器。

在 Workspace 窗口选择 Files 栏,双击 counter.v,打开源代码。在每行左端右击可进行断点设置。在行左端单击设置红色断点,如图 5.9 所示。

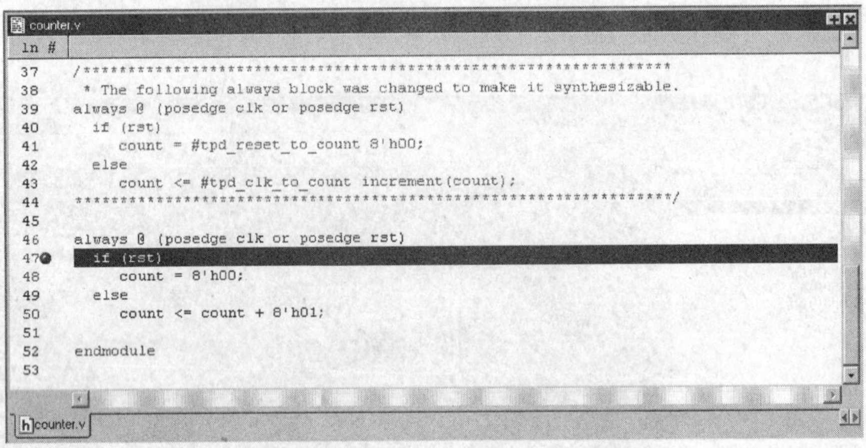

图 5.9 设置断点

单击红色断点,就变成不是断点的黑色点。单击进行切换。右击断点可进行删除等操作。

重起仿真器:单击 Restart 图标重新加载设计单元,仿真时间归 0。选择 Simulation 菜单 run 下的 restart 进行设置,如图 5.10 所示。

① 单击 restart,可以在命令脚本窗口看到 restart 命令。

② 单击 run-all 图标,仿真到断点处停止。在断点处可进行以下数据查看:

③ 打开 Objects 窗口查看,如图 5.11 所示。

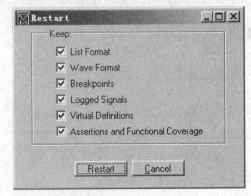

图 5.10 restart 设置

第 5 章 ModelSim SE 的基本应用

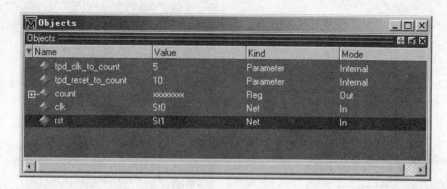

图 5.11 Objects 窗口信号值

④ 把鼠标放在 count 变量上,会自动显示它的布尔值。
⑤ 右击亮显的 count,选择弹出的菜单选项 Examine,如图 5.12 所示。

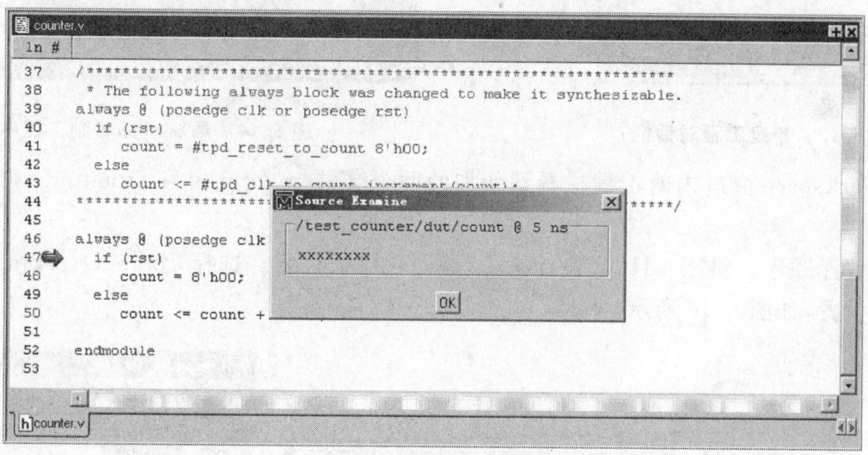

图 5.12 右击亮显 count 查看值

⑥ 在脚本命令中直接输入命令,如:Examine count。
⑦ 也可执行单步命令图标。
⑧ 最后,选择 Simulate | End Simulation 结束仿真。对应命令为:quit - sim。

5.2 ModelSim SE 工程

5.2.1 创建新工程

选择菜单 File | New | Project,新建工程。包括工程名、工程路径、缺省的工作库,如图 5.13所示。

然后,添加 objects 到工程中,如图 5.14 所示。

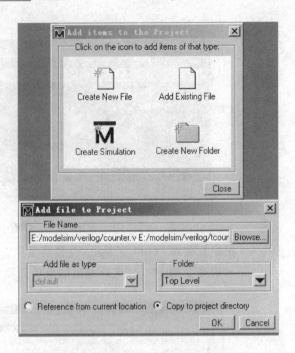

图 5.13　新建工程对话框　　　　　　　　　图 5.14　添加 objects 到工程中

在 Workspace 窗口内的工程栏看到新加的两个文件 counter.v 和 tcounter.v，如图 5.15 所示。

改变编译顺序。对于 VHDL 设计来说，编译顺序很重要。选择 Compile | Compile Order 进行顺序设置，如图 5.16 所示。

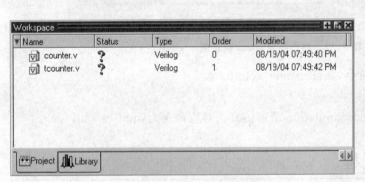

图 5.15　添加 objects 到工程中　　　　　　　图 5.16　改变编译顺序

5.2.2　编译源文件到工作库和装载设计到仿真器中

在工程栏中右击，并选择 compile all 或选择菜单中的 Compile | Compile all。编译后在工作库中可以看到设计单元。

在工作库中双击测试单元或者选择菜单中 Simulation | Start Simulation 装载测试单元到仿真器中。这和第 1 章步骤一样，参看 1.4 和 1.5 节。

5.2.3 用文件夹方式组织工程

如果添加到工程中的文件很多，则它们需要以文件夹的方式添加到工程中。什么时候创建文件夹都可以。如果是在添加文件前创建的就可以选择文件夹了。如果是先添加的文件后新建的文件夹，则要把文件移到文件夹中。

选中要添加的文件，右击选择参数设置，如图 5.17 所示。

文件夹结构如图 5.18 所示。

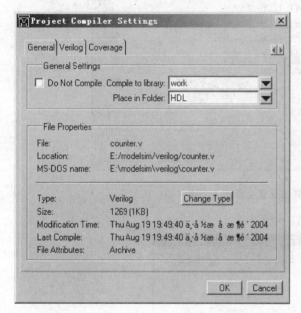

图 5.17　文件添加到文件夹中

图 5.18　文件夹结构

5.2.4 添加仿真器配置文件到工程中

在工程栏中可以添加仿真器配置到工程中。把配置文件保存到工程中，这样不用每次装载设计单元到仿真器了。双击工程中仿真文件直接装载就行了，如图 5.19 所示。

添加后如图 5.20 所示。

双击仿真文件，就装载设计单元到仿真器中，如图 5.21 所示。该设计配置文件的单位为 ps，在命令行会看到相应命令。最后，运行仿真器即可。

图 5.19 添加仿真器配置文件到工程中

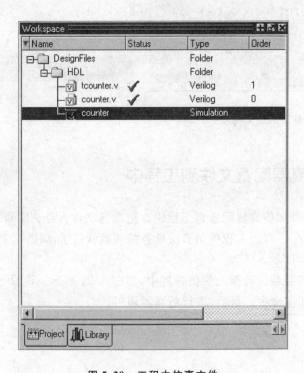

图 5.20 工程中仿真文件

第 5 章　ModelSim SE 的基本应用

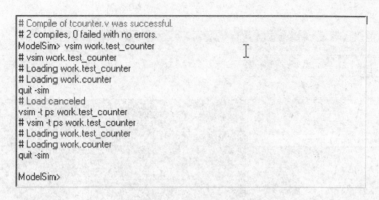

图 5.21　改变仿真单位对应的命令行

5.3　波形分析

波形窗口各部分功能如图 5.22 所示。

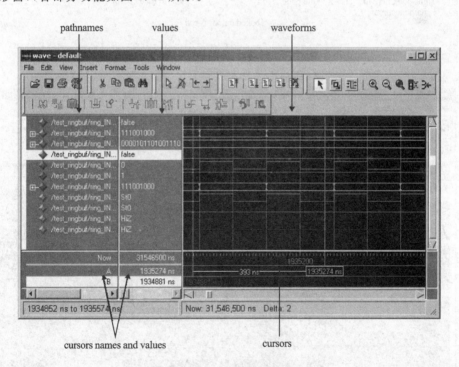

图 5.22　波形图界面

在窗口中用光标测量时间，选择菜单 insert 插入指针或者单击添加指针图标。就可测量两个指针之间的时间了。在指针最下方右击锁定指针，锁定后为红色。还可进行其他操作，如图 5.23 所示。

为波形窗口分栏：选择 Insert | Devider 和 Insert | Window pane，分别如图 5.24 和 5.25 所示。

Nios II 系统开发设计与应用实例

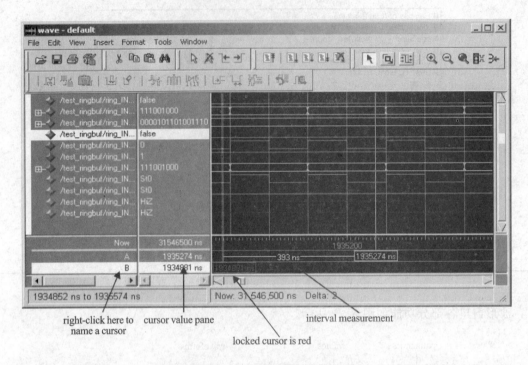

图 5.23 测定两个指针之间的时间

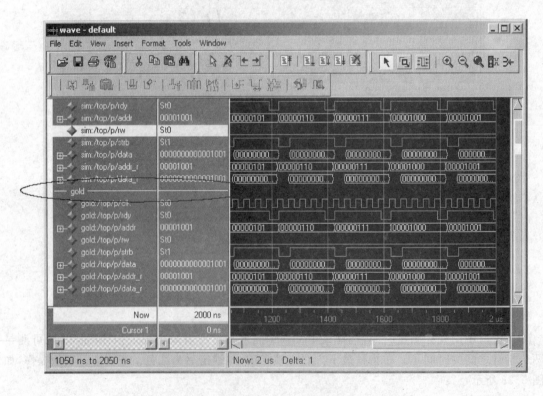

图 5.24 Divider 分栏

第 5 章 ModelSim SE 的基本应用

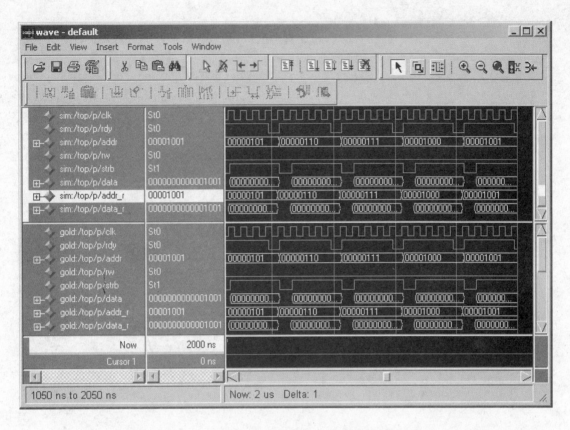

图 5.25 Window pane 分栏

第二部分 Nios II 理论基础

第 6 章　Nios II 处理器

第 7 章　Avalon 总线规范

第 8 章　Nios II 系统开发设计基础

第 6 章
Nios II 处理器

随着 SOC 的兴起，许多专用芯片公司纷纷把嵌入式处理器内核放到自己的 ASIC 中，构建自己的片上系统，其中用户较多的是 ARM 处理器内核。ARM 不仅提供了嵌入式 CPU，同时也提供了 SOC 的解决方案，包括内部总线、外设等。

两大 PLD 供应商 Altera 和 Xilinx 也把 ARM 和 PowerPC 硬核放到了自己的 FPGA 中，然而，这种看似功能强大的内嵌处理器 FPGA 并没有取得较大成功，反而是 Altera 的应用在中低端的软 CPU 内核 Nios 得到了较大发展。随着 Nios 的成功，Altera 公司的 SOPC 概念也广泛地被用户所接受。

在可编程逻辑器件中，用户使用 CPU，绝大部分并不是为了追求性能，而是为了 PLD 特有的灵活性和可定制性，同时也可以提高系统的集成度，这正是 Nios 所具备的。Nios 是 Altera 公司开发的嵌入式 CPU 软内核，几乎可以用在 Altera 所有的 FPGA 内部。Nios 处理器和外设都是用 HDL 语言编写的，在 FPGA 内部利用通用的逻辑资源实现。所以在 Altera 的 FPGA 内部实现嵌入式系统具有极大的灵活性。Nios 常被应用在一些集成度较高，对成本敏感，以及功耗要求低的场合，如远程读表器和医疗诊断设备。在光传输和存储网络等对性能和灵活性都有要求的领域，也有 Nios 应用的例子。

Altera 公司在 Nios 基础上推出了第二代嵌入式处理器软核 Nios II。与前一代相比，用户的配置和使用更加灵活方便，同时在占用逻辑资源和性能上都有明显的改善。本章将介绍 Nios II 嵌入式处理器族。帮助硬件和软件工程师理解 Nios II 处理器与传统嵌入式处理器的不同点。

6.1 Nios II 处理器系统简介

Nios II 处理器是一个通用的 32 位 RISC 处理器内核，主要特点如下：
- 完全的 32 位指令集、数据通道和地址空间。
- 32 个通用寄存器。
- 32 个外部中断源。
- 单指令的 32×32 乘除法，产生 32 位结果。

第 6 章　Nios II 处理器

- 计算 64 位和 128 位乘积的专用指令。
- 单指令 Barrel Shifter。
- 片上外设接口和片外存储器、外设接口。
- 具有硬件协助的调试模块,可以使处理器在集成开发环境(IDE)中做出各种调试工作,如开始、停止、单步和跟踪。
- 基于 GUN C/C++ 工具链和 Eclipse IDE 的软件开发环境。
- 在不同的 Nios II 系统中,指令集结构(ISA)兼容。
- 性能达到 150 DMIPS(Dhrystone MIPS)以上。

一个 Nios II 处理器系统可以说是包含了一个可配置 CPU 软内核、FPGA 片上存储器和片外存储器、外设及外设接口等的一个片上可编程系统。所有的 Nios II 处理器系统都用统一的指令和编程模式。一个典型的 Nios II 处理器系统如图 6.1 所示。

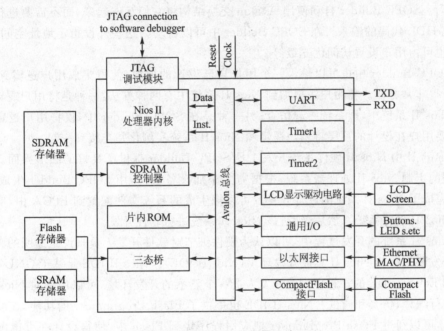

图 6.1　Nios II 处理器系统

在图 6.1 中,整个 Nios II 处理器系统包括 Nios II 处理器内核(调试模块)、Avalon 总线和系统外设。系统中的外设,如 SDRAM 控制器、片内 ROM、三态桥、UART、定时器、LCD 显示驱动电路、通用 I/O、以太网接口和 Compact Flash 等都是由 FPGA 内部的逻辑和 RAM 资源实现的。

Nios II 处理器系统根据不同用户的要求,其设计类型也有所不同,体现了 Nios II 处理器系统的灵活性。在有些用户设计中,CPU 为主要部件,需要强大的性能,除了实现 Nios II 处理器系统外,剩下的逻辑资源可以用作粘和逻辑使用;而在另一些设计中,Nios II 处理器系统只占 FPGA 一小部分资源,性能要求不高,剩下的逻辑资源可实现主要的逻辑功能。在这些系统中,如果用户逻辑需要和 Nios II 处理器系统相互通信,用户逻辑可以直接挂在片内的 Avalon 总线上,而且访问时序可以由用户自己定义。

Nios II 是一个可灵活配置的软内核处理器。所谓可灵活配置是指 Altera 提供的处理器并不是固定的、一成不变的，而是用户可以根据自己设计的性能或成本要求，灵活地增加或裁减一些系统特性和外设。用户甚至可以在系统中放置多个 Nios II 处理器内核，以满足应用要求。

软内核是指 Nios II 以一种"软"(加密网表)的设计形式交给用户使用的，它可以在几乎所有的 Altera 的 FPGA 内部实现。用户根据需要定制 Nios II 处理器的数量类型，也可以自己定义需要的外设种类和数量，还可以自由分配外设地址空间。用户甚至可以自己定制 Nios II 指令，使得一些耗时耗资源的操作在用户指令中实现。由 FPGA 内部的其他资源(如 LE、RAM、DSP 块)来实现这些特殊的用户定制指令功能模块。这样可提高系统性能，对软件设计人员来说，用户自定义的指令和系统指令没什么区别。

Altera 的 SOPC Builder 工具使得用户产生 Nios II 处理器系统的过程非常简单。在 SOPC Builder 中，用户可以建立自己的系统，包括 Nios II 处理器、片内和片外 RAM、外设(如以太网等)。SOPC Builder 自动使用 Avalon 交换结构将它们互连起来，而不需要进行任何的原理图或 HDL 代码的输入。在 SOPC Builder 中可以自动为这些外设指定地址空间，增加仲裁机构，也可由用户设置访问优先级等。

在 SOPC Builder 中也可以输入一个用户自己设计的模块，使得集成用户逻辑到 Nios II 系统中变得非常方便。将用户逻辑加到 Nios II 系统中有两种方法：一种是将用户逻辑的代码引入到 Nios II 系统中，跟系统一起仿真；另一种是在 SOPC Builder 中，仅将用户逻辑接口留出来，需要用户在设计的顶层将用户逻辑和 Nios II 系统实例化并连接到一起。

Quartus II 中 Nios II 硬件系统开发工具 SOPC Builder 提供了良好的图形界面。用户可以很方便的定制 Nios II 处理器系统，根据需要添加设备组件，用 SOPC Builder 生成 Nios II 系统，即完成了 Nios II 系统的硬件开发。可以把生成的系统文件配置到 FPGA 中，实现用户要求的 Nios II 硬件系统。然后，针对该 Nios II 系统进行软件开发。

在 Nios II 系统的开发过程中，可以认为硬件细节对软件开发人员来说是透明的。Nios II 的软件开发环境称为 Nios II 集成开发环境(Nios II IDE)。Nios II IDE 是基于 GNU C/C++ 编译器和 Eclipse IDE 的。它提供给开发人员一个熟悉的开发环境，可以用来对 Nios II 系统的软件进行编译、仿真和调试。Nios II IDE 也提供了 Flash Programmer 的功能，在软件调试完成以后，可以通过 Flash Programmer 把应用程序烧到 Flash 中，使得设计在上电配置完成以后，自动从 Flash 中开始运行程序。

6.2 Nios II 处理器体系结构

6.2.1 处理器体系结构简介

Nios II 架构是一个描述指令集的架构 ISA(Instruction Set Architecture)。这种指令集架构需要一些实现这些指令的功能单元。Nios II 处理器核就是实现这些指令集和支持这些功能单元的硬件设计，但它不包括外围设备和一些与外界连接的逻辑。Nios II 只是用来实现 Nios II 指令架构的硬件逻辑电路。Nios II 处理器核如图 6.2 所示。

第 6 章 Nios II 处理器

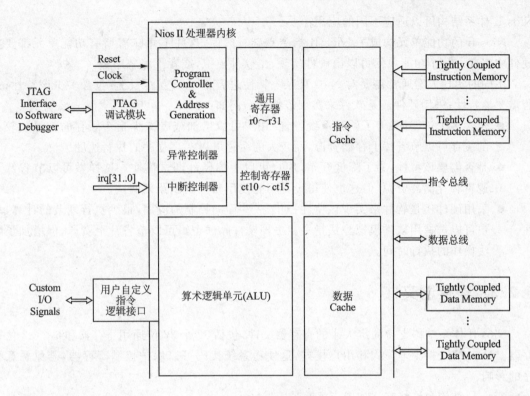

图 6.2 Nios II 处理器核

注意：这里仅仅介绍的是 Nios II CPU，而不包括 SOPC Builder 中的 Avalon 总线和相关外设。

Nios II 架构定义了以下用户可见的功能单元：
- 寄存器文件。
- 算术逻辑单元（ALU）。
- 用户自定义指令逻辑接口。
- 异常控制器。
- 中断控制器。
- 指令总线。
- 数据总线。
- 指令和数据高速缓冲存储器（Cache）。
- 指令和数据紧耦合存储器接口。
- JTAG 调试模块。

6.2.2 处理器的实现

Nios II 体系结构是一种灵活的结构，更强调的是指令集，而不是某种特定硬件的实现。只要支持 Nios II 处理器参考手册中定义的指令集，都可以称其为 Nios II 架构。所以不同的硬件实现可以针对特定的目标进行优化，比如说选择较小的核或者选择更高的性能，这使得

Nios II 体系结构可以适应不同的应用需要。

Nios II 的功能单元构成了 Nios II 指令基础。然而,这并不意味着所有功能单元都要在硬件中实现。一个功能单元可以由硬件实现、由软件模拟,或者干脆忽略掉。

不同的实现方案通常需要对 Nios II 某一特性进行如下三方面权衡:包含多少该特性;是否需要该特性;采用硬件还是软件来实现该特性。例如:

- 包含多少该特性:为了调整系统性能,用户可以增加或者减少指令缓存的容量。较小的缓存可以节省片上存储资源,而较大的缓存可以提高程序的执行速度。
- 是否需要该特性:为了降低开销,用户可以去掉硬件调试模块。这样做可以节省片上逻辑和存储器资源,但这也使得设计不能使用软件调试器来调试。
- 采用硬件还是软件来实现该特性:对于一些面向控制的应用,很少执行复杂的计算,用户可以选择用软件模拟除法指令。去掉硬件除法逻辑可以节省片上资源,但增加了除法操作的执行时间。

6.2.3 寄存器文件

Nios II 体系结构支持固定大小的寄存器文件,包括 32 个 32 位通用寄存器和 6 个 32 位寄存器。Nios II 支持管理模式和用户模式,这使得系统代码可以保护控制寄存器,避免恶意程序的影响。

Nios II 结构允许将来添加浮点寄存器。

6.2.4 算术逻辑单元

Nios II 的算术逻辑单元对通用寄存器中的数据进行操作。ALU 操作从寄存器中取一个或者两个操作数,并将运算结果存回寄存器中。ALU 支持的数据操作如表 6.1 所列。

表 6.1 Nios II ALU 支持的操作

种 类	细 节
算术运算	ALU 支持有符号和无符号数的加法、减法、乘法和除法
关系运算	支持有符号和无符号数的等于、不等于、大于和小于关系运算
逻辑运算	ALU 支持 AND、OR、NOR 和 XOR 逻辑运算
移位运算	ALU 支持移位和循环移位运算,在每条指令中可以将数据移位或环移 0 到 31 位。ALU 支持算术右移和算术左移,还支持左右循环移位

如果要实现其他运算,在软件中可以执行上表中基础运算组合得到的结果。

1. 未实现的指令

有些情况下,处理器不提供硬件来执行乘法和除法运算。不过处理器可以用软件模拟以下指令:mul、muli、mulxss、mulxsu、mulxuu、div 和 divu。这种情况下,这些指令称作未实现指令。所有其他指令都在硬件中实现。

处理器一旦遇到一条未实现的指令,便会产生一个异常。异常服务程序将调用一个子程序用软件来模拟这条一指令。因此,未实现指令对于编程人员是透明的。

2. 用户自定义指令

Nios II 结构仍然支持用户自定义指令。Nios II ALU 直接与用户自定义指令逻辑相连。这使得设计者可以实现一些硬件操作。这些操作的使用同处理器的内置指令完全相同。

6.2.5 异常和中断的控制

1. 异常控制器

Nios II 结构提供了一个简单的非向量的异常控制器来处理所有的异常情况。所有这些异常,包括硬件中断,会导致 CPU 跳转到单一的异常地址。在这个地址上,异常服务程序判定异常的类型,并调用相应的异常处理子程序。

异常地址在系统产生时指定。

2. 集成的中断控制器

Nios II 结构支持 32 个外部硬件中断。处理器核具有 32 级中断请求(IRQ)输入,即 irq0~irq31,从而为每个中断源提供独立的输入。IRQ 的优先级由软件决定。Nios II 结构支持嵌套中断。

针对每个 IRQ 输入,处理器中的 ienable 控制器中都有一个相对应的中断使能位。处理器能够通过 ienable 控制寄存器来独立地使能或者禁止每个中断源。处理器也可以通过 status 控制寄存器的 PIE 位来使能或者禁止所有的中断。一个硬件中断发生的充要条件是下面 3 个条件全为真:

- Status 控制寄存器的 PIE 位为 1。
- 某个中断请求 irqn 有效。
- 在 ienable 寄存器中,该中断源相应位为 1。

6.2.6 存储器与 I/O 组织

Nios II 存储器与 I/O 组织的灵活性是 Nios II 处理器系统与传统的微处理器最为显著的区别。因为 Nios II 处理器系统是可配置的,对于不同的系统,存储器和外设都不一样,所以每个系统的存储器与 I/O 组织都是不同的。

Nios II 结构的硬件细节对应编程人员是透明的,所以一个编程人员在不了解硬件实现细节的情况下依然可以开发 Nios II 应用。一个 Nios II 处理器核的存储器与 I/O 的组织如图 6.3 所示。

1. 指令和数据总线

Nios II 结构支持分离的指令和数据总线,因而属于哈佛结构。指令和数据总线都作为 Avalon 主端口实现,遵从 Avalon 接口规范。主数据端口连接存储器和外设,指令主端口仅连接存储器构件。

(1) 小端对齐的存储器组织方式

Nios II 的存储器访问采用小端对齐方式。在存储器中,字和半字最高有效字节存储在较高地址单元中。

Nios II 系统开发设计与应用实例

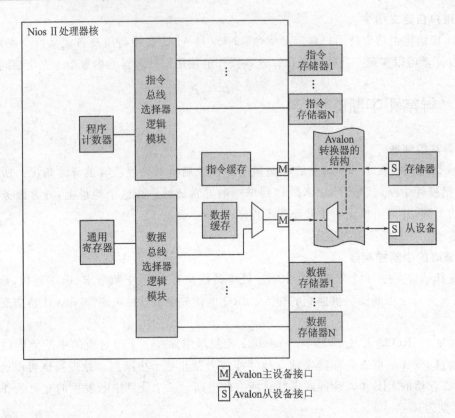

图 6.3 Nios II 存储器与 I/O 组织

(2) 存储器和外设的访问

Nios II 结构提供了存储器映像的 I/O 访问。数据存储器和外设都映像在数据主端口的地址空间中。Nios II 结构对现有存储器和外设没有任何特殊要求,存储器和外设的容量、类型以及连接都取决于具体设计。典型的 Nios II 处理器系统可以同时包括高速的片上存储器和低速的片外存储器。外设通常放在片内,同时也提供连接片外外设的接口。

(3) 指令主端口

Nios II 的指令总线作为一个 32 位的 Avalon 主端口实现。它只完成一个单一的功能:获取处理器要执行的指令,指令主端口不执行写操作。

指令主端口是支持延时的,它可以和延时存储器设备进行流水线传输。即指令主端口在前一个请求返回之前,可以发起下一次读请求。Nios II 处理器预取连续的指令并进行分支预测,以使流水线尽可能运转流畅。

指令主端口总是读取 32 位数据。指令主端口通过在 Avalon 总线模块中的动态地址对齐逻辑,把处理器与存储器连接起来。借助动态对齐的特点,每次取值操作都会返回一个完整的指令字,而不用关心目标存储器的数据宽度。这样,程序就不必了解 Nios II 处理器系统中存储器的数据宽度。

Nios II 结构支持片上缓存,以提高访问低速存储器时的平均取值时间。

(4) 数据主端口

Nios II 的数据总线作为一个 32 位 Avalon 主端口实现,它具有两个功能:

第6章 Nios II 处理器

- 在处理器执行一个 load 指令时,从存储器或外设中读取数据。
- 在处理器执行一个 store 指令时,把数据写到存储器或外设中。

数据主端口的字节使能信号在进行存储操作时,指定要写入哪些字节字段。数据主端口不支持带延时的 Avalon 传输。因为预测数据地址,或者在得到数据之前继续执行指令是没有意义的。因此,任何数据存储器所造成的延时,都需要数据主端口进行等待。如果数据主端口连接的存储器不需要插入等待周期,load 和 store 操作可以在单个时钟周期内完成。

(5) 指令和数据共享存储器

通常情况下,指令和数据主端口会共享一个存储器,用来存放指令和数据。尽管处理器核具有分开的指令和数据总线,但整个 Nios II 处理器系统可以对外提供一个单一的、共享的指令/数据总线。尽管这样,Nios II 处理器仍然保证指令和数据主端口不会造成互锁。为了提高系统性能,通常情况下,数据主端口应该被赋予更高的访问优先权。

2. 缓 存

Nios II 结构支持指令主端口和数据主端口上的缓存。缓存作为 Nios II 处理器核的一部分放在片内。在使用片外存储器存放程序和数据的 Nios 处理器系统中,缓存可以降低平均存储器访问时间。

在 Nios II 处理器中,一旦使用了指令和数据缓存,它们便是永久有效的。但是,也提供了使数据缓存失效的手段,使得对外设的访问不经过数据缓存。缓存的管理和一致性通过软件来控制。Nios II 指令集提供相应的指令进行缓存管理。

(1) 可配置的缓存选项

Nios II 处理器缓存是可选的,对于需要高性能存储器访问的应用,通常需要采用缓存。而对需要较小处理器核的应用就显得不是很必要了。这就要求在性能和硅片面积两方面进行权衡。

一个 Nios II 处理器的实现可以包含一个或两个缓存,也可以不包含缓存。此外,对于提供了指令或数据缓存的情况,缓存的大小也可由用户配置。是否有缓存,对于程序的功能没有影响,但它影响了处理器取指令和读写数据的速度。

(2) 高效地使用缓存

高效地使用缓存以提高系统性能,需要以下 3 个条件:

- 普通存储器放在片外,并且访问时间比片内存储器长。
- 对性能影响最大的循环长度比指令缓存小。
- 对性能影响最大的数据块长度比数据缓存小。

缓存的配置优化取决于具体的情况。例如,如果一个 Nios II 处理器仅仅包含快速的片上存储器(它不会访问低速的片外存储器),依靠指令和数据缓存不会提高任何性能。再例如,如果应用程序中关键的循环长度为 2 KB,但是指令缓存只有 1 KB,这时指令缓存不会提高执行速度,事实上它反而有可能降低性能。

(3) 缓存旁路的实现

Nios II 结构提供一些读取和存储 I/O 的指令,例如 Idio 和 Stio。这些指令绕过数据缓存并直接与 I/O 外设进行数据传输。同时,与实现有关,也提供另外的缓存旁路机制。某些情况下 Nios II 处理器提供一种称为最高位决定缓存是否有效机制,通过地址的最高有效位来决定是否旁路。

3. 地址映像

Nios II 处理器系统结构中的存储器和外设的地址映像由用户设定。设计者在系统生成时,确定地址的映像,同时也确定处理器的复位地址和异常地址。

编程人员可以通过固定的软件结构来访问存储器和外设。这样,灵活的地址映像不会影响到程序开发人员。

6.2.7 硬件辅助调试模块

Nios II 结构支持硬件辅助调试模块,它具有硬件仿真能力,使得在 PC 机上可以远程控制处理器。PC 机上的软件调试工具可以通过与硬件辅助调试模块通信,提供调试和诊断的功能。例如:

- 把程序下载到存储器中。
- 开始和停止程序的执行。
- 设置断点和观察点。
- 分析寄存器和存储器。
- 收集实时的执行跟踪数据。

在 Altera 的 FPGA 上,调试模块与 JTAG 电路相连。外部的调试器可以通过 FPGA 上的标准 JTAG 接口访问处理器。在处理器一方,调试模块直接与处理器内部信号连接。调试模块对处理器的控制不可屏蔽,不需要在被测试程序中设置测试桩。处理器在管理模式下可见的所有系统资源对于调试模块都是可以访问的。对于跟踪数据的收集,调试模块可以将跟踪数据存储在片上或外部调试器的存储器中。

调试模块通过触发一个中断信号或在执行程序中写一个 break 指令来获得处理器的控制。在这两种方法中,处理器把控制权移交给放在中断处理地址的程序。中断处理地址是在系统生成时指定的。

6.3 Nios II 内核的三种类型

与其他软核处理器相比,世界上越来越多的设计人员使用了 Nios II 嵌入式处理器,该处理器一直是 FPGA 和结构化 ASIC 设计的业界标准处理器。

Nios II 系列嵌入式处理器目前由三种处理器内核构成,提供常用指令集架构,每一种内核都针对特定的价格/性能点进行了优化,由相同的软件工具链提供支持。设计人员可以从 3 种类型内核中进行选择。

Nios II 处理器内核有 3 种类型,用来满足不同设计的要求。它们分别是快速型、标准型和经济型。

快速型 Nios II 内核具有最高的性能,经济型 Nios II 内核具有最低的资源占用,而标准型 Nios II 在性能和面积之间做了一个平衡。它们之间的比较如表 6.2 所列。

所有的 Nios II 内核都可以在以下 Altera 的 FPGA 内实现:Stratix,Stratix II,Cyclone,Cyclone II。

第6章 Nios II 处理器

表 6.2 Nios II 的 3 种类型比较

特 性	Nios II/e	Nios II/s	Nios II/f
目 标	最小核	较小核	最快的执行速度
DMIPS/MHz	0.15	0.74	1.16
Max. DMIPS	31	127	218
Max. f/MHz	200	165	185
面积/LE	700	1 400	1 800
流水线	1 级	5 级	6 级
外部地址空间/GB	2	2	2
指令 Cache	无	512 B~64 KB 静态分支预测	512 B~64 KB 动态分支预测
数据 Cache	无	无	512 B~64 KB
ALU	只能移位操作、无硬件乘法、除法	硬件乘法、除法和移位操作	硬件乘法、除法和移位操作

6.3.1 Nios II/f 核

Altera 专门设计了 Nios II/f 快速型处理器内核,以实现最大性能。该内核针对性能要求较高的应用以及代码和数据量较大的应用进行了优化,例如,运行完整操作系统的应用。Nios II/f 内核在 200 MHz 时性能达到 250 DMIPS,与 ARM9 内核性能相当。Nios II 嵌入式设计套件(EDS)支持该内核,它包括基于 Eclipse 的 Nios II 集成开发环境(IDE)。

Nios II/f 内核具有:

- 指令和数据缓冲分离。
- 可访问高达 2 GB 的外部地址空间。
- 可选的指令和数据紧耦合存储器。
- 6 级流水线实现最大 DMIPS/MHz。
- 硬件乘法、除法和移位操作。
- 动态分支预测。
- 256 条定制指令。
- JTAG 调试模块。
- 可选的 JTAG 调试模块增强功能,包括硬件断点、数据触发和实时跟踪等。

针对含有数字信号处理(DSP)模块的 Altera 器件系列,Nios II/f 内核提供更多的功能和性能支持。在这种情况下,Nios II/f 内核提供硬件乘法电路,实现单周期乘法运算。乘法单元还可以用做单周期桶形移位寄存器。

Nios II/f 内核还提供除法电路,加速除法运算。在 Altera 的高性能 FPGA 或者结构化 ASIC 产品中实现 Nios II/f 内核,获得最佳性能。

6.3.2 Nios II/s 核

Altera 专门设计了 Nios II/s 标准型处理器内核,这一小型处理器内核保持了较好的软件性能。

Nios II/s 内核针对价格敏感的中等性能应用进行了优化,包括那些代码和数据量较大的情况,例如,运行完整操作系统的应用。Nios II 嵌入式设计套件(EDS)支持该内核,它包括基于 Eclipse 的 Nios II 集成开发环境(IDE)。

Nios II/s 内核具有:
- 指令缓冲。
- 高达 2 GB 的外部地址空间。
- 可选的指令紧耦合存储器。
- 5 级流水线。
- 静态分支预测。
- 硬件乘法、除法和移位选项。
- 256 条定制指令。
- JTAG 调试模块。

可选的 JTAG 调试模块增强功能,包括硬件断点、数据触发和实时跟踪等。

针对含有数字信号处理(DSP)模块的 Altera 器件系列,Nios II/s 内核提供更多的功能和性能支持,Nios II/s 内核含有硬件乘法电路,实现 3 周期乘法运算。乘法单元还可以用作单周期桶形移位寄存器。

6.3.3 Nios II/e 核

Altera 专门设计了 Nios II/e 经济型处理器内核,占用最少的 FPGA 逻辑和存储器资源,是成本绝对最低的 Nios II 处理器内核。Nios II/e 内核与同类型的 8051 体系结构具有相同的成本,但是性能更高,200 MHz 时,达到 30 DMIPS,占用的逻辑资源少于 700 个逻辑单元(LE)。Nios II 嵌入式设计套件(EDS)支持该内核,它包括基于 Eclipse 的 Nios II 集成开发环境(IDE)。

Nios II/e 内核具有:
- 高达 2 GB 的外部地址空间。
- JTAG 调试模块。
- 不到 700 个 LE 便实现了系统。
- 可选的调试增强功能。
- 256 条定制指令。

Nios II/e 内核针对价格敏感的应用进行了优化,例如汽车电子、工业和消费类市场等。该内核一般与 Altera 的低成本 FPGA 和结构化 ASIC 产品一起提供。

6.4　Nios II 内核在 SOPC Builder 中的实现

本节主要介绍 SOPC Builder 中的 Nios II 内核定制向导(Nios II configuration wizard)如何来实现 Nios II 内核的。Nios II configuration wizard 可以根据实际的性能要求选择恰当的 Nios II 内核以及对特定的性能进行裁减。Nios II configuration wizard 不是对 Nios II 整个处理器系统进行定制,而只是对 Nios II 内核某些性能进行配置。

6.4.1　Nios II 核的选择

如图 6.4 所示,选择了 Nios II/e 核,因 Nios II/e 核内无硬件乘法、除法电路,所以这两项呈灰色无法选择。若选择 Nios II/s 核或 Nios II/f 核,这两项均可选择设置,如图 6.5 所示。其中硬件乘法器(Hardware Multiply)可以选择具体实现方式:嵌入的乘法电路模块(Embedded Multipliers)、逻辑单元(Logic Elements)实现、不定制此功能(None)。硬件除法电路(Hardware Divide)可根据需要定制。

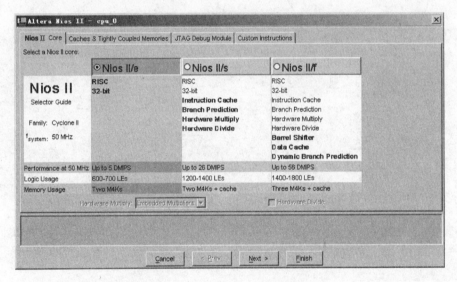

图 6.4　Nios II 核 3 种类型

6.4.2　缓存与紧耦合存储器的设置

Nios II/e 核中没有指令和数据缓存以及指令和数据紧耦合存储器。故这些选项均呈灰色不可选择设置;Nios II/s 核只含指令缓存和可选择的指令紧耦合存储器;Nios II/f 核既包含指令和数据缓存也含有可选择指令和数据紧耦合存储器。Nios II/f 核具体的选择设置如图 6.6 所示。其中指令和数据 Cache 均可在 512 B～64 KB 之间选择。Data Cache Line Size 可以选择 4 B、16 B、32 B。

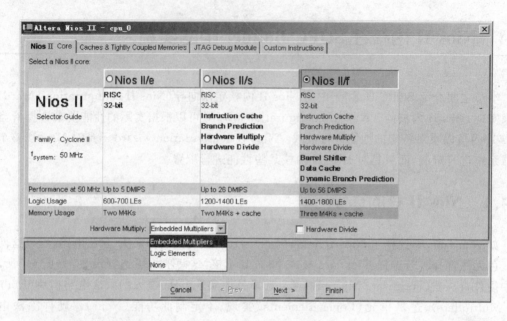

图 6.5 选择 Nios II/f 核

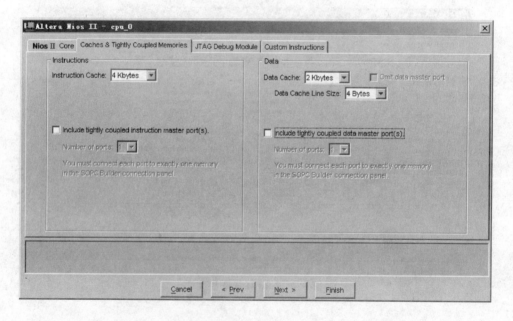

图 6.6 Nios II/f 核内 Cache 与 Tightly Coupled Memories 的设置

6.4.3 JTAG 调试模块级别的选择

通过 Nios II configuration wizard 选择 Nios II 核内的 JTAG 调试模式的级别。根据目标的应用选择合适的调试特性。调试配置特性如表 6.3 所列。

表 6.3 JTAG 模块调试特性

特 性	描 述
JTAG Target Connection	可以连接 CPU 到 Altera FPGA 标准的 JTAG 引脚上。可以实现基本的处理器开始和停止，以及对寄存器和存储器的分析读写
Download Software	通过 JTAG 连接下载可执行代码到处理器的存储器中
Software Breakpoints	设置 RAM 内的指令断点
Hardware Breakpoints	设置非易失性存储器(如 Flash)内指令的断点
Data Triggers	数据触发，根据地址、数据或读写周期进行触发，例如，由一个特殊事件或条件触发停止处理器，或是触发跟踪，或是触发信号到外部逻辑分析器等
Instruction Trace	实时指令序列的捕获
Data Trace	实时捕获处理器执行读写操作时的地址和数据
On-Chip Trace	存储跟踪数据到片上存储器
Off-Chip Trace	将跟踪数据存储到外部调试器的存储器中

JTAG 调试模块级别有 5 级：No Debugger、Level1、Level2、Level3、Level4。Nios II/e 核内的 JTAG 模块只支持 No Debugger、Level1 两级。Nios II/s 和 Nios II/f 均支持这 5 级性能，如图 6.7 所示。

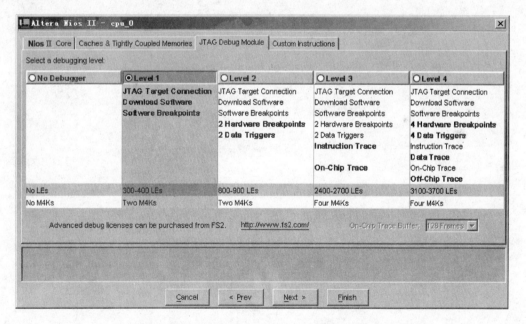

图 6.7 JTAG 模块调试级别的选择

6.4.4 用户指令接口

通过该界面可以使用户自定义指令逻辑连接到 Nios II 核内的 ALU 单元，如图 6.8 所示。最后完成 NiosII 内核的选择配置。

Nios II 系统开发设计与应用实例

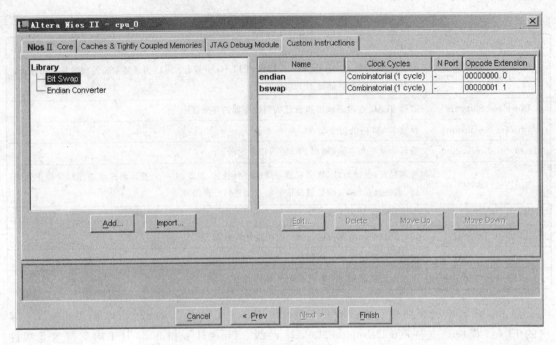

图 6.8 用户指令接口

第7章
Avalon 总线规范

7.1 概 述

　　Avalon 总线是一种相对简单的总线结构。主要用于连接片内处理器和外设,以构成可编程片上系统(SOPC)。它描述了主从构件间的端口连接关系,以及构件间通信的时序关系。

　　Avalon 总线拥有多种传输模式,以适应不同外设的要求。Avalon 总线的基本传输模式是在一个主外设和一个从外设之间进行单字节、半字或字的传输。当一次传输结束后,不论新的传输过程是否还是在同样的外设之间进行,Avalon 总线总是可以在下一个时钟周期立即开始另一次传输。Avalon 总线还支持一些高级传输模式和特性,例如,支持需要延迟操作的外设、支持需要流传输操作的外设以及支持多个总线设备并发访问。

　　Avalon 总线支持多个总线主外设,允许单个总线事务中在外设之间传输多个数据单元。这一多主设备结构为构建 SOPC 系统提供了极大的灵活性,并且能适应高带宽的外设。例如,一个主外设可以进行直接存储器访问(DMA)传输,从外设到存储器传输数据时不需要处理器干预。

　　Avalon 主从外设之间的交互是构建在从端口仲裁技术上的,当多个主外设同时要求访问同一个从端口时,从端口仲裁决定哪一个主外设取得访问权。从端口仲裁具有以下两个优点:

- 仲裁的细节被封装在 Avalon 总线内部。因而,主从外设的接口是一致的,与总线上的主从外设数量无关。每个主外设到总线的接口都与总线上是否还有其他主外设无关。
- 多个主外设只要不是在同一总线周期访问同一个从端口,便可以同时执行多个总线传输。

Avalon 总线有以下特点:

- 所有外设的接口与 Avalon 总线时钟同步,不需要复杂的握手应答机制,这样就简化了 Avalon 总线的时序行为,而且便于集成高速外设。Avalon 总线以及整个系统的性能可以采用标准的同步时序分析技术来评估。
- 所有的信号都是高电平或低电平有效,便于信号在总线上高速传输。在 Avalon 总线中,由数据选择器(而不是三态缓冲器)决定哪个信号驱动哪个外设。因此,外设即使在未被选中时也不需要将输出置为高阻态。
- 为了方便外设的设计,地址、数据和控制信号使用分离的、专用的端口。外设不需要识别地址总线周期和数据总线周期,也不需要在未被选中时使输出无效。分离的地址、数据和控制通道还简化了与片上用户自定义逻辑的连接。

Avalon 总线还包括许多其他特性和约束,用以支持 SOPC Builder 软件自动生成系统、总线和外设,包括:
- 最大 4G 的地址空间:存储器和外设可以映像到 32 位地址空间中的任意位置。
- 内置地址译码:Avalon 总线自动生成所有外设的片选信号,极大地简化了基于 Avalon 总线的外设的设计工作。
- 多主设备总线结构:Avalon 总线上可以包含多个主外设,并自动生成仲裁逻辑。
- 采用向导帮助用户配置系统:SOPC Builder 提供图形化的向导帮助用户进行总线配置(添加外设、指定主从关系、定义地址映像等)。Avalon 总线结构将根据用户在向导中输入的参数自动生成。
- 动态地址对齐:如果参与传输的双方总线宽度不一致,Avalon 总线自动处理传输的细节,使得不同数据总线宽度的外设能够方便地连接。

7.2 术语和概念

与 SOPC 设计相关的术语和概念是全新的,与传统的总线结构中的意义有显著的不同。它们构成了 Avalon 总线规范的概念框架。为了更好地理解 Avalon 总线规范,下面对相关的术语和概念进行说明。

1. 总线周期

总线周期是总线传输中的基本时间单元,定义为从 Avalon 总线主时钟的一个上升沿到下一个上升沿之间的时间。总线信号的时序以总线周期为基准来确定。

2. 总线传输

Avalon 总线传输是指对数据的一次读或写操作,可能需要一个或多个总线周期来完成。Avalon 总线支持的传输宽度包括字节(8 位)、半字(16 位)和字(32 位)。

3. 流传输模式

流传输模式在流模式主外设和流模式从外设之间建立一个开放的信道,以提供连续的数据传输。只要存在有效数据,便能通过该信道在主从端口之间传输。主外设不必为了确定从外设是否能够发送或接收数据而不断地访问从外设的状态寄存器。流传输描述使得主从端口之间的数据吞吐量达到最大,同时避免了从外设的数据上溢或下溢。它对于 DMA 传输特别重要。

4. 延迟读传输模式

有些同步外设在第一次访问时需要几个时钟周期的延迟,此后每个总线周期都能返回数据。对于这样的外设,延迟读传输模式可以提高带宽利用率。延迟传输使得主外设可以发起一次读传输,转而执行一个不相关的任务,等外设准备好数据后再接收数据。这个不相关的任务可以是发起的另一次读传输,尽管上一次读传输的数据还没有返回。在取指令操作和

DMA 传输中,延迟传输是非常有用的。在这两种情况下,CPU 或 DMA 主外设会预取期望的数据,从而使同步存储器处于激活状态,并减少访问时间。

5. Avalon 总线模块

Avalon 总线模块是系统模块的主干,是 SOPC 设计中外设之间通信的主要信道。Avalon 总线模块由各类控制、数据和地址信号以及仲裁逻辑组成,它将系统模块的外设连接起来。Avalon 总线模块是一种可配置的总线结构,它可以随着用户的不同互连要求而改变。

Avalon 总线模块是由 SOPC Builder 自动生成的。因此系统用户不需要关心总线与外设的具体连接。Avalon 总线模块很少作为分离的单元使用,因为用户几乎总是使用 SOPC Builder 自动将处理器和其他 Avalon 总线外设集成到系统模块中。对于用户来说,Avalon 总线模块通常被看做是连接外设的途径,如图 7.1 所示。

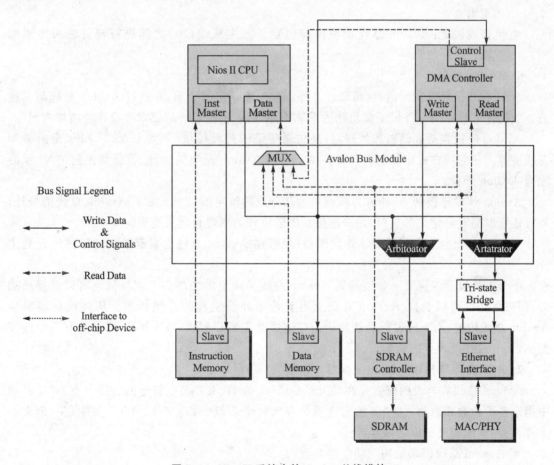

图 7.1　Nios II 系统中的 Avalon 总线模块

Avalon 总线模块为连接到总线上的外设提供以下服务:
- 数据通道复用:Avalon 总线模块中的数据选择器将数据从选中的从外设传送到相应的主外设。
- 地址译码:地址译码逻辑为每个外设产生片选信号。这简化了外设的设计,因为外设不必各自对地址线进行译码来产生片选信号。
- 等待周期生成:为适应具有特殊同步要求的外设,加入等待周期可以将总线传输延长一个或多个总线周期。当目标从外设不能在一个时钟周期内响应时，总线模块会加入等待周期使主外设暂停。当读使能和写使能信号具有建立时间或保持时间要求时也会加入相应的等待周期。
- 动态地址对齐：动态地址对齐隐藏了宽度不同的外设之间连接的细节。例如，通过32位主端口读传输来访问16位存储器时，动态地址对齐会自动执行两次从端口读传输，以便从16位存储器设备中取出32位数据。这一特性简化了主外设中硬件和软件的复杂性，因为主外设不用考虑从外设的物理特性。
- 中断优先级分配：当一个或多个从外设产生中断时，Avalon总线模块会将中断传递给主外设，同时传递优先级最高的中断请求号。
- 延迟传输功能：Avalon总线模块内部包含了在主从端口对之间进行延迟传输所需要的逻辑。
- 流传输模式：Avalon总线模块内部包含了在主从端口对之间进行流传输所需要的逻辑。

6. Avalon 外设

Avalon 外设可以在片内，也可以在片外。它完成一定的功能，并通过 Avalon 总线与其他的系统构件进行通信。外设是模块化的系统构件，可以根据系统的要求在设计时增加或删除。

Avalon 外设包括存储器和处理器，还包括传统的外设模块，例如 UART、PIO、定时器和总线桥等。任何用户自定义逻辑只要提供了连接 Avalon 总线的地址、数据和控制信号，就能成为 Avalon 外设。

Avalon 外设连接到 Avalon 总线模块为其分配的特定端口上。除了 Avalon 总线信号外，外设还可以拥有自定义的端口，用来连接系统模块外的用户自定义逻辑。

Avalon 外设分为主外设和从外设两类，能够在 Avalon 总线上发起总线传输的外设是主外设。

一个主外设至少拥有一个连接到 Avalon 总线模块上的主端口。主外设也可以拥有从端口，使得该外设可以响应 Avalon 总线上由其他主外设发起的总线传输。从外设只能响应 Avalon 总线传输，而不能发起总线传输。存储器设备和 UART 等从外设，通常只有一个连接到 Avalon 总线模块上的从端口。

7. PTF 文件与 SOPC Builder 参数和选项

Avalon 总线和外设的配置是在 SOPC Builder 的 GUI 界面中指定的。用户在 GUI 界面中指定各种参数和选项，这些参数和选项会存入一个系统 PTF 文件。PTF 文件是一个文本文件，它完整地定义了以下内容：
- Avalon 总线模块结构与功能的参数。
- 每个外设结构与功能参数。
- 每个外设的主从角色。
- 每个外设提供的端口信号（例如读使能、读数据、写使能、写数据）。
- 每个可被多个主端口访问的从端口的仲裁机制。

PTF 文件传递给 HDL 生成器用来创建系统模块实际的寄存器传输级描述。

7.3 Avalon 总线传输

Avalon 总线规范定义了主端口和从端口之间通过 Avalon 总线模块传输数据所需的信号和时序。构成 Avalon 总线模块和外设之间接口的信号随着传输模式的不同而不同。首先，主传输与从传输的接口不同，使得主端口与从端口的信号定义不同。此外，通过系统 PTF 文件的设置，所需要信号的确切类型与数量也是可变的。

Avalon 总线规范提供了各种选项来裁剪总线信号和时序，以满足不同类型外设的需要。Avalon 总线基本传输模式在一个主从端口对之间每次只传送一个单元的数据。可以通过插入等待周期来延长一次总线传输时间，以满足低速外设的需要。流传输模式以及支持并多主端口传输的能力满足了高带宽外设的需要。所有 Avalon 从传输的信号时序都源自从端口的基本传输模式。同样，主端口的基本传输模式是所有 Avalon 主传输的基础。

7.3.1 主端口接口与从端口接口

当讨论 Avalon 总线传输时，必须说明是总线的哪一边，是主端口接口还是从端口接口。由主端口输出的信号与输入从端口的对应信号可能会用较大的差别。

从端口的信号活动总是主外设发起总线传输的结果。但是，实际的从端口信号并非直接来自主端口。Avalon 总线模块传递来自主端口的信号，并对信号进行裁剪（如插入等待周期；在主端口间进行仲裁）以满足从外设的需要。

由于以上原因，对 Avalon 总线传输的介绍将分为主传输类型和从传输类型两个部分。大多数用户只关心从传输，因为他们设计的用户自定义外设一般都是从外设。这时，用户只需考虑 Avalon 总线模块与用户自定义外设之间的信号。只有当用户创建主外设时才涉及到主传输。

7.3.2 Avalon 总线时序

Avalon 总线是一个同步总线接口，由一个 Avalon 总线主时钟定时，所有总线传输的信号都与 Avalon 总线时钟同步。同步总线接口并不意味着所有的 Avalon 总线信号都是锁存的。比如，Avalon 的 chipselect 信号便是由组合逻辑产生的，其输入是同步于 Avalon 总线时钟的寄存器的输出。因此，外设不能使用 Avalon 信号的边沿，因为 Avalon 信号在达到稳定之前会变化多次。就像所有同步设计一样，Avalon 总线外设只能在时钟上升沿对稳定的信号作出响应，且必须在时钟上升沿输出稳定的信号。

Avalon 总线模块也可以连接异步外设，例如片外异步存储器。但设计时需要考虑一些额外因素：由于 Avalon 总线模块的同步操作，Avalon 信号只以 Avalon 总线时钟周期为间隔变化。此外，如果异步外设的输出直接连接到 Avalon 总线模块，用户必须保证输出信号在时钟上升沿之前达到稳定。

7.3.3 Avalon 总线信号

由于 Avalon 总线是一个由 HDL 文件综合而来的,所以在连接 Avalon 总线模块和 Avalon 外设时需要一些特别的考虑。对于传统的片外总线结构,所有外设都共享一组固定的、预先设计的金属线路,而 Avalon 总线与此不同:SOPC Builder 必须准确地了解每个外设提供了哪些 Avalon 端口,以便连接外设与 Avalon 总线模块。它还需要了解每个端口的名称和类型,这些信息定义在系统 PTF 文件中。

Avalon 总线规范不要求 Avalon 外设必须包含哪些信号。它只定义了外设可以包含的各种信号类型(例如地址、数据、时钟等)。外设的每一个信号都要指定一个有效的 Avalon 信号类型,以确定该信号的作用,一个信号也可以是用户自定义的。这种情况下,SOPC Builder 不将该端口与 Avalon 总线模块连接。Avalon 信号类型首先分为主端口信号和从端口信号。外设使用的信号类型首先由端口的主从角色来决定。

Avalon 总线规范不规定 Avalon 外设信号的命名规则。不同信号类型的作用是预先定义的,而信号的名称是由外设决定的。一般将信号类型名称作为信号名称,但外设信号的实际名称可以与此不同。

部分 Avalon 从端口可用的信号类型如表 7.1 所列。信号的方向是从外设的角度定义的。例如时钟信号 CLK(方向为 in)对于从外设来说是输入信号,而对于 Avalon 总线模块来说是输出信号。

表 7.1 部分 Avalon 从端口信号

信号类型	宽 度	方 向	必 须	说 明
CLK	1	in	no	系统模块和 Avalon 总线模块的全局时钟信号。所有总线传输都同步于 CLK。只有异步从端口才能省略 CLK
address	1~32	in	no	来自 Avalon 总线模块的地址线
read	1	in	no	从端口的读请求信号。当从端口不输出数据时不需要该信号。若使用了该信号,readdata 信号也必须使用
readdata	1~32	out	no	读传输中输出到 Avalon 总线模块的数据线。当从端口不输出数据时不需要该信号。若使用了该信号,read 信号也必须使用
write	1	in	no	从端口的写请求信号。当从端口不接收数据时不需要该信号。如使用该信号,writedata 信号也必须使用
writedata	1~32	in	no	写传输中来自 Avalon 总线模块的数据线。当从端口不接收数据时不需要该信号。若使用了该信号,write 信号必须使用
irq	1	out	no	中断请求。当外设需要主外设服务时可触发 irq

表 7.1 中列出的信号类型都是高电平有效。Avalon 总线还提供了各个信号类型的反向形式。在 PTF 声明中,信号类型名称后面添加"_n",便可将对应的端口声明为低电平有效。

7.4 Avalon 从端口传输

本节讨论从端口和 Avalon 总线之间的总线传输。以外设的视角来看,数据传输发生在外

第 7 章　Avalon 总线规范

设的从端口和 Avalon 总线模块之间。在下面关于从端口的总线传输的讨论中，假定在 Avalon 总线上的某个主外设已成功地在 Avalon 总线模块的主端口一边发起一次传输，作为结果，Avalon 总线模块随后会相应地在从端口发起总线传输。本节主要研究 Avalon 总线模块和从端口之间的交互。

7.4.1　从传输的 Avalon 总线信号

从端口与 Avalon 总线间接口的信号类型如表 7.2 所列。信号的方向是以外设的角度定义的。外设提供的信号由外设的设计和 PTF 文件中的信号定义决定，不需要提供全部的信号类型。表 7.2 给出了一个简单的描述。

表 7.2　从端口与 Avalon 总线间接口的信号类型

信号类型	宽度	方向	必须	说明
CLK	1	in	no	系统模块和 Avalon 总线模块的全局时钟信号。所有总线传输都同步于 CLK。只有异步从端口才省略 CLK
reset	1	in	no	全局复位信号。如何使用该信号取决于外设
chipselect	1	in	yes	从端口的片选信号。当 chipselect 信号无效时，从端口必须忽略所有的 Avalon 信号输入
address	1～32	in	no	来自 Avalon 总线模块的地址线
begintransfer	1	in	no	在每个新的 Avalon 总线传输的第一个总线周期其间有效。如何使用该信号取决于外设
byteenable	0,2,4	in	no	字节使能信号。在访问宽度超过 8 位的存储器时选择特定的字节段。如何使用取决于外设
read	1	in	no	从端口的读请求信号。当从端口不输出数据时，不需要该信号，若使用了该信号，readdata 信号也必须使用
readdata	1～32	out	no	读传输中传输到 Avalon 总线模块的数据线。当从端口不输出数据时不需要该信号。若使用了该信号，read 信号必须使用
write	1	in	no	从端口写请求信号。当从端口不接收数据时不需要该信号，若使用了该信号，writedata 信号也必须使用
writedata	1～32	in	no	写传输中来自 Avalon 总线模块的数据线。当从端口不接收数据时不需要该信号。若使用了该信号，write 信号也必须使用
readdatavalid	1	out	no	读取数据有效信号。仅用于具有可变读延迟的从端口。用于标记从端口发出有效数据时的时钟上升沿
waitrequest	1	out	no	等待请求信号。当从端口不能立即响应时暂停 Avalon 总线模块
readyfordata	1	out	no	流传输模式信号。表示流模式从端口可以接收数据
dataavailable	1	out	no	流传输模式信号。表示流模式从端口拥有有效数据
endofpacket	1	out	no	流传输模式信号。用于向主端口报告"包结束"状态。如何使用该信号取决于外设
irq	1	out	no	中断请求。当从外设需要主外设中断服务时可触发 irq
resetrequest	1	out	no	复位请求信号。该信号使得一个外设可以复位整个系统模块

上述信号如果不加说明都是高电平有效。此外，Avalon 总线也提供上述信号的低电平有效版本，在信号名称后添加"_n"表示是低电平有效。

在下面对 Avalon 总线传输的讨论中，read、write 和 byteenable 信号将采用低电平有效的形式，这与采用低电平有效的读使能、写使能和字节使能的传统习惯一致。这些信号以 read_n、write_n 和 byteenable_n 的形式出现。

在真实的环境下，总线传输不是孤立的事件，它们经常是连续发生的。例如，一个从端口读传输之后会紧接着一个不相关的写传输。所以在下面的时序图中，在读（写）传输之前或之后，信号显示为未定义值。

7.4.2 Avalon 总线上的从端口读传输

7.4.2.1 基本从端口传输模式

基本从端口传输模式是所有 Avalon 从端口传输的基础。所有其他的从端口传输使用的信号都包含了基本从端口传输的信号，并扩展了基本从端口操作时序。基本从端口传输由 Avalon 总线模块发起，然后从端口向 Avalon 总线模块传输一个单元的数据。基本从端口读传输没有延迟。

一个基本从端口读传输的例子如图 7.2 所示。在 Avalon 基本读传输中，总线传输开始于一个时钟上升沿，并在下一个时钟上升沿结束，不插入等待周期。由于传输在一个时钟周期内完成，目标外设必须能够立即、异步向 Avalon 总线模块输出相应地址的内容。

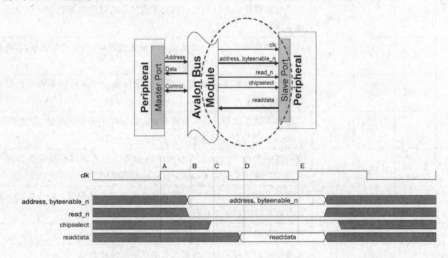

图 7.2 基本从端口读传输

在 CLK 的第一个上升沿，Avalon 总线向目标外设传递 address、byteenable_n 和 read_n 信号。Avalon 总线模块内部对 address 进行译码，产生片选并驱动从端口的 chipselest 信号。一旦 chipselect 信号有效，从端口在数据有效时应立即驱动 readdata 输出。最后，Avalon 总线模块在下一个时钟上升沿捕获 readdata。

时序说明：

A——第 1 个总线周期开始于 CLK 上升沿。

第7章 Avalon 总线规范

B——address 和 read_n 信号有效。
C——Avalon 总线对 address 译码,输出有效的 chipselect。
D——片选有效以后,从端口在第一个总线周期内必须返回有效数据。
E——Avalon 总线在下一个 CLK 上升沿捕获 readdata,读传输到此结束。另一次总线传输可以在下一个总线周期开始。

无等待周期的基本读传输只适用于完全异步的外设。目标外设必须在外设被选中或地址变化时立即向 Avalon 总线提供数据。为使输出正常工作,readdata 的输出必须在下一个时钟上升沿有效且稳定。

锁存输入或输出端口的同步外设不能使用无等待周期的基本从端口读传输。大部分片上外设都采用同步接口,因此至少需要一个时钟周期来捕获数据。在读传输中,需要至少1个等待周期,除非该外设是具有延迟的。

外设的从端口还可以使用字节使能信号,对字节使能信号的解释是由外设决定的。在最简单的情况下,从端口可以忽略 Byteenable_n,每当 read_n 有效时总是驱动所有字节段。Avalon 总线模块在每次读传输中捕获 readdata 的全部位宽度。如果在读传输中某个字节字段未使能,返回到 Avalon 总线模块的值是不确定的。

当 chipselest 无效时,从端口必须忽略所有其他的输入信号,其输出信号没有必要置为高阻。此外,chipselect 的上升沿或 read_n 的下降沿不能用作读传输开始的标志,因为这些边沿的稳定性是没有保证的。

7.4.2.2 具有固定等待周期的从端口读传输

具有固定等待周期的从端口读传输使用的信号与基本读传输使用的相同,不同的只是信号的时序。具有等待周期的从端口读传输适用于不能在1个时钟周期内提供数据的外设。例如,若指定了1个等待周期,Avalon 总线模块在提供了有效的地址和控制信号后,会等待1个时钟周期再捕获外设数据。Avalon 总线模块在每次读传输时都会等待固定数量的总线周期。

具有单个等待周期的从端口读传输的时序如图 7.3 所示。Avalon 总线在第1个总线周期中提供 address、byteenable_n、read_n 和 chipselect 信号。由于具有等待周期,外设不必在第1个总线周期内提供 readdata。第1个总线周期是第1个(也是唯一一个)等待周期。从端口可以随时捕获地址和控制信号,片上的同步外设通常在第2个总线周期间,目标外设向 Avalon 总线模块提供 readdata。在第3个也是最后1个时钟上升沿,Avalon 总线模块由从端口捕获 readdata 并结束总线传输。

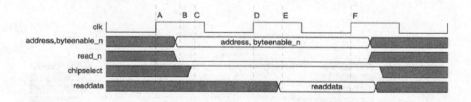

图 7.3 具有一个固定等待周期的从端口读传输

时序说明:

A——第1个总线周期开始于 CLK 上升沿。

B——address 和 read_n 信号有效。
C——Avalon 总线对 address 译码，并设置 chipselect 有效。
D——CLK 上升沿标志着第 1 个且是唯一的 1 个等待周期结束。如果从端口是同步的，它可以在 CLK 上升沿捕获 address、read_n 和 chipselect。
E——从端口在第 2 个总线周期内返回有效数据。
F——Avalon 总线在 CLK 上升沿捕获 readdata，读传输到此结束。另一次总线传输可以开始于下一个总线周期。

具有单个等待周期的读传输经常用于同步的片上外设。在合理的 PLD 设计中，模块间的接口应当通过寄存器来同步。加入 1 个等待周期后，外设可以在 chipselect 有效后的下一个 CLK 上升沿捕获 address、byteenable_n、read_n 和 chipselect，这使得目标外设具有至少 1 个完整的总线周期来向 Avalon 总线模块提供返回数据。

7.4.2.3 具有外设控制等待周期的从端口读传输

外设控制的等待周期使得目标外设能够根据提供数据的需要将 Avalon 总线模块的读操作暂停（Stall）任意多个总线周期。在这种传输模式下，外设向 Avalon 总线模块提供数据所需的时间是不固定的。

具有外设控制等待周期的从端口读传输如图 7.4 所示。外设控制等待周期的读传输模式使用了 waitrequest 信号，它是 1 个从端口的输出信号。当从端口的 read_n 信号有效后，从端口若要延长读传输，它必须在第 1 个总线周期内返回 waitrequest。当 waitrequest 有效后，Avalon 总线模块便暂停工作，不再捕获 readdata。Avalon 总线模块在 waitrequest 失效后的下一个 CLK 上升沿捕获 readdata。

Avalon 总线模块没有超时机制来限制从端口暂停总线的时间。当 Avalon 总线模块暂停后，系统模块内的某个主外设也被暂停，并等待着由目标外设返回所需的数据。一个从端口能够将主端口永久地"挂起"。因此，外设必须保证不会使 waitrequest 无限期地保持有效。

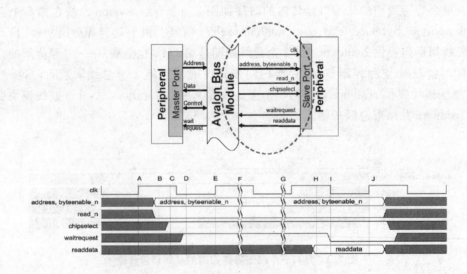

图 7.4 具有外设控制等待周期的从端口读传输

第7章 Avalon 总线规范

时序说明：

A——第 1 个总线周期开始于 CLK 上升沿。

B——address 和 read_n 信号有效。

C——Avalon 总线对 address 译码，并设置 chipselect 有效。

D——从端口在下一个 CLK 上升沿之前置 waitrequest 有效。

E——Avalon 总线模块在 CLK 上升沿读取 waitrequest。这时 waitrequest 有效，因而在该时钟上升沿不捕获 readdata。

F、G——waitrequest 一致保持有效，可以占用任意多个总线周期。

H——从端口提供有效的 readdata。

I——从端口置 waitrequest 无效。

J——Avalon 总线在下一个 CLK 上升沿捕获 readdata，读传输到此结束。另一次总线传输可以开始于下一个总线周期。

若 1 个从端口采用了外设控制等待周期的读传输模式，对该端口的其他传输模式会有一些限制，比如不能再使用建立时间和保持时间。这些限制只影响该从端口，不影响连接到 Avalon 总线模块上的其他外设。在大多数情况下，产生 waitrequest 信号的外设是片上的同步外设，不需要考虑建立时间和等待时间。

7.4.2.4 具有建立时间的从端口读传输

Avalon 总线模块按照用户设定或者外设默认，能够自动满足各个从端口信号的建立时间要求，发起读传输的主外设不必考虑各个信号对建立时间与保持时间的要求。具有建立时间的从端口读传输使用的信号与基本读传输使用的相同，不同的只是信号的时序。

这种传输方式通常用于一些片外外设，它们要求在读使能信号有效前 address 和 chipselect 信号需要稳定一段时间。1 个非零的建立时间 N 意味着在 address、byteenable_n 和 chipselect 信号提供给从端口之后，在 read_n 有效之前有 N 个总线周期的延迟。要注意 chipselect 不受建立时间的影响，若外设对于 read_n 和 chipselect 都要求有建立时间，用户必须在接口中手工添加适当的逻辑(1 个"与"门)。

完成总线传输所需要的总线周期的总数取决于建立时间和等待周期的总线周期数。例如，若一个外设具有参数 Setup_Time="2"和 Read_Wait_States="3"，它将花费 6 个总线周期来完成传输：2 个总线周期的建立时间，3 个总线周期的等待周期，1 个总线周期用来捕获数据。具有 1 个总线周期的建立时间和 1 个规定等待周期的从端口读传输如图 7.5 所示。

时序说明：

A——第 1 个总线周期开始于 CLK 上升沿。

B——address 和 byteenable_n 有效，read_n 仍然保持无效。

C——Avalon 总线模块对 address 译码，然后置 chipselect 有效。

D——CLK 上升沿标志着建立时间总线周期结束，并开始总线等待周期。

E——Avalon 总线模块置 read_n 有效。

F——CLK 上升沿标志着总线等待周期结束。

G——外设提供有效的 readdata。

H——Avalon 总线在 CLK 上升沿捕获 readdata，读传输到此结束。另一次总线传输可以

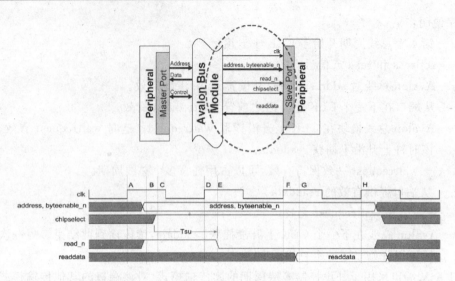

图 7.5 具有建立时间和规定等待周期的从端口读传输

开始于下一个总线周期。

如果一个外设能够同时支持读和写总线传输,并且指定了建立时间,那么读传输和写传输具有同样的建立时间。

7.4.3 在 Avalon 总线上的从端口写传输

1. 基本从端口写传输

和从端口读传输类似,基本从端口写传输是所有 Avalon 从端口写传输的基础。所有其他的从端口写传输模式使用的信号都包含了基本从端口写传输的信号,并扩展了基本从端口写时序。基本从端口写传输由 Avalon 总线模块发起,由 Avalon 总线模块向从端口传输一个单元的数据。基本从端口写传输没有延迟。

基本从端口写传输如图 7.6 所示,没有等待周期、建立时间和保持时间。Avalon 总线模块提供 address、writedata、byteenable_n 和 write_n 信号,然后设置 chipselect 有效。从端口在下一个时钟上升沿捕获地址、数据和控制信号,写传输立即结束。整个传输过程仅花费一个总线周期。从外设可以在传输结束后再花费一些总线周期来实际处理写入的数据。如果外设不能在每个总线周期都接收数据,则需要加入等待周期。

时序说明:

A——写传输开始于 CLK 上升沿。

B——writedata、address、byteenable_n 和 write_n 信号有效。

C——Avalon 总线模块对 address 译码,并向从端口设置有效的 chipselect。

D——从端口在下一个 CLK 上升沿捕获 writedata、address、byteenable_n、write_n 和 chipselect,写传输结束。另一次读或写传输可以开始于下一个总线周期。

基本写传输只适合于同步外设,包括许多片上外设,例如 PIO 和定时器等。基本写传输的时序不适合异步外设,因为包括 write_n 和 chipselect 在内的所有输出信号同时失效,这会在片外存储器等异步外设中造成竞争冒险现象。对于这样的外设,用户可以设定信号的保持

第 7 章　Avalon 总线规范

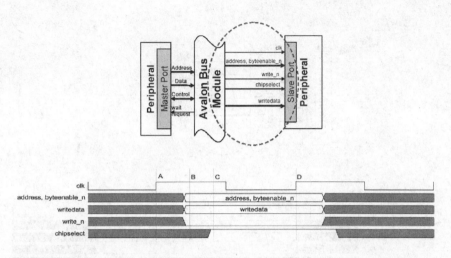

图 7.6　基本从端口写传输

时间,这将在后面讨论。

当 writedata 比 1 个字节宽时,字节使能信号 byteenable_n 可以写入特定的字节段。byteenable_n 是一组信号线,其中每一位对应于 writedata 的 1 个字节段。byteenable_n 通常用于片外的 16 位或 32 位字寻址的存储器设备。当写入单个字节数据时,address 仅指定相应的字或半字地址,而 byteenable_n 精确地指定要写入哪个字节。使用 byteenable_n 的一些例子如表 7.2 所列,其中假定从端口是一个 32 位的外部存储器。

表 7.2　32 位从端口字节使能的使用

byteenable_n[3:0]	写行为
0000	写入全部 32 位
1100	写入 2 个低端字节
0011	写入 2 个高端字节
1110	仅写入字节 0
1011	仅写入字节 2

2. 具有固定等待周期的从端口写传输

具有固定等待周期的从端口写传输使用的信号与基本写传输使用的相同,不同的只是信号的时序:Avalon 总线模块在每次总线传输时都会插入固定数量的等待周期。

具有等待周期的从端口写传输通常用于不能在一个总线周期内从 Avalon 总线模块捕获数据的外设。在这种情况下,Avalon 总线模块在第 1 个总线周期中提供 address、writedata、byteenable_n、write_n 和 chipselect 信号。这和基本写传输开始时一样。在等待期间,这些信号保持稳定。在固定数量的等待周期后从端口捕获来自 Avalon 总线模块的数据。此后传输结束,Avalon 总线模块同时使所有信号失效。

具有单个等待周期的从端口写传输实例如图 7.7 所示。

时序说明:

A——写传输开始于 CLK 上升沿。

B——writedata、address、byteenable_n 和 write_n 信号有效。

C——Avalon 总线模块对 address 译码,并向从端口设置有效的 chipselect。

D——第 1 个(也是唯一一个)总线等待周期在该 CLK 上升沿结束。所有来自 Avalon 总线模块的信号保持不变。

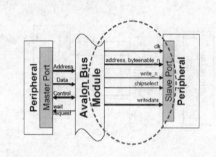

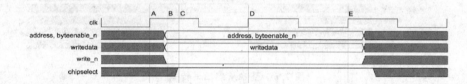

图 7.7 具有单个等待周期的从端口写传输

E——从端口在该 CLK 上升沿或其之前捕获 writedata、address、byteenable_n、write_n 和 chipselect,写传输到此结束。

3. 具有外设控制等待周期的从端口写传输

外设控制等待周期使得目标外设能够根据需要将 Avalon 总线模块暂停任意多个总线周期。某些外设读取数据时所需的总线周期是不固定的。因为每次传输都可能遇到不同的条件。这种传输模式对于这些外设非常适用。

外设控制等待周期的传输模式使用了 waitrequest 信号,它是一个从端口的输出信号。Avalon 总线模块在第 1 个总线周期中提供 writedata、address、byteenable_n、write_n 和 chipselect 信号,这和基本写传输开始时一样。从端口若需要额外的时间来捕获数据,它必须在下一个时钟上升沿之前设置 waitrequest 有效。当 waitrequest 有效后,Avalon 总线模块便暂停工作,使得 writedata、address、byteenable_n、write_n 和 chipselect 信号保持稳定。在从端口设置 waitrequest 无效后,总线传输在下一个时钟上升沿结束。

Avalon 总线模块没有超时机制来限制从端口强制总线暂停的时间。当 Avalon 总线模块被暂停后,系统模块内的某个主外设也被暂停,并不意味着从端口读取写入的数据。这样就使得 1 个从外设能够将主外设永久地"挂起"。因此,外设必须保证不会使 waitrequest 无限期待地保持有效。

具有外设控制等待周期的从端口写传输的实例如图 7.8 所示。

时序说明:

A——写传输开始于 CLK 上升沿。

B——writedata、address、byteenable_n 和 write_n 信号有效。

C——Avalon 总线模块对 address 译码,然后置 chipselect 有效。

D——从端口在下 1 个 CLK 上升沿之前置 waitrequest 有效。

E——Avalon 总线模块在该 CLK 上升沿读取 waitrequest。如果 waitrequest 有效,这个总线周期就成为 1 个等待周期,writedata、address、byteenable_n 和 write_n 信号保

第 7 章 Avalon 总线规范

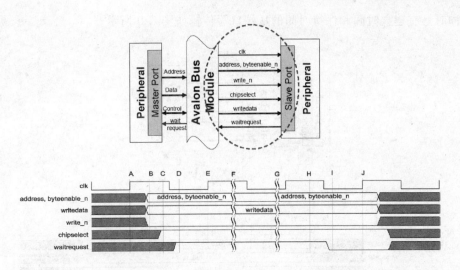

图 7.8 具有外设控制等待周期的从端口写传输

持不变。

F、G——waitrequest 一直保持有效,可以占用任意多个总线周期。

H——从端口最终捕获了 writedata。

I——从端口置 waitrequest 无效。

J——写传输在下一个 CLK 上升沿结束。另一次总线传输可以开始于下一个总线周期。

若一个从端口采用了外设控制等待周期的写传输模式,对该端口的其他传输模式会有一些限制,比如不能再使用建立时间和保持时间。这些限制只影响该端口,不影响连接到 Avalon 总线模块上的其他外设。在大多数情况下,产生 waitrequest 信号的外设是片上的同步外设,不需要考虑建立时间和等待时间。

4. 具有建立时间和保持时间的从端口写传输

Avalon 总线模块按照用户设定或者外设默认,能够自动满足各个从端口信号的建立时间要求,发起读传输的主外设不必考虑各个信号对建立时间与保持时间的要求。具有建立时间的从端口写传输使用的信号与基本写传输使用的相同,不同的只是信号的时序。

这种传输方式通常用于一些片外外设,它们要求在 write_n 脉冲的前后 writedata、address、byteenable_n 和 chipselect 信号需要稳定一段时间。一个非零的建立时间 M 意味着在 writedata、address、byteenable_n 和 chipselect 信号提供给从端口之后,在 write_n 有效之前有 M 个总线周期的延迟。同样,一个非零的保持时间 N 意味着在 write_n 失效之后,writedata、address、byteenable_n 和 chipselect 信号保持 N 个总线周期的稳定。要注意 chipselect 不受建立时间与保持时间的影响,若外设对于 write_n 和 chipselect 都要求有建立时间和保持时间,用户必须手工向从端口接口添加适当的逻辑(一个"与"门)。

完成总线传输所需的总线周期的总数取决于建立时间、等待时间和保持时间的总线周期数。例如,若一个外设具有参数 Setup_Time="2"、Read_Wait_States="3" 和 Hold_Time="2",它将花费 8 个总线周期来完成传输:2 个总线周期的建立时间,3 个总线周期的等待时间,2 个总线周期的保持时间,1 个总线周期用来捕获数据。

从端口不必同时使用建立时间与保持时间,只有建立时间或只有保持时间的传输也是可以的。同时具有建立时间和保持时间的从端口写传输如图 7.9 所示。

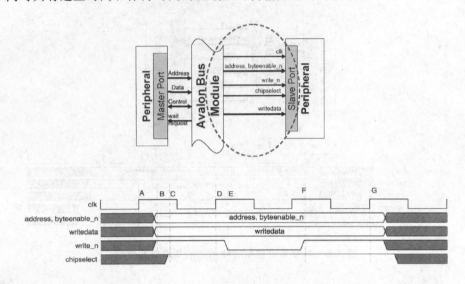

图 7.9 同时具有建立时间和保持时间的从端口传输

时序说明：

A——第 1 个总线周期开始于 CLK 上升沿。

B——writedata、address 和 byteenable_n 信号有效，write_n 仍保持无效。

C——Avalon 总线模块对 address 译码，然后置 chipselect 有效。

D——该 CLK 上升沿标志着建立时间总线周期结束。

E——Avalon 总线模块置 write_n 有效。

F——Avalon 总线模块在下一个 CLK 上升沿置 write_n 无效，保持时间总线周期开始，writedata、address、byteenable_n 和 chipselect 信号保持不变。

G——Avalon 总线模块在下一个 CLK 上升沿使 writedata、address、byteenable_n 和 chipselect 信号失效，写传输到此结束。

如果一个外设能够同时支持读和写总线传输，并且指定了建立时间，那么读传输和写传输具有同样的建立时间。

7.5 Avalon 主端口传输

本节讨论主端口和 Avalon 总线之间的总线传输。从一个抽象的、系统级的视角看，是主外设与从外设交换数据。然而，以主外设的视角来看，数据传输只发生在外设的主端口和 Avalon 总线模块之间。如果主外设访问的地址并不在 Avalon 总线已定义的外设地址的范围内，便会产生未知结果。然而，从外设是否存在并不影响主端口与 Avalon 总线模块之间的接口。Avalon 总线模块接收来自主端口的传输，随后向相应的从端口发起和终止从传输。因而，本节讨论的焦点仅限于 Avalon 总线模块和主端口之间的接口。

与多种 Avalon 从传输模式相比，主传输模式较少且简单。在下面的讨论中假定 Avalon

第7章 Avalon 总线规范

主外设是一个同步的片上模块,这对于 Avalon 主外设来说几乎总是正确的。对于主端口传输,有一条原则:在发起总线传输时设置所有信号有效,然后等待,直至 Avalon 总线模块使 waitrequest 信号失效。有了这一原则,再考虑基本从端口读传输和写传输,主端口的接口便非常容易理解了。

7.5.1 主传输的 Avalon 信号

外设的主端口与 Avalon 总线模块之间接口的信号类型如表 7.3 所列。外设提供的端口由外设的设计决定,不需要提供表中的全部信号。

表 7.3 外设的主端口与 Avalon 总线模块之间接口的信号类型

信号类型	宽度	方向	必须	说明
CLK	1	in	yes	系统模块和 Avalon 总线模块的全局时钟信号。所有总线传输都同步于 CLK
reset	1	in	no	全局复位信号。如何使用该信号取决于外设
address	1~32	out	yes	输出到 Avalon 总线模块的地址线。所有 Avalon 主端口都要求通过 address 输出信号驱动一个字节地址
byteenable	0,2,4	out	no	字节使能信号,在访问宽度超过 8 位的存储器时使能特定的字节段,如何使用该信号取决于外设
read	1	out	no	来自主端口的读请求信号。当主端口不执行读传输时不需要该信号。若使用了该信号,readdata 信号也必须使用
readdata	8,16,32	in	no	读传输中来自 Avalon 总线模块的数据总线。当主端口不执行读传输时不需要该信号。若使用了该信号,read 信号也必须使用
write	1	out	no	来自主端口的写请求信号。当主端口不执行写传输时不需要该信号。若使用了该信号,writedata 信号也必须使用
writedata	8,16,32	out	no	写传输中输出到 Avalon 总线模块的数据线。当主端口不执行写传输时不需要该信号。若使用了该信号,write 信号也必须使用
waitrequest	1	in	yes	迫使主端口等待,直到 Avalon 总线模块准备好处理传输
irq	1	in	no	由一个或多个外设触发的中断请求
irqnumber	6	in	no	发出中断的从端口的中断优先级。值越小优先级越高
endofpacket	1	in	no	流传输模式信号。可用于从端口向主端口指示包结束状态。功能实现取决于外设
readdatavalid	1	in	no	仅用于延迟读传输模式。指示从端口在 readdata 信号上提供了有效数据。若主端口支持延迟操作则需要此信号
flush	1	out	no	延迟读传输模式信号。主端口通过设置该信号能够清除所有挂起的延迟读传输

7.5.2 Avalon 总线上的基本主端口读传输

在基本主端口传输中,主端口通过向 Avalon 总线模块提供有效的地址和读请求信号(在时钟上升沿)发起总线传输。在理想的情况下,读取的数据在下一个时钟上升沿之前从 Avalon 总线模块返回,总线传输在 1 个总线周期内结束。如果在下一个时钟上升沿读取的数据还未准备好,Avalon 总线模块便设置 1 个等待请求并使主端口暂停,直至数据从目标从端口取回。基本主端口读传输没有延迟。

主端口读传输开始于 CLK 上升沿。在第 1 个 CLK 上升沿之后,主端口立即设置 address 和 read_n 有效。如果 Avalon 总线模块不能在第 1 个总线周期内提供 readdata,它会在下一个 CLK 上升沿之前设置 waitrequest 有效。如果主端口在 CLK 上升沿发现 waitrequest 有效,它则会等待。主端口必须使所有输出信号保持稳定,直到 waitrequest 失效后的下一个 CLK 上升沿。在 waitrequest 失效后,主端口在下一个 CLK 上升沿捕获 readdata,并使 address 和 read_n 失效。主端口可以在下一个总线周期立即发起另一次总线传输。

Avalon 总线模块未设置 waitrequest 时的读传输如图 7.10 所示。读传输在 1 个总线周期内结束。

注意:即使 waitrequest 信号从未有效,它仍然是在基本主端口读传输中起作用的信号。

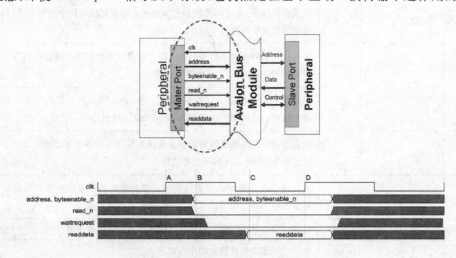

图 7.10 无等待周期的基本主端口读传输

时序说明:

A——第 1 个总线周期开始于 CLK 上升沿。

B——主端口设置有效的 address、byteenable_n 和 read_n。

C——有效的 readdata 在第 1 个总线周期内从 Avalon 总线模块返回。

D——主端口在下一个 CLK 上升沿捕获 readdata,并使它的所有的输出信号失效,读传输到此结束,另一次总线传输可以开始于下一个总线周期。

无等待周期的基本主端口读传输通常只在目标从外设是异步的且无延迟时有用。

Avalon 总线模块设置了时钟周期数不定的 waitrequest 信号时的读传输如图 7.11 所示。如果 Avalon 总线模块设置了 N 个总线周期的 waitrequest 信号,整个总线传输将花费 $(N+1)$ 个

第 7 章 Avalon 总线规范

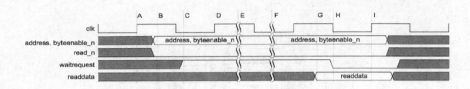

图 7.11 具有等待周期的基本主端口读传输

总线周期。

时序说明：

A——第 1 个总线周期开始于 CLK 上升沿。

B——主端口设置有效的 address、byteenable_n 和 read_n。

C——Avalon 总线模块在下一个 CLK 上升沿之前置 waitrequest 有效。

D——主端口在 CLK 上升沿发现 waitrequest 有效。这一总线周期变为 1 个等待周期。

E、F——在 waitrequest 有效期间，主端口使所有输出信号保持稳定。

G——有效的 readdata 从 Avalon 总线模块返回。

H——Avalon 总线模块置 waitrequest 无效。

I——主端口在下一个 CLK 上升沿捕获 readdata，并使所有输出信号失效，读传输到此结束，另一次总线传输可以开始于下一个总线周期。

Avalon 总线模块没有对主端口进行超时限制。在 waitrequest 信号保持有效期间，主端口必须一直暂停。

如果主端口使用了 byteenable_n 信号，所有的 byteenable_n 信号线在主端口读传输期间必须为有效。在向较宽的外设进行写传输期间，主端口可以使用 byteenable_n 指定个别的字节段。但 byteenable_n 在主端口读传输中不使用，且必须置为有效。

7.5.3 Avalon 总线上的基本主端口写传输

几乎对所有无延迟外设的写操作都会采用基本主端口写传输。主端口通过向 Avalon 总线模块提供有效的地址、数据和写请求信号，在时钟上升沿发起总线传输。在理想的情况下，目标外设在下一个时钟上升沿之前捕获数据，写传输在 1 个总线周期内结束。如果目标外设不能在第 1 个总线周期内捕获数据，Avalon 总线模块便会使主端口暂停，直至从端口捕获了数据。

主端口写传输开始于 CLK 的上升沿。在第 1 个 CLK 上升沿之后，主端口立即设置 address、writedata 和 write_n 有效。如果数据不能在第 1 个总线周期内捕获，Avalon 总线模块会在下一个 CLK 上升沿之前设置 waitrequest 有效。主端口必须使 address、writedata 和 write_n 保持稳定，直到 waitrequest 失效后的下一个 CLK 上升沿。在 waitrequest 失效后，主端口在下一个 CLK 上升沿使 address、writedata 和 write_n 失效，主端口可以在下一个总线周期发起另一次总线传输。

基本主端口写传输的一个例子如图 7.12 所示。在这个例子中，Avalon 总线模块未设置 waitrequest 信号，写传输在 1 个总线周期内结束。

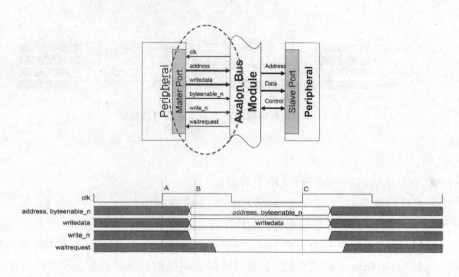

图 7.12　基本主端口写传输

时序说明：

A——写传输开始于 CLK 上升沿。

B——主端口设置有效的 address、byetenable_n、writedata 和 write_n。

C——在该 CLK 上升沿 waitrequest 无效，因而写传输到此结束，另一次读或写传输可以紧跟在下一个总线周期。

无等待周期的基本主端口写传输通常只在目标从外设是异步的且无延迟的情况下有用。

另一个例子如图 7.13 所示，Avalon 总线模块设置了 2 个总线周期的 waitrequest 信号，整个总线传输花费 3 个总线周期。

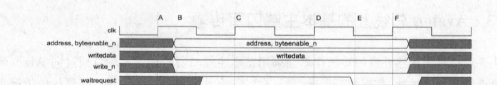

图 7.13　具有 2 个周期等待请求的基本主端口写传输

时序说明：

A——写传输开始于 CLK 上升沿。

B——主端口设置有效的 address、beteenable_n、writedata 和 write_n。

C——waitrequest 在该 CLK 上升沿有效，因而这一总线周期成为第 1 个等待周期。主端口使所有输出信号保持稳定。

D——waitrequest 在该 CLK 上升沿仍然有效，因而这一总线周期成为第 2 个等待周期。主端口使所有输出信号保持稳定。

E——Avalon 总线模块置 waitrequest 无效。

F——在该 CLK 上升沿 waitrequest 无效，因而主端口使所有输出信号有效，写传输到此结束，另一次读或写传输可以紧跟在下一个总线周期。

主端口可以通过字节使能信号 byteenable_n 写入特定的字节段。若提供了该信号，byteenable_n 是一组 2 或 4 位的信号线，其中每 1 位对应于 writedata 的 1 个字节段。byteenable_n 通常用于片外采用 16 位或 32 位字寻址的存储器设备。当写入单个字节数据时，address 仅指定相应的字或半字地址，而 byteenable_n 精确地指定要写入哪个字节。32 位主端口使用 byteenable_n 的一些例子如表 7.4 所列。

表 7.4 32 位主端口字节使能的使用

byteenable_n[3∶0]	写行为
0000	写入全部 32 位
1100	写入 2 个低端字节
0011	写入 2 个高端字节
1110	仅写入字节 0
1011	仅写入字节 2

若要写入单个字节，主端口应当将字节地址向下对齐到最近的主设备边界，然后设置 byteenable_n[字节地址.主端口字地址]位有效。如果主端口没有 byteenable_n 引脚，Avalon 总线模块认为来自这一主端口的所有写入数据的字节段全部有效。

7.6 高级 Avalon 总线传输

本节描述高级 Avalon 总线传输，包括流传输模式和 Avalon 总线控制信号。

7.6.1 流传输模式

流传输模式在流模式主外设和流模式从外设之间建立一个开放的信道以提供连续的数据传输。这个信道使得只要存在有效数据便能在主从端口对之间流动，主外设不必为了确定从端口是否能够发送或接收而不断地访问从外设的状态寄存器。流传输模式使得主从端口两者之间的数据吞吐量达到最大，同时避免了从外设的数据上溢或下溢。它对于 DMA 传输特别重要。例如，一个 DMA 控制器可能只包含简单的流控制信号和一个计数器，它用来在一个从外设和一个存储器之间连续地传输数据。

1. 流模式从端口传输

除了在基本从端口传输中使用的信号外，流模式外设的接口中又引入了 3 个信号：readfordata、dataavailable 和 endofpacket。流模式从端口就是指使用了一个或多个上述信号的从端口。从端口通过设置 readfordata 有效来表示它已准备好接收来自 Avalon 总线模块的写传输。从端口通过 dataavailable 有效来表示它能够为来自 Avalon 总线模块的读传输提供数据。当这些信号无效时，会迫使 Avalon 总线模块（以及发起传输的流模式主端口）等待，直到从端口准备好继续为止。

Avalon 总线模块只在 readfordata 或 dataavailable 有效时才会发起传输的行为（仅适用于在流模式主从端口对之间传输的情况）。非流模式的主端口可以随时向从端口发起传输，不管从端口是否为流模式端口。例如，Avalon 总线模块可以向一个流模式从端口发起一个来自于非流模式主端口（CPU）的从传输，即使此时另一个来自于流模式主端口（DMA 控制器）的传输正因为 dataavailable 无效而在等待。

在任何传输期间,流模式从端口可以设置 endofpacket 信号有效。此信号通过 Avalon 总线模块传递到主外设以便它能响应。对于 endofpacket 信号的解释取决于用户设计。endofpacket 信号不保证 Avalon 总线模块会停止到从端口的传输流。例如,endofpacket 可以用做包描述器,使得主外设能在一个长的数据流中知道包的开始与结束的位置。此外,endofpacket 也可设计为用来中断传输流,迫使主端口稍后继续进行读或写传输。

(1) 流模式从端口读传输

流模式从外设通过设置 dataavailable 有效来表示它能够接收读传输。Avalon 总线模块在 dataavailable 无效时不能发起读传输。当 dataavailable 有效时,Avalon 总线模块能够通过在一个 CLK 上升沿设置 chipselect 有效来开始一次读传输,这与其他的 Avalon 读传输相似。read_n、byteenable_n 和 readdata 的时序与一般的从端口读传输相同。用户可以设置建立时间和等待时间,包括外设控制的等待周期。

在传输结束后,如果外设不能立刻为以后的读传输提供数据,则必须置 dataavailable 无效,使得 Avalon 总线模块不会试图在下一个 CLK 上升沿发起另一次新的读传输。当外设 dataavailable 无效时,会迫使 Avalon 总线模块将这一从端口的 chipselect、read_n、address 和 byteenable_n 置为无效。因此,在外设将 dataavailable 再次置为有效之前,Avalon 总线模块不会对该从端口发起另一次读传输。如果流模式主端口在从端口的 dataavailable 无效时发起了一次读传输(或继续发起连续的读传输),Avalon 总线模块会简单地迫使主端口等待,直到从端口再次传输数据。

流模式从端口读传输如图 7.14 所示。在这个例子中,假定一个 Avalon 流模式主外设发起了一个流传输模式读序列,传输在从端口的 dataavailable 有效时开始,此外,假定主端口会连续不断地发起流传输操作。在传输中的某一时刻,从端口使 dataavailable 失效,迫使 Avalon 总线模块(以及主端口)等待。此后从端口再次设置 dataavailable 有效,Avalon 总线模块继续从端口读取数据。在本例中注意:数据是从一个固定的从端口地址中读出的。从端口每次都提供新的数据。这种操作在寄存器控制的外设中是常见的,例如 UART 和 SPI。

图 7.14 中的从端口在使 dataavailable 失效之前的最后一个数据单元上设置 endofpacket 有效。这不是必须的,endofpacket 同 dataavailable 以及主外设如何响应没有内在的联系。当 dataavailable 仍旧有效时,Avalon 总线模块使 chipselect 和 read_n 失效,从而结束了传输序列。这意味着是主端口,而不是从端口有权结束传输序列。

时序说明:

A——第 1 个总线周期开始于 CLK 上升沿。

B——从 Avalon 总线到从端口的锁存输出 address 和 read_n 有效。

C——Avalon 总线模块对 address 译码,然后置 chipselect 有效。

D——从端口在下一个 CLK 上升沿之前设置有效的 readdata。Avalon 总线在下 1 个 CLK 上升沿捕获 readdata。

E——在 chipselect 和 read_n 保持有效的每一个总线周期中,从端口都产生有效的 readdata。

F——从端口能随时在它设置有效的 readdata 时设置 endofpacket 有效。

G——流模式从端口使 dataavailable 失效,迫使 Avalon 总线模块搁置所有后续的流模式读传输。注意此时 read_n 和 chipselect 仍然保持有效,表明流模式主端口仍在等待传输结束。

第 7 章 Avalon 总线规范

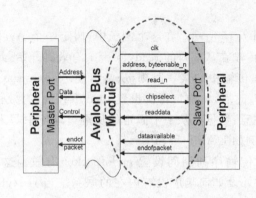

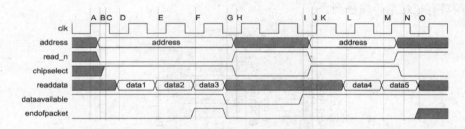

图 7.14 流模式从端口读传输

H——Avalon 总线模块使 address、read_n 和 chipselect 失效,以响应 dataavailable。

I——在随后的某一时刻,从端口设置 dataavailable 有效。

J——为响应 dataavailable,Avalon 总线模块重新设置 address、read_n 和 chipselect 有效。

K——一个新的流模式读传输开始于 CLK 上升沿。

L,M——从端口在 chipselect 和 read_n 保持有效的每一个 CLK 上升沿之前设置有效的 readdata。

N——Avalon 总线模块使 read_n 和 chipselect 失效,表明现在没有挂起的流传输操作了。

O——在本例中 dataavailable 继续保持有效,表明另一次流传输操作可以开始于随后的任一总线周期。

(2) 流模式从端口写传输

流模式从外设通过设置 readyfordata 有效来表示它能够接收写传输。Avalon 总线模块在 readyfordata 无效时不能发起写传输。当 readyfordata 有效时,Avalon 总线模块能够通过在一个 CLK 上升沿设置 chipselect 有效来开始一次写传输,这与其他的 Avalon 写传输相似。write_n、byteenable_n 和 writedata 的时序与一般的从端口写传输相同。用户可以设置建立时间和等待时间,包括外设控制的等待周期。

在传输结束后,如果外设不能立刻为以后的写传输提供数据,则必须置 readyfordata 无效,使得 Avalon 总线模块不会试图在下一个 CLK 上升沿发起另一次新的写传输。当外设 readyfordata 无效时,会迫使 Avalon 总线模块将这一从端口的 chipselect、write_n、address 和 byteenable_n 置为无效。因此,在外设将 readyfordata 再次置为有效之前,Avalon 总线模块不会对该从端口发起另一次写传输。如果流模式主端口在从端口的 readyfordata 无效时发起了一次写传输(或继续发起连续的写传输),Avalon 总线模块会简单地迫使主端口等待,直到从端口再次传输数据。

流模式从端口写传输如图 7.15 所示。在这个例子中，假定一个 Avalon 流模式主外设发起了一个流传输模式写序列，传输在从端口的 readyfordata 有效时开始，此外假定主端口会连续不断地发起流传输操作。在传输中的某一时刻，从端口使 readyfordata 失效，迫使 Avalon 总线模块（以及主端口）等待。此后，从端口再次设置 readyfordata 有效，Avalon 总线模块继续从端口写数据。在本例中注意：数据是从一个固定的从端口地址中写入的。这种操作在寄存器控制的外设中是常见的，例如 UART 和 SPI。

图 7.15 中的从端口在写传输序列期间设置 endofpacket 有效。这不是必须的，endofpacket 同 readyfordata 以及主外设如何响应没有内在的联系。当 readyfordata 仍旧有效时，Avalon 总线模块使 chipselect 和 read_n 失效，从而结束了传输序列。这意味着是主端口，而不是从端口有权结束传输序列。

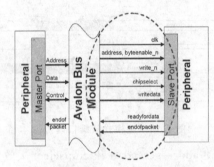

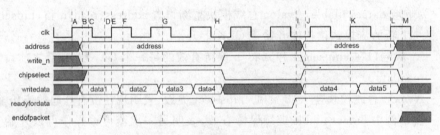

图 7.15　流模式从端口写传输

时序说明：

A——第 1 个总线周期开始于 CLK 上升沿。

B——从 Avalon 总线到从端口的锁存输出 address、write_n 和 writedata 有效。

C——Avalon 总线模块对 address 译码，然后置 chipselect 有效。

D——如有必要，从端口在当前总线传输的最后一个 CLK 上升沿之前置 endofpacket 有效。在本例中，从端口在一个总线周期后使 endofpacket 失效，但这对于不同的外设设计可能不同。

E——从端口在该 CLK 上升沿捕获 writedata 和 address。

F、G——在 chipselect 和 write_n 保持有效的每一个总线周期中，Avalon 总线模块都产生有效的 writedata，且从端口必须在下一个 CLK 上升沿捕获数据。

H——流模式从端口使 readyfordata 失效，迫使 Avalon 总线模块搁置所有后续的流模式写传输。注意此时 read_n 和 chipselect 仍然保持有效，表明流模式主端口仍在等

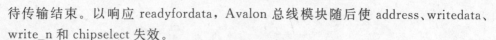

待传输结束。以响应 readyfordata，Avalon 总线模块随后使 address、writedata、write_n 和 chipselect 失效。

I——在随后的某一时刻，从端口设置 readyfordata 有效。

J——为响应 readyfordata，Avalon 总线模块重新设置 address、writedata、read_n 和 chipselect 有效。

K、L——从端口在该 CLK 上升沿捕获 writedata。在 chipselect 和 write_n 保持有效的每 1 个总线周期，Avalon 总线模块提供有效的 writedata。

M——Avalon 总线模块使 read_n 和 chipselect 失效，表明现在没有挂起的流传输操作了。在本例中 readyfordata 继续保持有效，表明另一次流传输操作可以开始于随后的任一总线周期。

2. 流模式主端口传输

流模式主外设接口与一般的 Avalon 主传输的接口几乎相同。流模式主传输接口只引入了一个额外的信号 endofpacket，是否需要该信号取决于外设的设计。write_n、read_n、address、writedata、readdata、byteenable_n 以及其它信号的时序与一般的主传输相同。

如果 Avalon 总线模块要求主端口等待，会设置 waitrequest 信号有效，而且主端口必须服从。以下情况主端口需要等待：另一个主端口可能正在访问目标从端口；从端口可能正在请求等待周期；流模式从端口也许不能提供或接收新的数据等。主端口不必关心引起 waitrequest 的原因。因为在任何情况下，一旦传输已经开始，主端口便不能取消它。Avalon 总线模块内部的逻辑对主端口隐藏了细节，简化了流模式主外设的设计。

如果提供了 endofpacket 信号，该信号在每次传输期间由从端口传递到主端口。对于主端口读和写传输，主端口都在传输的最后一个时钟上升沿捕获 endofpacket。对 endofpacket 的解释依赖于外设的设计。

不论外设是否为流模式外设，Avalon 总线模块都没有为主端口提供超时特性。主端口必须在 waitrequest 保持有效期间一直暂停，且无法取消传输。因此，如果主端口需要一种手段能够仅在从端口准备好时有条件地传输数据，主从端口对之间必须使用某种约定，约定可通过 endofpacket 或从外设内部的状态寄存器实现。

流模式主端口传输如图 7.16 所示。在这个例子中，一次流模式主端口读传输紧跟在一次流模式主端口写传输之后，在传输中 waitrequest 和 endofpacket 都在某一个时间被置为有效。

时序说明：

A——第 1 个总线周期开始于 CLK 上升沿。

B——主端口设置有效的 address、write_n 和 writedata。

C——Avalon 总线模块在下一个 CLK 上升沿之前置 waitrequest 有效，迫使主端口等待。

D——waitrequest 在该 CLK 上升沿保持有效，因而主端口保持 address、write_n 和 writedata 不变。

E——Avalon 总线模块置 waitrequest 无效。

F——Avalon 总线模块在该 CLK 上升沿捕获 writedata。

G——流模式主端口继续保持 address 和 write_n 有效并设置了新的 writedata。注意 address 不必保持不变，这取决于外设的设计。

H——如有必要，主端口在当前总线传输的最后一个 CLK 上升沿捕获 endofpacket。主

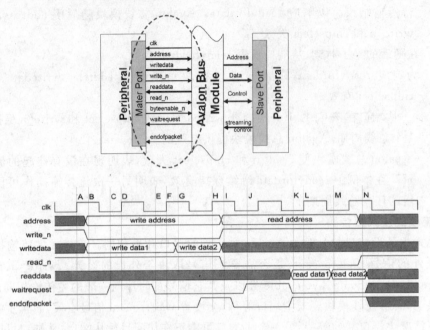

图 7.16 流模式主端口传输

端口通过使 address、write_n 和 writedata 失效结束了流模式写传输。

I——主端口通过设置 read_n 和一个有效的 address 在下一个总线周期立即开始了一次读传输。

J——Avalon 总线模块设置 waitrequest 有效,表明它不能在下一个 CLK 上升沿返回有效数据。

K——最终 Avalon 总线模块使 waitrequest 失效,并提供了有效的 readdata。在本例中,Avalon 总线模块设置 endofpacket 有效,但对它的解释留给了流模式主外设。

L——主端口在该 CLK 上升沿捕获 readdata 和 endofpacket。

M——主端口为另一次流模式读传输继续保持 address 和 read_n 有效,因此 Avalon 总线模块提供了有效的 readdata。

N——主端口使 address 和 read_n 失效,从而结束了传输。

7.6.2 Avalon 总线控制信号

Avalon 总线模块为系统级功能提供了一些控制信号。这些信号与单独的数据传输的功能不直接相关。

1. 中断请求信号

大多数微处理器系统都要求有中断产生与优先级仲裁逻辑。Avalon 总线模块也提供这一服务。

每个从端口都可以使用一个 irq 输出信号,每当外设需要产生中断时可以置该信号有效。Avalon 总线规范没有规定为何以及何时应当设置 irq。irq 设置的时序与任何总线传输都没关系,而且 irq 可以随时被设置。在大多数实际情况下,从端口应当设置 irq 并将它保持有效,直到主端口明确地将这一中断请求复位。每个使用 irq 的从端口都赋予一个中断优先级。每个从端口的 irq 优先级都定义在系统 PTF 文件中。较低的 irq 值具有较高的中断优先级，irq0 具有最高的优先级。

主端口可以使用两个输入信号来处理中断结果：irq 和 irqnumber。在系统模块中所有从外设的 irq 输出信号通过逻辑或连接在一起并传递给主端口。因而当任何一个从端口产生中断时，主端口上的 irq 信号都会有效。Avalon 总线模块内部逻辑向 6 位的 irqnumber 端口提供了最高优先级 irq 的编码值(0～63)。如果多个主端口都使用了 irq 和 irqnumber，每个主端口都会在 irq 和 irqnumber 上收到同样的值。Avalon 总线规范不规定系统模块中的主外设何时及如何响应 irq 信号。在大多数实际情况下，主端口必须响应 irq，并在此后由主端口来复位从外设的中断请求。

2．复位控制逻辑

系统模块有一个复位输入端口，系统模块外部的用户自定义逻辑可以使用该端口复位系统模块以及它包含的任何外设。这一全局复位信号与系统模块内部的其他复位逻辑结合在一起，并分发给所有使用了 reset 信号的 Avalon 外设。每个 Avalon 外设都能按照外设设计的需要解释 reset 信号。

在系统模块内部，reset 信号会在 3 种情况下设置：
- PLD 被重新配置：在 PLD 完成配置之后，Avalon 总线模块立即检测到这一状态，并在所有的 Avalon 外设上设置 reset 信号有效并保持至少 1 个时钟周期。
- 系统模块上的全局复位输入信号被置为有效。
- 一个 Avalon 从端口将其 resetrequest 信号置为有效。

一般来说，执行跨越多个时钟周期操作的外设每当 reset 有效时应当进入一个明确定义的复位状态。reset 信号的时序与任何总线传输都没关系，而且 reset 可以随时被设置。

从端口可以使用 resetrequest 信号来迫使整个系统模块复位。Resetrequest 对于类似于看门狗定时器的功能是非常有用的。该定时器如果在一个设定的时间间隔内未得到服务便会复位整个系统。Avalon 总线规范没有定义外设应当在何时以及为何设置 resetrequest 有效。

3．开始传输信号

从端口上的 begintransfer 输入信号提供了一个易于理解的指示，表示已发起了新的 Avalon 从传输。Avalon 外设必须服从 Avalon 总线规范，并按照合适的顺序产生和接收 Avalon 总线信号。在模拟 Avalon 传输时，begintransfer 信号是一个使结果清晰的有用的调试信号。begintransfe 也可以简化具有较低智能的外设功能的设计。

7.7　片外设备与 Avalon 总线接口

本节描述 Avalon 三态接口，用于将片外设备通过 PLD 的 I/O 引脚直接连接到 Avalon 总线模块上。PTF 参数 Bus_Type＝"Avalon_tristate"用来指定一个片外的外设使用 Avalon 三态接口。大多数系统都需要一个接口来连接某种形式的片外存储器设备。片外存储器设备经常在物理的印刷电路板上共享地址总线和数据总线。这需要一个包含三态的双向数据引脚的接口，使得其它外设也能够驱动数据总线而不会引起信号的竞争。Avalon 三态接口描述了一个适当的用来通过设备 I/O 引脚连接简单的片外从设备接口,例如,闪存、SRAM 以及同步 SRAM。某些 Avalon 传输模式不支持片外设备。

Avalon 三态接口的范围仅限于片外从外设。片外从外设可以使用外设控制的等待周期或是固定的建立时间、保持时间及等待周期。外设可以使用固定的延迟,但不能使用可变的延迟。Avalon 三态接口不能扩展到片外主外设。用户可以通过创建一个片上的用户自定义外设来连接片外主外设,这一外设用做 Avalon 接口和片外设备通信协议之间的桥,但 Avalon 总线规范不包括这些情况。

7.7.1 从传输的 Avalon 三态信号

片外从外设与 Avalon 总线模块之间的接口信号类型如表 7.5 所列,信号的方向是以外设的角度定义的。外设提供的端口由外设的设计和 PTF 文件中的端口定义决定,不需要提供全部的信号类型。

表 7.5 Avalon 三态从端口信号

信号类型	宽度	方向	必须	说明
CLK	1	in	no	SOPC 系统模块和 Avalon 总线模块的全局时钟信号。所有总线传输都同步于 CLK。只有异步从端口才能省略 CLK
reset	1	in	no	全局复位信号。功能实现取决于外设
chipselect	1	in	no	从端口的片选信号。当 chipselect 信号无效时,从端口必须忽略所有的 Avalon 信号输入
address	1~32	in	no	来自 Avalon 总线模块的地址线。address 总是包含字节地址值
data	8,16,32	bidir	yes	用于读或写传输的连接到 Avalon 总线模块上的数据线若使用了该信号,读或写信号也必须使用。提供数据端口便定义了一个 Avalon 三态外设
read	1	in	no	从端口的读请求信号。当从端口不输出数据时不需要该信号
outputenable	1	in	no	片外设备只能在 outputenable 信号有效时驱动有效数据。对于无延迟的从外设,它等同于读信号
write	1	in	no	从端口的写请求信号。当从端口不接收数据时不需要该信号
byteenable	1,2,3,4	in	no	字节使能信号,在访问宽度超过 8 位的存储器时使能特定的字节段。功能实现取决于外设
writebyteenable	1,2,3,4	in	no	write 和 byteenable 信号的逻辑与。对于某些特定类型的存储器外设,特别是片外 SSRAM 是有用的控制信号
irq	1	out	no	中断请求。当从外设需要主外设服务时可触发 irq
begintransfer	1	out	no	在每个新的 Avalon 总线传输的第 1 个总线周期期间有效。用途取决于外设

使用 Avalon 三态接口的外设必须使用 chipselect 端口。片外从外设只能在它的 chipselect 信号有效时接收传输。chipselect 不是共享信号,每个片外外设都由独立的 chipselect 信号驱动。

Avalon 三态接口为从端口读传输引入了 outputenable 信号类型。为避免数据(data)线上的信号竞争,片外从外设只能在 outputenable 有效时驱动它们的 data 输出引脚。Outputenable 主要用于具有延迟的片外存储器设备,例如 SSRAM 在发起读传输后的几个时钟周期之后驱动 data 信号线。

7.7.2 无延迟的 Avalon 三态从端口读传输

在将异步的片外存储器设备(如 SRAM 和闪存)连接到 Avalon 总线模块时,无延迟的 Avalon 三态从端口读传输是最常用的。基本 Avalon 三态从端口读传输所用的信号和时序几乎与基本 Avalon 从端口读传输相同,唯一的区别是双向 data 端口的行为。从外设只能在 outputenable 有效时驱动它的 data 信号线。在所有其他时间,从外设必须将其 data 信号线置为高阻态。固定的建立时间和等待周期,以及外设控制的等待周期也被支持,其时序同非三态时的情况一样。

大多数线路板设计将 Avalon 的 chipselect_n 信号直接连接到外部存储器设备的片选引脚上,将 read_n 信号直接连接到输出使能引脚上。outputenable_n 信号也可用于驱动外设的输出使能引脚。对于无延迟的从传输,outputenable_n 信号与 read_n 是相同的。

某些存储器设备具有组合的 R/Wn 引脚(高电平读,低电平写)。Avalon 三态 write_n 信号的行为与此相同,可以连接到 R/Wn 引脚。write_n 仅在写传输期间有效,在所有其他时间无效(即表示读)。

具有固定建立时间和固定等待周期的 Avalon 三态从端口读传输如图 7.17 所示。在这个例子中,地址(address)和双向的 data 端口是共享的。时序图中显示了一个特定外设的 data 端口的三态行为。然而由于共享 data 和 address 信号的其他外设的传输活动,data 线可以在任何时间被激活。write_n 在图中仅作为参考,它在整个传输过程中保持无效(即读方式)。

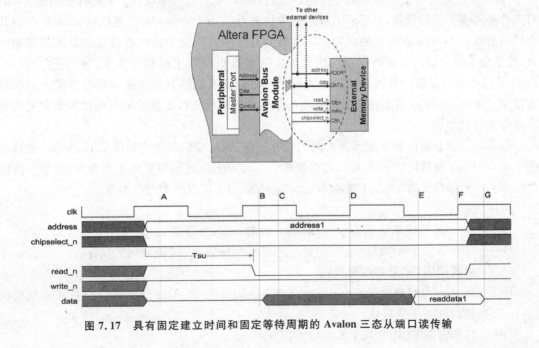

图 7.17　具有固定建立时间和固定等待周期的 Avalon 三态从端口读传输

时序说明：

A——Avalon 总线模块驱动 address，并设置 chipselect_n 有效。

B——在一个总线周期的建立时间延迟之后，Avalon 总线模块设置 read_n 有效（在本例中，它和 outputenable_n 相同）。

C——从外设驱动 data 以响应 read_n。在此时 data 可以是有效的，也可以是无效的。

D——在一个总线周期的等待周期期间，Avalon 总线模块保持 address 有效。

E——在本次传输的最后一个时钟上升沿之前的某一时刻，从外设驱动了有效的 data。

F——Avalon 总线在 CLK 上升沿捕获 data，传输到此结束。

G——从外设使 data 变为高阻态以响应 read_n（当前无效）。

7.7.3　Avalon 三态从端口写传输

Avalon 三态从端口用于将 Avalon 总线模块连接到可写的片外存储器设备，例如 SRAM、SSRAM 和闪存。基本 Avalon 三态从端口写传输所用的信号和时序几乎非三态的基本 Avalon 从端口写传输相同，唯一的区别是使用双向的 data 端口取代 writedata 输入端口。

即使一个外设没有进行传输，data 端口也可能在任何时刻被其他不相关的外设驱动。因此，片外设备只能在 chipselect 有效时捕获 data，并且不能在写传输期间驱动 data 端口。线路板设计可以将 Avalon 的 write_n 信号直接连接到写使能引脚上。某些同步存储器设备具有组合的 R/Wn 引脚。Avalon 三态信号 write_n 的行为与此相同，可以连接到 R/Wn 引脚。write_n 仅在写传输期间有效，在所有其他时间无效。此外，某些同步存储器设备在写传输期间使用字节使能信号来指定要写入哪个字节段。Avalon 端口 writebyteenable 是 write 信号和 byteenable 信号的逻辑"与"，可以直接连接到这样的引脚上。

Avalon 三态接口不支持延迟写传输。然而，Avalon 三态从端口写传输能够成功地将 data 写入片外同步存储器设备，如 SSRAM。保持状态可以用于在 write 失效后将 data 再保持几个周期有效。Avalon 总线模块在发起一个新的写传输之前会等待所有挂起的延迟读传输结束，这避免了由于延迟的读数据同写数据碰撞引起的 data 线上的信号竞争。由于这个原因，Avalon 三态接口在执行紧挨着的读写传输时序时也许不能达到同步存储器设备所允许的最大带宽。然而，Avalon 三态接口支持连续的延迟读传输模式以及连续的写传输等最常见的要求高带宽的情形。

具有固定建立时间和固定保持时间的 Avalon 三态从端口写传输如图 7.18 所示。在这个例子中，address 和双向的 data 端口是共享的。outputenable_n 在图中作为参考，在整个传输过程中它一直保持无效，外设不能驱动 data 信号线。CLK 仅作为时序参考。

时序说明：

A——Avalon 总线模块驱动 address 和有效的 data，并设置 chipselect_n 有效。

B——在一个总线周期的建立时间延迟之后，Avalon 总线模块 wrote_n 有效，并保持一个总线周期（即无等待周期）。

C——Avalon 总线模块设置 write_n 无效，但 address 和 data 继续在一个总线周期的保持时间内保持有效。

D——写传输在 CLK 的此上升沿结束。

第 7 章　Avalon 总线规范

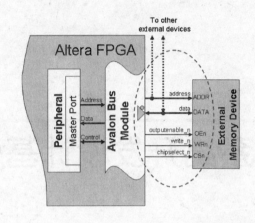

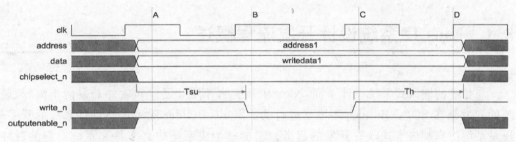

图 7.18　具有固定建立时间和保持时间的三态从端口写传输

第 8 章
Nios II 系统开发设计基础

8.1 Nios II 系统设计开发流程概述

与传统的嵌入式系统设计不同，Nios II 系统的开发分硬件和软件开发两个流程，硬件系统的开发是在 SOPC Builder 环境下进行的。SOPC Builder 除了进行硬件系统的开发外，它还是系统仿真和嵌入式软件开发的起点。它能够生成系统仿真文件和系统对应的软件开发包，从而加速了仿真和软件开发；软件系统开发是在 Nios II IDE 环境下进行的。Nios II 集成开发环境(IDE)是 Nios II 系列嵌入式处理器的基本软件开发工具。所有软件开发任务都可以在 Nios II IDE 下完成，包括编辑、编译和调试程序。目前 Nios II 软件开发都是在 HAL (Hardware Abstraction Layer)的基础上进行的。HAL 系统库是一个轻量级的运行环境，Nios II HAL 系统库提供了一个基于 ANSI C 库的 C 运行环境。提供了简单的和硬件通信的设备驱动程序。

8.2 SOPC Builder 进行硬件开发

8.2.1 SOPC Builder 简介

SOPC Builder 是集成在 Quartus II 软件内的专门用来开发 SOPC 系统的强大工具。它相对于传统开发方法节省了更多的时间。很多工程师都已经知道 SOPC Builder 是用来创建基于 Nios II 处理器系统的开发工具，实际上，SOPC Builder 不仅可以用来创建 Nios II 处理器系统，它还可以用来实现含有处理器或不含处理器的任意 SOPC 系统设计。它是一个通用的 SOPC 系统开发工具。

传统的 SOC 设计方法就是要手写出连接各个子模块的顶层 HDL 设计文件。用 SOPC Builder 只需在 GUI 图形用户界面中选择系统所需的模块，SOPC Builder 会自动生成连接各个模块的内部逻辑，并会自动集成为一个大的系统。SOPC Builder 最后会生成各个子模块的

第8章 Nios II 系统开发设计基础

HDL 设计文件和顶层的设计文件。可以选择 VHDL 或 Verilog HDL 其中任何一种硬件描述语言。

SOPC Builder 除了进行硬件系统的开发外，它还是系统仿真和嵌入式软件开发的起点。它能够生成系统仿真文件和系统对应的软件开发包，从而加速了仿真和软件开发。本节主要介绍 SOPC Builder 构建的系统结构以及它的主要功能。

1. SOPC Builder 系统结构

SOPC Builder component 是 SOPC Builder 用来集成到系统中的设计组件。而集成这些组件创建的顶层 HDL 文件称为系统模块。这些都是 SOPC Builder 生成的 Avalon Switch Fabric 来完成内部连接的。一个 SOPC Builder 系统生成的系统模块如图 8.1 所示。

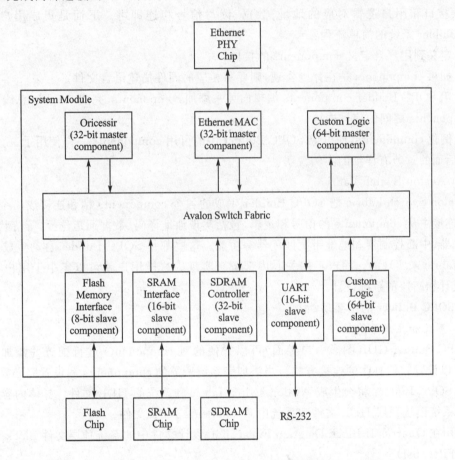

图 8.1 SOPC Builder 生成的系统模块

（1）SOPC Builder Components

1）可用的 components

Altera 和第三方开发商提供了如下 SOPC Builder 可用的 components：

- 微处理器核，例如 Nios II 处理器。
- 微控制器外围设备。
- 定时器。
- 串行通信接口，例如 UART 和 SPI。

- 通用 I/O 口。
- DSP 功能模块。
- 通信设备。
- 片外器件接口。

2）待验证的 components

Altera 提供一些待验证的 IP 核，这些需要从 www.altera.com 网站上下载，然后用 SOPC Builder 定制验证这个 components 是否可用。

3）用户自定义的 components

SOPC Builder 提供一个简单方法来开发和连接用户自定义的 components。只需将 Avalon 总线接口和用户逻辑对应的地址、数据、读写信号相连即可。下面是集成用户逻辑到 SOPC Builder 系统的简单流程：

- 定义到用户自定义 components 的接口。
- 如果 components 是在片内实现，则要写相应的硬件描述语言文件。
- 用 SOPC Builder components 编辑向导来添加 components，完成 Avalon 总线与 components 之间的信号连接。
- 例化 components，便可像 SOPC Builder 中的可用 components 一样使用了。

在后面的章节有详细的实例说明。

(2) Avalon Switch Fabric

Avalon Switch Fabric 把 SOPC Builder 生成的各个 components 粘和连接成一个大的系统。它连接主从 components 的信号和逻辑，包括实现地址译码、数据通道选择、等待状态的产生、仲裁器、中断控制器和地址带宽匹配器等功能。这些都是 SOPC Builder 自动生成 Avalon switch fabric 来实现的。用户不用关心内部逻辑实现。这样用户就可以集中于用户 components 设计和高层的系统设计。

2. SOPC Builder 的主要功能

(1) 定义和生成系统硬件

SOPC Builder GUI（图形用户界面）可以方便的对 components 进行配置并添加到系统中，还可以设置它们具体的连接方式。当添加完系统所需的 components 和设置完必要的系统参数后，SOPC Builder 将会生成 Avalon switch fabric 和系统的 HDL 文件。具体内容如下：

- 系统模块顶层 HDL 文件和系统中 components HDL 文件。
- 用在 Quartus II Block Diagram Files(.bdf)设计文件中的系统顶层文件 Block Symbol File(.bsf)。
- （可选）嵌入式软件开发的文件，例如，memory-map 头文件和 components 驱动文件。
- （可选）系统模块测试和 ModelSim 仿真工程文件。

当生成系统模块，Quartus II 可直接进行编译，并可在 FPGA 上验证实现该系统设计。

(2) 创建用于软件开发的 Memory Map

SOPC Builder 将根据系统中的处理器生成定义每个从 component 地址的头文件。还有从 components 的驱动以及相应的库函数等文件。软件的开发最终取决于系统中的处理器，例如，Nios II 处理器系统用的是专门的 Nios II 处理器开发工具。虽然软件开发工具与 SOPC Builder 相互独立，但 SOPC Builder 生成的文件是软件开发的基础。

第8章 Nios II 系统开发设计基础

(3) 创建仿真模型和测试文件

当 SOPC Builder 生成系统后便可马上开始对定制的系统进行仿真。SOPC Builder 生成仿真模型和测试文件。

测试包括实现以下功能：
- 例化系统模块。
- 驱动所有时钟和复位信号。
- 例化片外器件仿真模型。

8.2.2 SOPC Builder 开发流程

1. 打开 SOPC Builder 工具

每个 SOPC Builder 系统都是以一个 Quartus II 工程为前提的。因此，在运行 SOPC Builder 之前，首先在 Quartus II 中打开或新建一个工程。否则，SOPC Builder 不可用。对于一个 Quartus II 工程新建一个 SOPC Builder 系统时，将显示创建系统的对话框，如图 8.2 所示。需要为该新建系统命名。选择系统实现的语言形式。

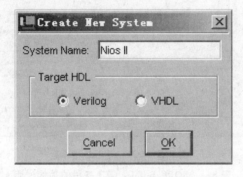

图 8.2 新建系统对话框

注意：
- 如果一个工程中集成了多个 SOPC Builder 系统模块，必须确定系统模块中的 components 名字是唯一的。否则，文件名将发生冲突。
- SOPC Builder GUI 系统对应的是 .ptf 文件。.ptf 文件是一个描述系统结构的文本文件。简单地可以认为 SOPC Builder GUI 是 .ptf 文件的编辑器。因为更改 SOPC Builder GUI，.ptf 文件会立即更改，所以在更改系统时，最好先备份 .ptf 文件。

2. SOPC Builder GUI

SOPC Builder GUI 主要完成以下功能：
- 添加 components 到系统中。
- 指定 components 之间的连接。
- 配置系统中 components 的时钟、基址和中断优先级。

SOPC Builder GUI 如图 8.3 所示。

SOPC Builder GUI 各个界面的功能以及如何使用如表 8.1 所列。

Nios II 系统开发设计与应用实例

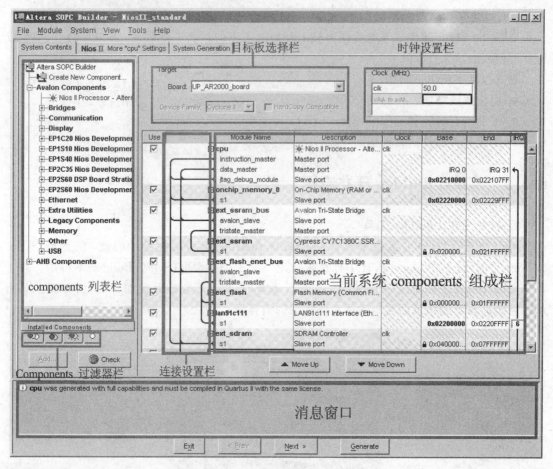

图 8.3　SOPC Builder GUI

表 8.1　SOPC Builder GUI 各栏的功能说明

SOPC Builder GUI	说　明
components 列表栏	按照类别列出 components 库。每个 components 前面有不同颜色的点标志:绿点表示该 components 是全部授权的版本,已安装;黄点表示该 components 是受限评估版本,已安装;白点表示该 components 未安装,使用还需要从 Altera 和第三方开发商获得
components 过滤器栏	提供 components 过滤器筛选 components
当前系统 components 组成栏	列出组成当前系统的 components,需要对 components 进行以下设置:对例化的 components 进行命名;对从端口 components 进行基址分配;为每个 components 指定时钟源;对每个从端口 components 进行中断优先级设置
连接设置栏	连接设置实现以下功能:指定主从端口之间的连接;指定被多主端口访问的从端口端的仲裁器
目标板选择栏	从 Board 列表中选择目标板;Device Family 显示目标板的 FPGA 核心芯片型号;HardCopy Compatible 要求一些与 HardCopy 兼容的 components
时钟设置栏	时钟源可以是外部的也可以是系统内部模块产生,为其命名和定义大小。还可以通过流水线技术提高时钟的最高频率
消息窗口	显示与当前系统有关的信息、警告、错误等

(1) 添加 components 到系统中

从左边的 components 列表栏中选择系统需要的 components。先通过过滤器筛选出已安装的完全授权的 components。然后在按分类去选择所需的 components。具体有三种添加方法：双击要添加的 component；选中要添加的 component，然后单击 Add 按钮；右击要添加的 component，选择 Add New＜component name＞。有些 components 是要根据系统性能或外围设备要求对参数进行设置。对话框都有各个参数的说明。

(2) 指定 components 之间的连接

在连接设置栏中，指定主从端口之间的连接。每个从端口必须连接到主端口上。鼠标放到连接设置栏，连线会自动显示结点情况。实点表示已连接，虚点表示未连接。用鼠标单击结点便可实现连接或断开。

(3) 配置系统中 components 的时钟、基址和中断优先级

当前系统 components 组成栏内各个参数设置说明如表 8.2 所列。

表 8.2　系统 components 组成栏参数设置说明

参　数	说　明
Use	通过复选框来选择是否在该系统中使用。不选和从该系统删除此 components 是一样的
Module Name	添加的 components 会自动生成一个缺省的名字。右击该名字选择 Rename 可更改
Clock	为 components 选择一个时钟
Base	基址是从端口在主端口地址空间的地址。避免 components 间的地址冲突，SOPC Builder 会自动为每个从端口分配基地址；还可以选择系统菜单中的"Auto－Assign Base Address"对所有 components 进行基址分配；对一些特定的 components 的基址可以进行锁定，右击 components 选择 Lock Base Address 锁定后，再对其他的 components 进行自动基址分配
IRQ	IRQ 的值代表中断优先级，值越小级别越高。可手动设置也可选择系统菜单中的"Auto－Assign IRQs"为 components 自动设置中断优先级

注意：当添加 component 到系统时，SOPC Builder 会自动选择缺省参数设置。但是我们需要核实这些参数是否符合系统要求。消息窗会有提示信息。

3. SOPC Builder 中 CPU 设置界面

在 System contents 界面完成系统模块的定制和各个 components 的参数设置后，下面进入 cpu settings 界面，如图 8.4 所示。

设置 CPU 的 Reset Address 和 Exception Address。这里复位地址是在 Flash 中，异常地址在 sdram 中。存储器的选择是由系统定制决定的。

SDK 选项：当选择 SDK 项，在系统生成时 SOPC Builder 会为该系统的 CPU 创建相应的软件开发包。软件开发包(SDK)包括 memory map 和软件文件(驱动、库函数等)。SDK 包括以下文件目录：

- inc：该目录包含一些头文件。包括 memory map 定义、寄存器声明和一些软件中用到的宏定义。
- lib：该目录包含软件库文件。
- src：该目录包含应用程序源代码。

注意：Nios II 处理器有一个不同的软件开发流程，因此不用选择 SDK 项。

Nios II 系统开发设计与应用实例

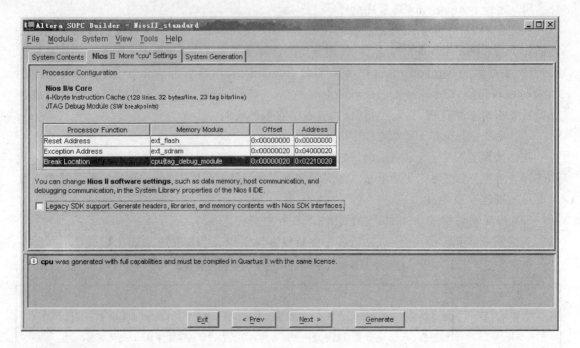

图 8.4 cpu settings 设置界面

4. SOPC Builder 中系统生成界面

最后进入系统生成界面如图 8.5 所示。

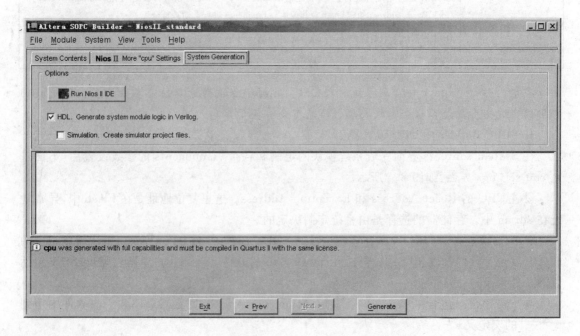

图 8.5 系统生成界面

第 8 章　Nios II 系统开发设计基础

HDL 选项：选择该项，生成系统时将同时会生成相应的系统源代码。
Simulation 选项：选择该项，SOPC Builder 生成仿真模型和测试文件。测试包括实现以下功能：
- 例化系统模块。
- 驱动所有时钟和复位信号。
- 例化片外器件仿真模型。

单击 Genereate，生成系统，就完成了 SOPC Builder 开发硬件系统的整个流程。

8.2.3　用户自定义组件创建与使用

本节主要介绍 SOPC Builder 组件编辑器。组件编辑器就是用来编辑创建用户自定义的组件，组件编辑器是图形用户界面(GUI)。主要包括以下步骤：
- 导入描述组件硬件的 HDL 文件(Verilog 或 VHDL 均可)。
- 指定组件的硬件接口。
- 把软件驱动打包到组件目录下。
- 声明组件的数据结构和函数，定义组件实例化参数接口。

组件编辑器最后生成以下文件：
- class.ptf 文件：它是组件的标识文件，定义了组件与整个系统的接口和用户配置参数。
- cb_generator.pl 文件：它是 SOPC Builder 进行例化该组件时的脚本文件。
- hdl 目录：该目录包括组件的 HDL 设计文件。
- 软件文件：如果组件是处理器的外设，则需要相关的软件支持，如驱动文件。

8.3　Nios II IDE 软件开发

Nios II 集成开发环境(IDE)是 Nios II 系列嵌入式处理器的基本软件开发工具。所有软件开发任务都可以在 Nios II IDE 下完成，包括编辑、编译和调试程序。Nios II IDE 提供了一个统一的开发平台，用于所有 Nios II 处理器系统。仅仅通过一台 PC 机、一片 Altera 的 FPGA 以及一根 JTAG 下载电缆，软件开发人员就能够往 Nios II 处理器系统写入程序以及和 Nios II 处理器系统进行通信。

Nios II IDE 为软件开发提供 4 个主要的功能：
- 工程管理器。
- 编辑器和编译器。
- 调试器。
- 闪存编程器。

Nios II IDE 是基于开放式的、可扩展 Eclipse IDE project 工程以及 Eclipse C/C++开发工具(CDT)工程。

8.3.1 Nios II IDE 简介

1. 工程管理器

Nios II IDE 提供多个工程管理任务，加快嵌入式应用程序的开发进度。

(1) 新工程向导

Nios II IDE 提供一个新工程向导，用于自动建立 C/C++应用程序工程和系统库工程。采用新工程向导，能够方便的在 Nios II IDE 中创建新工程。

(2) 软件工程模板

除了工程创建向导，Nios II IDE 还以工程模板的形式提供了软件代码实例，帮助软件工程师尽可能快速地推出可运行的系统。每个模板包括一系列软件文件和工程设置。通过覆盖工程目录下的代码或者导入工程文件的方式，开发人员能够将他们自己的源代码添加到工程中。

(3) 软件组件

Nios II IDE 使开发人员通过使用软件组件能够快速地定制系统。软件组件（或者称为"系统软件"）为开发人员提供了一个简单的方式来轻松地为特定目标硬件配置他们的系统。包括以下组件：

- Nios II 运行库（或者称为硬件抽象层（HAL））。
- 轻量级 IP TCP/IP 库。
- μC/OS-II 实时操作系统（RTOS）。
- Altera 压缩文件系统。

2. 编辑器和编译器

Altera 的 Nios II IDE 提供了一个全功能的源代码编辑器和 C/C++编译器。

(1) 文本编辑器

Nios II IDE 文本编辑器是一个成熟的全功能文件编辑器。包括以下功能：

- 语法高亮显示-C/C++。
- 代码辅助/代码协助完成。
- 全面的搜索工具。
- 文件管理。
- 广泛的在线帮助主体和教程。
- 引入辅助。
- 快速定位，自动纠错。
- 内置调试功能。

(2) C/C++编译器

Nios II IDE 为 GCC 编译器提供了一个图形化用户界面，Nios II IDE 编译环境使设计 Altera 的 Nios II 处理器软件更容易，它提供了一个易用的按钮式流程，同时允许开发人员手工设置高级编译选项。

Nios II IDE 编译环境自动地生成一个基于用户特定系统配置（SOPC Builder 生成的

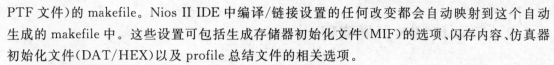

PTF 文件)的 makefile。Nios II IDE 中编译/链接设置的任何改变都会自动映射到这个自动生成的 makefile 中。这些设置可包括生成存储器初始化文件(MIF)的选项、闪存内容、仿真器初始化文件(DAT/HEX)以及 profile 总结文件的相关选项。

3. 调试器

Nios II IDE 包含一个强大的、在 GNU 调试器基础之上的软件调试器 GDB。该调试器提供了许多基本调试功能,以及一些在低成本处理器开发套件中不会经常用到的高级调试功能。

(1) 基本调试功能
- 运行控制。
- 调用堆栈查看。
- 软件断点。
- 反汇编代码查看。
- 调试信息查看。
- 指令集仿真器。

(2) 高级调试
- 硬件断点调试 ROM 或闪存中的代码。
- 数据触发。
- 指令跟踪。

Nios II IDE 调试器通过 JTAG 调试模块和目标硬件连接。另外,支持片外跟踪功能便于和第三方跟踪探测工具结合使用,如 FS2 公司提供的用于 Nios II 处理器的 in-target 系统分析仪(ISA-NIOS)。

(3) 调试信息查看

调试信息查看使用户可以访问本地变量、寄存器、存储器、断点以及表达式赋值函数。

(4) 目　标

Nios II IDE 调试器能够连接多种目标。以下是 Nios II IDE 中可用的目标连接:
- 硬件(通过 JTAG):连接至 Altera 的 FPGA 开发板。
- 指令集仿真器(ISS):Nios II 指令集架构的软件例化;用于硬件平台(如 FPGA 电路板)未搭建好时的系统开发。
- 硬件逻辑仿真器:连接至 ModelSim HDL 仿真器;用于用户创建的外设。

(5) 闪存编程器

闪存可用来存储 FPGA 配置数据和 Nios II 编程数据,Nios II IDE 提供了一个方便的闪存编程方法。任何连接到 FPGA 的兼容通用闪存接口(CFI)的闪存器件都可以通过 Nios II IDE 闪存编程器来烧写。除 CFI 闪存之外,Nios II IDE 闪存编程器能够对连接到 FPGA 的任何 Altera 串行配置器件进行编程。

闪存编程器管理多种数据,编程到闪存中的通用内容类型如下:
- 系统固定软件:烧写到闪存中的软件,用于 Nios II 处理器复位时从闪存中导入启动程序。
- PGA 配置:如果使用一个配置控制器,FPGA 能够在上电复位时从闪存获取配置数据。
- 任意二进制数据:可以存储任意二进制数据,例如图形、音频等。

8.3.2 Nios II IDE 开发流程

1. 新建工程

Nios II IDE 提供了创建 C/C++ 应用工程的向导"New Project wizard"。打开该向导,选择文件菜单中的 New|C/C++ application 命令。要为 C/C++ 应用工程指定以下设置:

- 新建工程名称。
- 指定目标硬件(SOPC Builder 生成的 PTF 文件)。
- 应用工程模板。
- 指定工程存放位置,缺省存放在 altera\kits\nios2\bin\eclipse\workspace\路径下。一般不用缺省位置。而是保存到和硬件系统相同的路径下。此项应最后设置,当取消缺省位置时,向导会自动找到硬件系统工程路径下的软件系统文件夹。

新建 C/C++ 应用工程向导如图 8.6 所示。

图 8.6　新建 C/C++ 应用工程向导

单击 Finish 按钮,完成新建工程,Nios II IDE 同时创建了系统库工程。这些工程将显示

第 8 章　Nios II 系统开发设计基础

在 C/C++ 工程窗口。

2. 管理和编译工程

在 C/C++ 应用工程窗口右击新建工程,将显示如下的管理工程命令。

- Properties:工程参数设置。选择该工程的系统库工程。
- System Library Properties:系统库工程参数设置。指定目标硬件(SOPC Builder 生成的 PTF 文件);系统库内容选项包括实时操作系统的选取、通信端口选择等;选择连接脚本文件,对存储器进行分区设置,如图 8.7 所示。

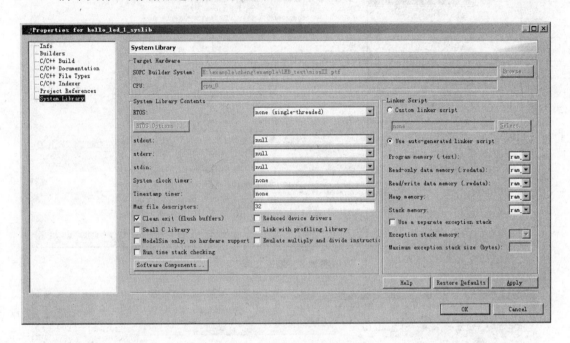

图 8.7　系统库工程参数设置

- Build Project:编译工程。
- Rebuild Project:重新编译工程。
- Run As:运行应用程序。可以选择三种目标:Nios II Hardward(通过 JTAG 连接的 FPGA 开发板)、Nios II Instruction Set Simulator(ISS 指令集仿真器,用于硬件平台未搭建好时的系统开发)、Nios II ModelSim(ModelSim HDL 仿真器)。
- Debug As:调试应用程序。可以选择两种目标:Nios II Hardward(通过 JTAG 连接的 FPGA 开发板)、Nios II Instruction Set Simulator(ISS 指令集仿真器,用于硬件平台未搭建好时的系统开发)。

在 C/C++ 应用工程窗口右击新建工程,选择"Build Project"编译该工程,如图 8.8 所示。Nios II IDE 首先编译系统库工程,然后编译主工程。警告和错误在下面的控制台窗口显示。

3. 运行和调试程序

运行应用程序可选择三种目标运行方式:Nios II Hardward(通过 JTAG 连接的 FPGA 开发板)、Nios II Instruction Set Simulator(ISS 指令集仿真器,用于硬件平台未搭建好时的系统开发)、Nios II ModelSim(ModelSim HDL 仿真器)。选择硬件目标运行方式如图 8.9 所示。

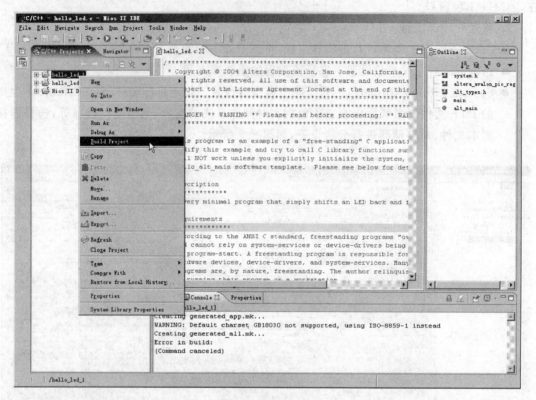

图 8.8 编译工程

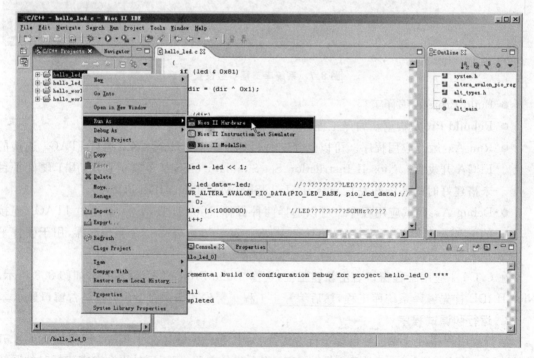

图 8.9 选择 Nios II Hardware 运行程序

第8章 Nios II 系统开发设计基础

注意：选择硬件目标运行方式首先要通过 JTAG 连接好 FPGA 开发板，FPGA 已经完成硬件系统的配置。

调试应用程序。可以选择两种目标：Nios II Hardward（通过 JTAG 连接的 FPGA 开发板）、Nios II Instruction Set Simulator（ISS 指令集仿真器，用于硬件平台未搭建好时的系统开发）。选择硬件目标调试方式如图 8.10 所示。

注意：选择硬件目标调试方式首先要通过 JTAG 连接好 FPGA 开发板，FPGA 已经完成硬件系统的配置。

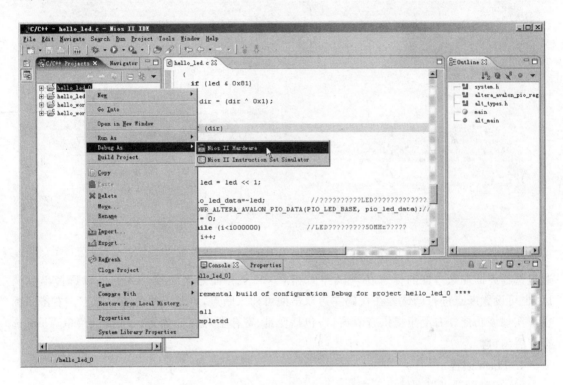

图 8.10　选择 Nios II Hardware 调试程序

调试开始会出现界面切换对话框，选择 Yes 切换到调试界面，如图 8.11 所示。调试界面如图 8.12 所示。

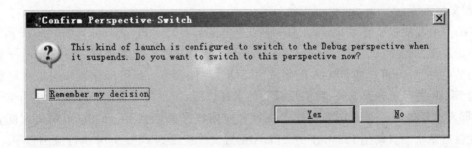

图 8.11　切换到调试界面对话框

Nios II 系统开发设计与应用实例

图 8.12　选择 Nios II Hardware 调试界面

通过选择界面左边边框的标志在调试界面和 C/C++界面之间切换。我们可以选择单步调试,也可设置断点进行调试。在代码左边双击便可插入断点,再双击便可清除断点。右击鼠标也可实现该功能。右上角提供查看窗口,包括变量、寄存器和存储器等。可提供菜单 View 选择查看窗口。

4. Flash 编程

Flash 存储器可以存储以下内容:
- 应用程序。
- 编程数据。
- PGA 配置文件。
- 文件系统。

Nios II IDE 提供了烧写 Flash 工具。在此选择 Tools|FlashProgrammer,如图 8.13 所示。

单击左下角的 New 新建 Flash Programmer。选择软件工程复选框,通过 Brower 选择需要烧写的软件工程;再选择 FPGA 配置文件 SOF,存储到 Flash 用户分区。这是在定制目标板时对 Flash 进行划分设定的;我们没有文件系统烧写,所以最下面一项不选。单击 Program Flash 即可进行烧写。这样 FPGA 配置文件和应用程序都烧到 Flash 中,不用每次配置 FPGA,复位后系统会自动把 Flash 中的 FPGA 配置文件配置到 FPGA,并执行应用程序。

注意:图 8.13 上有一个目标板 Target Board:UP_AR2000_board。在硬件系统定制开发时就要选择目标板,就是为 Flash 编程用的。在进行 Flash 编程之前先要定制目标板。否则不能烧写。

第 8 章　Nios II 系统开发设计基础

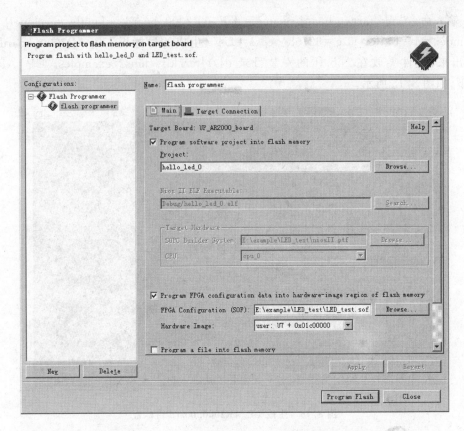

图 8.13　Flash Programmer 界面设置

下面介绍如何定制目标板。

① 打开 Nios II SDK shell，进入 SOPC Builder 命令输入界面，如图 8.14 所示。

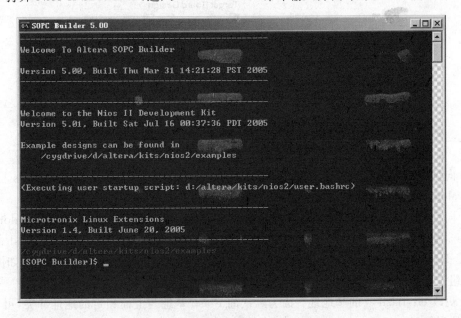

图 8.14　SOPC Builder 命令输入界面

② 输入命令"mk_target_board --name＝UP_AR2000_board --family＝cycloneII --clock＝50 --index＝1 --buffer_size＝32768 --epcs＝U4",生成的目标板 UP_AR2000_board 信息会显示出来,文件夹放在 NiosII 的安装目录 d:/alter/kits/nios2/examples/ UP_AR2000_board 下,如图 8.15 所示。

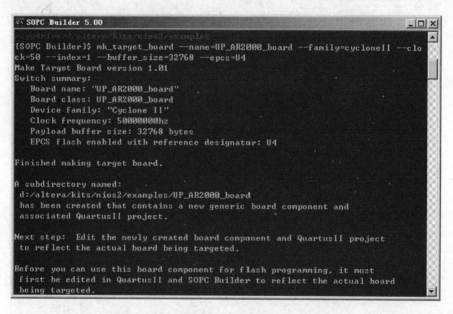

图 8.15　生成 UP_AR2000_board 目标板

③ 在 Quartus II 中打开刚生成的工程 UP_AR2000_board.qpf,如图 8.16 所示。目标板 SOPC Builder 系统模块如图 8.17 所示。

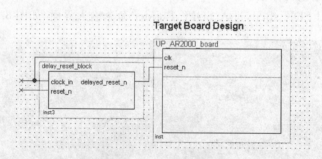

图 8.16　UP_AR2000_board 目标板顶层 bdf 文件

④ 向目标板 UP_AR2000_board 系统中添加三态桥。双击 Avalon Components | Bridges | Avalon Tri-State Bridge,默认添加。

⑤ 向目标板 UP_AR2000_board 系统中添加 Flash 存储器接口组件。双击 Avalon Components | Memory | Flash Memory,Address Width 选择 25 bits,因开发板上 Flash 大小为 32 MB。Data Width 选择 8 bits,chip lable 填入 U7,对应 Flash 在原理图的标号,如图 8.18 所示。组件添加完毕。

⑥ 更改 cfi_flash_0 的基地址。因为默认的 Flash 基址与上面锁定的地址冲突,可以看到下面的错误提示。把 0x00000000 改为 0x02000000,如图 8.19 所示。

第8章 Nios II 系统开发设计基础

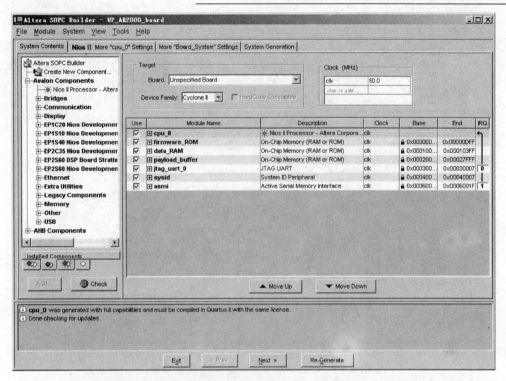

图 8.17　目标板 SOPC Builder 系统模块

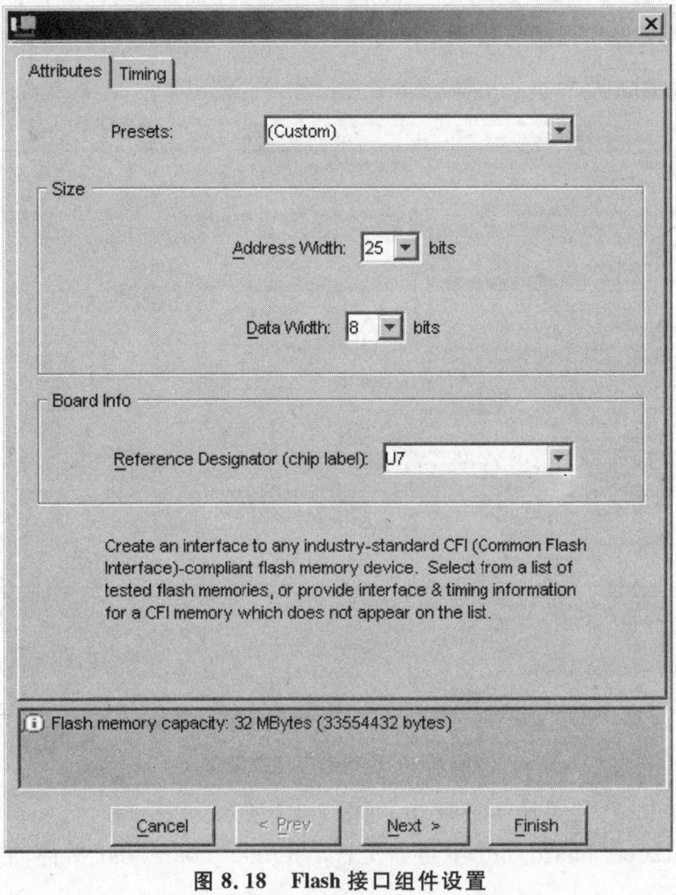

图 8.18　Flash 接口组件设置

Nios II 系统开发设计与应用实例

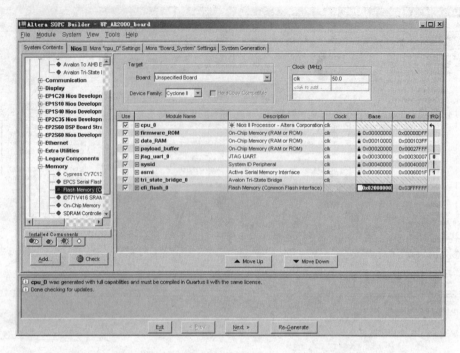

图 8.19　系统添加完三态桥和 Flash 接口组件

⑦ 单击 Next，进入 More Board_System Settings 界面，将硬件镜像到 Flash 存储器中，FPGA 的一些配置文件和程序将放到 Flash 中。设置 user、safe 的偏移地址，如图 8.20 所示。

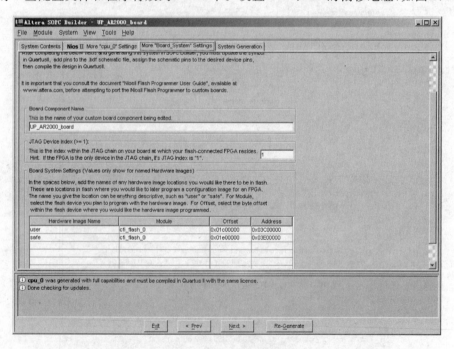

图 8.20　Flash 存储器镜像

⑧ SOPC Builder 模块系统生成成功，如图 8.21 所示。

⑨ 在 UP_AR2000_board.bdf 中更新 UP_AR2000_board.bsf 文件，右击 UP_AR2000_

第8章 Nios II 系统开发设计基础

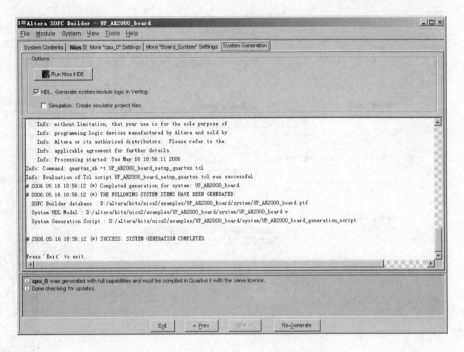

图 8.21 SOPC Builder 系统模块生成

board 选择 Update Symble or Block。添加输入/输出引脚。UP-AR2000 开发板上有两片 32 MB 的 Flash,增加 pld_USER4 对应拨码开关是用来选择哪一片的。最后如图 8.22 所示。

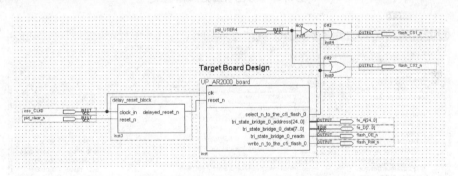

图 8.22 UP_AR2000_board.bdf 文件

(10) 选择 Assignments | Device,在弹出的对话框中选择器件 EP2C35F672C8,并设置 FPGA 没有用到的引脚状态,选择 Assignments | Device,弹出 Setting Test1 对话框,单击 Device & Pin Options,弹出相应的对话框,然后单击 Unused Pins,选择 As inputs,tri-stated。修改 UP_AR2000_board.qsf 文件。

提示:我们提供了一个完整的 FPGA 引脚分配文件.qsf,只需把该文件中的引脚分别拷到 UP_AR2000_board.qsf 文件中即可。

编译完成后,结果如图 8.23 所示。

这样,在新建系统时就可在目标板栏选择自己定制的目标板。主要是为了进行 Flash 编程才定制的,如图 8.24 所示。

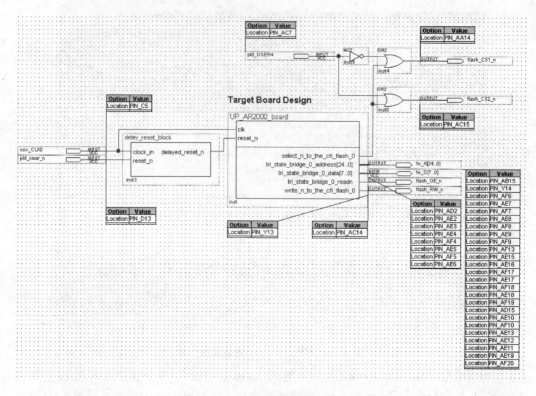

图 8.23 分配引脚后编译结果

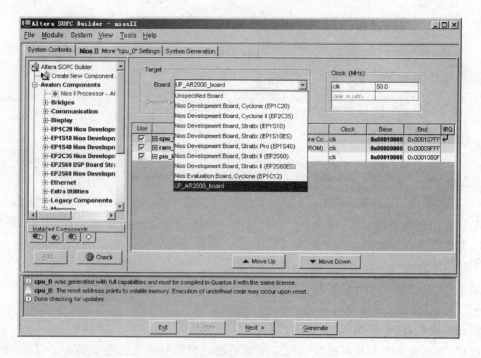

图 8.24 新建系统选择自定制的目标板

8.3.3 HAL 系统库

1. HAL 系统库概述

目前 Nios II 的开发都是在 HAL(Hardware Abstraction Layer)基础上进行的。HAL 系统库是一个轻量级的运行环境，Nios II HAL (Hardware Abstraction Layer)系统库提供了一个基于 ANSI C 库的 C 运行环境。并提供了简单的和硬件通信的设备驱动程序。HAL API 集成了 ANSI C 标准库，这些 API 允许你用标准 C 函数(例如：printf,fopen,fwrite 等)去存取设备。在 Nios II IDE 开发环境下写程序分成两部分：应用程序和设备驱动程序。应用程序就是使用 HAL 提供的标准 C 库和外设写应用程序，设备驱动程序通过提供一组函数，使标准 C 库函数可以通过这组函数管理具体的设备。外部设备被分成不同的类型，相应的驱动程序也不一致。

HAL 类似于 ARM 系统中的 BSP(Board-Support Package)，提供了一个一致的设备存取界面。由于 SOPC Builder 和 Nios II IDE 紧密的集成，在 SOPC Builder 生成硬件系统以后，Nios II IDE 能够自动生成对应的客户 HAL 系统库。更新硬件系统设置以后，Nios II IDE 能自动更新 HAL 的驱动设置。在创建软件项目的时候，Nios II IDE 自动生成并管理 HAL 系统库。

HAL 系统库提供了下列系统服务：
- 集成 newlib ANSI C 标准库：提供熟悉的 C 标准库函数。
- 设备驱动。这些设备驱动程序提供了常用设备的驱动。同时也是学习设备驱动程序开发的范例。
- HAL API。提供了一个一致的设备存取、中断处理以及 ALARM 等工具。
- 系统初始化。在 main 执行前完成相关的初始化任务。注意这里包含了 Bootload 以及程序重定位等工作。所以 Nios II 开发中没有遇到 ARM 系统开发中涉及的 Bootload 等问题。
- 设备初始化。在 main 前分配设备空间，并初始化设备。

HAL 系统库体系结构如图 8.25 所示。

在 Nios II 软件系统开发中，程序员划分为应用程序开发人员和设备驱动开发人员。应用开发人员使用 C 系统库函数和 HAL API 资源编写系统 main()程序。设备驱动开发人员完成设备驱动的开发并融合到 HAL 体系中，供应用开发人员使用。设备驱动是利用底层硬件访问宏单元直接与硬件通信。后面将分别介绍应用程序的编写和设备驱动的开发。

Nios II HAL 设备被组织加入到双向设备链表中，并不是所有的设备被添加到同一个设备链表中，而是分成了几个类型：
- 字符模式设备：UART 核、JTAG UART 核、LCD 控制器。
- 时间模式设备：定时器核。
- 文件系统设备：Read-only zip 文件系统。
- 以太网设备：LAN91C111 以太网 MAC/PHY 控制器。
- DMA 设备：DMA 控制器。
- Flash 设备：Altera 专用的 EPCS 串行配置控制器、Common Flash 接口控制器。

不同的设备大体有一致的模式，但内部提供的设备驱动函数不同类型不一致。在 Nios II

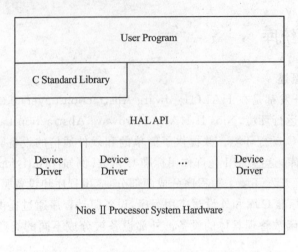

图 8.25　HAL 系统库体系结构

安装完毕以后，Nios II IDE 中提供了上述类型的外设和相应的驱动程序。在后面章节中会分析这些设备驱动程序，从而为开发自己的设备驱动提供有力的支持和坚实的基础。

2. 用 HAL 系统库开发应用程序

（1）HAL 系统库开发应用程序基础

软件工程是以 HAL 系统库为基础的，通过软件工程来理解 HAL 系统库。下面看一个软件工程的结构，如图 8.26 所示。

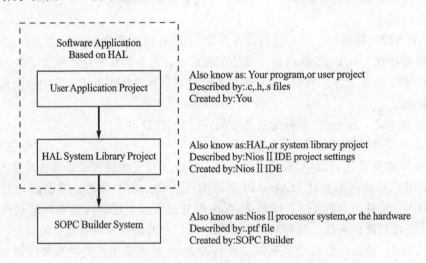

图 8.26　应用工程结构

软件应用工程包括用户应用工程和 HAL 系统库工程。其中用户应用工程是由用户创建的，包括应用程序代码。

HAL 系统库工程是由 Nios II IDE 自动生成的，包括用户应用工程中所用到的系统库，系统库是 Nios II IDE 根据 SOPC Builder 生成的硬件系统文件 ptf 生成的。HAL 系统库是跟硬件系统一致的。应用程序的开发不必知道底层硬件，只需应用 HAL 系统库中的 API 和 C 标准库函数即可。而 HAL API 和 C 标准库函数与硬件则是通过底层驱动联系的。HAL 系统库会随着 SOPC Builder 生成的 ptf 变化而不断更新。所以应用程序总是和底层硬件同步的。

第 8 章　Nios II 系统开发设计基础

System.h 文件是在应用工程编译后由 Nios II IDE 自动生成的系统库文件。System.h 文件是 HAL 系统库的基础,它提供了 Nios II 系统硬件完整的软件描述。它是硬件和软件联系的桥梁。

System.h 文件描述系统中每个设备,提供以下详细信息:
- 每个设备的硬件配置。
- 基地址。
- IRQ 优先级。
- 设备符号名称。

用户不能更改 system.h 文件,它是由 Nios II IDE 为 HAL 系统库工程自动生成的。System.h 的内容是由具体硬件配置和 HAL 系统库参数设置决定的。下面是 system.h 文件中的一段代码。

```
/*
 * system configuration
 */

#define ALT_SYSTEM_NAME "NiosII_standard"
#define ALT_CPU_NAME "cpu"
#define ALT_CPU_ARCHITECTURE "altera_nios2"
#define ALT_DEVICE_FAMILY "CYCLONE"
#define UP_AR2000_BOARD
#define ALT_STDIN "/dev/jtag_uart"
#define ALT_STDOUT "/dev/jtag_uart"
#define ALT_STDERR "/dev/jtag_uart"
#define ALT_CPU_FREQ 50000000
#define ALT_IRQ_BASE NULL

/*
 * processor configuration
 */

#define NIOS2_CPU_IMPLEMENTATION "small"

#define NIOS2_ICACHE_SIZE 4096
#define NIOS2_DCACHE_SIZE 0
#define NIOS2_ICACHE_LINE_SIZE 32
#define NIOS2_ICACHE_LINE_SIZE_LOG2 5
#define NIOS2_DCACHE_LINE_SIZE 0
#define NIOS2_DCACHE_LINE_SIZE_LOG2 0
#define NIOS2_FLUSHDA_SUPPORTED

#define NIOS2_EXCEPTION_ADDR 0x04000020
#define NIOS2_RESET_ADDR 0x00000000
```

```c
#define NIOS2_HAS_DEBUG_STUB

#define NIOS2_CPU_ID_SIZE 1
#define NIOS2_CPU_ID_VALUE 0

/*
 * A define for each class of peripheral
 */

#define __ALTERA_AVALON_ONCHIP_MEMORY2
#define __ALTERA_AVALON_TRI_STATE_BRIDGE
#define __ALTERA_AVALON_CY7C1380_SSRAM
#define __ALTERA_AVALON_CFI_FLASH
#define __ALTERA_AVALON_LAN91C111
#define __ALTERA_AVALON_NEW_SDRAM_CONTROLLER
#define __ALTERA_AVALON_TIMER
#define __ALTERA_AVALON_JTAG_UART
#define __ALTERA_AVALON_PIO
#define __ALTERA_AVALON_UART
#define __ALTERA_AVALON_SYSID
/*
 * ext_flash_enet_bus configuration
 */

#define EXT_FLASH_ENET_BUS_NAME "/dev/ext_flash_enet_bus"
#define EXT_FLASH_ENET_BUS_TYPE "altera_avalon_tri_state_bridge"

/*
 * ext_flash configuration
 */

#define EXT_FLASH_NAME "/dev/ext_flash"
#define EXT_FLASH_TYPE "altera_avalon_cfi_flash"
#define EXT_FLASH_BASE 0x00000000
#define EXT_FLASH_SETUP_VALUE 40
#define EXT_FLASH_WAIT_VALUE 160
#define EXT_FLASH_HOLD_VALUE 40
#define EXT_FLASH_TIMING_UNITS "ns"
#define EXT_FLASH_UNIT_MULTIPLIER 1
#define EXT_FLASH_SIZE 33554432
#define EXT_FLASH_CONTENTS_INFO "SIMDIR/ext_flash.dat 1135745739"

/*
 * lan91c111 configuration
 */
```

```
#define LAN91C111_NAME "/dev/lan91c111"
#define LAN91C111_TYPE "altera_avalon_lan91c111"
#define LAN91C111_BASE 0x02200000
#define LAN91C111_IRQ 6
#define LAN91C111_IS_ETHERNET_MAC 1
#define LAN91C111_LAN91C111_REGISTERS_OFFSET 0x0300
#define LAN91C111_LAN91C111_DATA_BUS_WIDTH 32
/*
 * system library configuration
 */

#define ALT_MAX_FD 32
#define ALT_SYS_CLK SYS_CLK_TIMER
#define ALT_TIMESTAMP_CLK none

/*
 * Devices associated with code sections.
 */

#define ALT_TEXT_DEVICE EXT_SDRAM
#define ALT_RODATA_DEVICE EXT_SDRAM
#define ALT_RWDATA_DEVICE EXT_SDRAM
#define ALT_EXCEPTIONS_DEVICE EXT_SDRAM
#define ALT_RESET_DEVICE EXT_FLASH
```

对于嵌入式处理器 Nios II 来说，准确的数据宽度描述很重要。由于 ANSI C 数据类型没有详细定义数据宽度，HAL 就定义了一套标准的数据类型。也支持 ANSI C 类型数据，但它们的数据宽度取决于编译器的转换。

头文件 alt_types.h 定义了 HAL 数据类型。

代码如下所示。

```
typedef      signed       char        alt_8;
typedef      unsigned     char        alt_u8;
typedef      signed       short       alt_16;
typedef      unsigned     short       alt_u16;
typedef      signed       long        alt_32;
typedef      unsigned     long        alt_u32;
```

Altera 还提供 GNU 工具链数据类型：

```
char                    8bits;
short                   16bits;
long                    32bits;
int                     32bits;
```

HAL API 支持大多数 UNIX 类型函数，UNIX-style 函数为 Nios II 程序员提供了一个熟悉的开发环境。HAL 主要用这些函数作为 ANSI C 标准库的系统接口。

下面列出了可用的 UNIX-style 函数：

_exit()	gettineofday()	lseek()	settimeofday()
close()	ioctl()	open()	stat()
fstat()	isatty()	read()	usleep()
getpid()	kill()	sbrk()	wait()
			write()

(2) 文件系统

HAL 提出了文件系统这一概念，通过文件系统用户可以操作字符模式设备和访问数据文件。可以通过两种方法来访问文件系统：newlib 提供的 C 标志库文件 I/O 函数（fopen()，fclose()，fread()等）；HAL 系统库提供的 UNIX-style 文件 I/O 函数。HAL 提供以下 UNIX-style 文件操作函数：

close()	isatty()	read()
fstat()	lseek()	stat()
ioctl()	open()	write()

在 HAL 文件系统中，文件子系统是作为挂载点存在的。例如，一个 zip filing subsystem 挂载为/mount/zipfs0，访问该子文件系统下的文件就用 fopen /mount/zipfs0/myfile。同样，字符模式设备在 HAL 文件系统中是作为一个结点。在 system.h 文件中定义设备结点名，对应于 SOPC Builder 生成的硬件设备。例如，UART 串口设备 UART1 在 system.h 中定义为：/dev/uart1。所有的文件都是绝对路径。

(3) 字符模式设备的使用

字符模式设备都是串行收发字符的，例如 UART。字符模式设备在 HAL 文件系统注册为结点。编程则是用 ANSI C 文件对设备相关的结点操作，HAL 还支持标准输入、标准输出和标准错误，允许用户使用 stdio.h 中的 I/O 函数。

用标准输入（stdin）、标准输出（stdout）和标准错误（stderr）是控制 I/O 的最简单方法。HAL 系统库管理着这些通道，用户可以不用文件描述方式来直接使用这些标准通道进行收发字符。在 Nios II IDE 系统库参数设置界面进行标准通道的指定，一旦指定哪个串口为标准通道，则在该串口就可以直接使用 printf() 函数进行输出字符串了。如下面代码所示，我们指定了一个标准通道。

```
#include <stdio.h>

int main()
{
  printf("Hello from Nios II!\n");

  return 0;
}
```

当用 UNIX-style API 时，用户可以用文件描述形式（STD_FILENO，STDOUT_FILENO 和 STDERR_FILENO）来访问标准通道（stdin、stdout 和 stderr）。

访问字符模块设备的通用方法就是打开、读写文件。以下代码示例写消息到串口

UART1。

```
#include <stdio.h>
#include <strings.h>

int main()
{
    char* msg = "hello world";
    FILE* fp;

    fp = fopen("/dev/uart1","w");
    if(fp)
    {
        fprintf(fp,"%s",msg);
        fclose(fp);
    }
    return 0;
}
```

所有系统都包含/dev/null 设备。向该设备写没有任何影响，数据会被丢弃。/dev/null 设备是在系统启动时用来保护 I/O 方向的，还用来处理不想得到的数据。该设备是纯软件结构，它与系统中的任何物理硬件都没有关系。

（4）时间模式设备的使用

定时器是用来计数时钟和产生周期中断请求的。用户可以利用定时器进行一些与时间有关的操作，例如 HAL 系统时钟、报警、时间显示和时间的测定。要用定时器必须在 Nios II 处理器系统中添加定时器组件。

HAL API 提供了两种类型的定时器驱动：能够报警的系统时钟驱动和用来更高时间精度测定的定时器驱动（Timestamp Driver）。一个特定的定时器组件设备只能用其中一个定时器驱动，而不能同时使用。

HAL 提供以下可执行的标准 UNIX 函数：gettimeofday()、settimeofday()和 times()。用来访问定时器设备的 HAL API 函数定义在文件 sys/alt_alarm.h 和 sys/alt_timestamp.h 中。HAL 系统时钟可以用来执行一些与时间相关的功能，获得时间信息。这需要在 Nios II IDE 系统库参数设置中指定专门的硬件定时器外围设备为系统时钟器件。系统时钟测量时间的单位是"ticks"。对于软硬件相结合的嵌入式工程师不要把 HAL 系统时钟和硬件系统时钟相混淆。HAL 系统时钟周期要比硬件系统时钟长得多。

用户通过调用 alt_nticks()函数获得当前系统时钟值。这个函数返回系统时钟从复位到当前所逝去的时间。系统时钟的频率是通过函数 alt_ticks_per_second()获得的。当创建指定一个系统时钟时，HAL 定时器驱动会初始化系统时钟的频率。

标准 UNIX 函数 gettimeofday()可以用来获得当前时间。但必须首先调用 settimeofday()函数来校准当前的时间。另外，还需调用 times()函数获得逝去 ticks 的信息。这些函数均定义在 times.h 文件中。

我们可以使用 HAL alarm 工具在特定的时间执行某个已注册的函数。Alarm 注册是通过 alt_alarm_start()函数实现的。

```
int alt_alarm_start (alt_alarm * alarm,
                     alt_u32 nticks,
                     alt_u32 ( * callback) (void * context),
                     void * context);
```

函数 callback 是在 nticks 时间逝去后调用的。在调用 alt_alarm_start()时，callback 函数已被初始化。Callback 函数可以使 alarm 复位，callback 函数返回值是下一次调用 callback 前的 ticks 数。如果返回值是 0，则 alarm 应该停止。手动取消 alarm 通过调用函数 alt_alarm_stop()实现。下面部分代码示例说明一个周期的 alarm callback 函数是如何注册调用的。

```
Example: Using a Periodic Alarm Callback Function
#include <stddef.h>
#include <stdio.h>
#include "sys/alt_alarm.h"
#include "alt_types.h"
/*
 * The callback function.
 */
alt_u32 my_alarm_callback (void * context)
{
/* This function will be called once/second */
return alt_ticks_per_second();
}
⋮
/* The alt_alarm must persist for the duration of the alarm. */
static alt_alarm alarm;
⋮
if (alt_alarm_start (&alarm,
alt_ticks_per_second(),
my_alarm_callback,
NULL) < 0)
{
printf ("No system clock available\n");
}
```

有时需要用比 HAL 系统时钟更高的时间精度来测量时间间隔。HAL 提供了更高精度的时间函数 timestamp。HAL 在系统中只支持一个 timestamp。

在 Nios II IDE 系统库参数设置界面中，为 timestamp timer 选择一个特定的定时器设备后，函数 alt_timestamp_start()和 alt_timestamp()可以使用。调用函数 alt_timestamp_satrt()启动计数器，随后调用 alt_timestamp()返回 timestamp 计数器当前值。重新调用 alt_timestamp_start()使 timestamp 计数器复位归 0。

通过调用函数 alt_timestamp_freq()可以知道 timestamp 计数器增长的速率。这个速率代表 Nios II 处理器硬件运行的频率。Timestamp 函数均定义在 alt_timestamp.h 头文件中。

以下部分代码示例说明如何用 timestamp 设备测量代码执行时间。

Example: Using the Timestamp to Measure Code Execution Time
```
#include <stdio.h>
#include "sys/alt_timestamp.h"
#include "alt_types.h"
int main (void)
{
alt_u32 time1;
alt_u32 time2;
alt_u32 time3;
if (alt_timestamp_start() < 0)
{
printf ("No timestamp device available\n");
}
else
{
time1 = alt_timestamp();
func1(); /* first function to monitor */
time2 = alt_timestamp();
func2(); /* second function to monitor */
time3 = alt_timestamp();
printf ("time in func1 = %u ticks\n",
(unsigned int) (time2 - time1));
printf ("time in func2 = %u ticks\n",
(unsigned int) (time3 - time2));
printf ("Number of ticks per second = %u\n",
(unsigned int)alt_timestamp_freq());
}
return 0;
}
```

(5) Flash 设备的使用

HAL API 提供函数写数据到 Flash 中,例如,用这些函数实现基于 Flash 的文件子系统实验。HAL API 还提供读 Flash 函数。对于大多数 Flash 设备,可以把 Flash 存储器空间视为一个简单的存储器,直接编程实现读操作,而不必调用特殊的 HAL API 函数。如果 Flash 设备使用特殊协议来读数据的,必须用 HAL API 函数来读写 Flash 了。例如 Altera EPCS 串行配置器件。

HAL API 针对 Flash 设备有不同的模式,下面是访问不同层次 Flash 时的 HAL API 模式。

- 简单 Flash 访问:简单的 API 读/写 Flash。
- Fine-grained Flash 访问:fine-grained 函数来控制写或擦除个别块。管理文件子系统需要此功能函数。

访问 Flash 的 API 函数均定义在头文件 sys/alt_flash.h 中。

简单 Flash 访问包括以下函数:alt_flash_open_dev()、alt_write_flash()、alt_read_flash() 和 alt_flash_close_dev()。

alt_flash_open_dev()函数返回一个 Flash 设备文件句柄,这个函数只有一个变量,就是在 system.h 文件中定义的 flash 设备名。

一旦获得设备文件句柄,就可以用函数 alt_write_flash()写 flash 设备了。函数原型如下:

```
int alt_write_flash(alt_flash_fd* fd,
                    int offset,
                    const void* src_addr,
                    int length )
```

具体写哪个 Flash 设备是由设备文件句柄 fd 识别的,offset 是 Flash 设备的内部偏移地址,src_addr 是要写数据的源地址,length 是要写数据的大小。

函数 alt_read_flash()是从 Flash 设备中读出数据的。函数原型如下:

```
int alt_read_flash( alt_flash_fd* fd,
                    int offset,
                    void* dest_addr,
                    int length )
```

用设备文件句柄 fd 就可以调用此函数读 Flash 数据了,offset 是 Flash 设备的内部偏移地址,dest_addr 是读出数据要存放的目标地址,length 是读数据的大小。对于大多数 Flash 设备,可以不用 alt_read_flash()函数而把 Flash 作为标准存储器直接编程访问。

函数 alt_flash_close_dev()用一个文件句柄关闭设备,函数原型如下:

Void alt_flash_close_dev(alt_flash_fd* fd)

以下代码示例简单 Flash API 函数访问 Flash 设备的应用,定义在 system.h 中的 Flash 设备名为/dev/ext_flash。

```
Example: Using the Simple Flash API Functions
#include <stdio.h>
#include <string.h>
#include "sys/alt_flash.h"
#define BUF_SIZE1024
int main ()
{
alt_flash_fd* fd;
int ret_code;
char source[BUF_SIZE];
char dest[BUF_SIZE];
/* Initialize the source buffer to all 0xAA */
memset(source, 0xa, BUF_SIZE);
fd = alt_flash_open_dev("/dev/ext_flash");
if (fd)
{
ret_code = alt_write_flash(fd, 0, source, BUF_SIZE);
```

```
if (! ret_code)
{
ret_code = alt_read_flash(fd, 0, dest, BUF_SIZE);
if (! ret_code)
{
/*
* Success.
* At this point, the flash is be all 0xa and we
* should have read that all back into dest
*/
}
}
alt_flash_close_dev(fd);
}
else
{
printf("Can't open flash device\n");
}
return 0;
}
```

通常 Flash 是分为块的，alt_write_flash() 函数在对 Flash 进行写数据以前先擦除要写块的内容。一般是不保留块存在的内容，如果要写的数据没有覆盖整个 block，这样会导致意外数据的擦除。如果想保存 Flash 已存在的内容，就用 finer-granularity flash 函数。

用简单 Flash 访问函数进行写 Flash 所造成的以外数据毁坏如图 8.27 所示。一个由 2 个 4 KB 块构成一个 8 KB 的 Flash 存储器。首先，写 5 KB 的 0xAA 到 Flash 中，起始地址为 0x0000。然后，写 2 KB 的 0xBB 到 Flash 中，起始地址为 0x1400。第 1 次写 Flash 成功后，Flash 中从地址 0x0000 开始有 5 KB 的 0xAA，剩下的存储空间为 0xFF（未写数据）。然后，进行第 2 次写操作，因写的起始地址是在第 2 个块内，所以先对第 2 块存储区进行擦除，此时 Flash 内包含有 4 KB 的 0xAA 和 4 KB 的 0xFF。当第 2 次写完后，在地址为 0x1000 的 1 KB 0xAA 是不希望被擦除为 0xFF 的。

Fine-Grained Flash 访问需要 3 个函数来完成对 Flash 的最高间隔尺度的写操作：alt_get _flash_info()、alt_erase_flash_block() 和 alt_write_flash_block()。

根据 Flash 存储器的特性，在一个块内是不能擦除单一地址存储空间的。必须一次擦除整个块存储空间。写 Flash 只是把数据位由 1 变为 0，或由 0 变为 1，但首先必须擦除整个存储块区域。因此，为了只改变块中特定区域的值而保留剩余的内容不变，就必须读出该块区域内所有内容到一个缓存中，在缓存内改变特定区域的值。擦除 Flash 块内容，最后把整个块大小的缓存内容写到 Flash 中。Fine-grained Flash 访问函数支持这种 Flash 块级处理。

alt_get_flash_info() 函数得到擦除区域的数量，每一个区域内擦除块的数量和每个擦除块的大小。函数原型如下：

```
int alt_get_flash_info( alt_flash_fd * fd,
                        flash_region * * info,
```

地址	块	t_0时刻 第一次写之前	第一次写操作		第二次写操作	
			t_1时刻 擦写块之后	t_2时刻 写入Data1之后	t_3时刻 擦写块之后	t_4时刻 写入Data2之后
0x0000	1	??	FF	AA	AA	AA
0x0400	1	??	FF	AA	AA	AA
0x0800	1	??	FF	AA	AA	AA
0x0C00	1	??	FF	AA	AA	AA
0x1000	2	??	FF	AA	FF	FF(1)
0x1400	2	??	FF	FF	FF	BB
0x1800	2	??	FF	FF	FF	BB
0x1C00	2	??	FF	FF	FF	FF

图 8.27　写 Flash 造成意外数据毁坏

```
int * number_of_regions)
```

如果调用成功,则返回擦除区域数量的地址和第 1 个 flash_region 的地址。

Flash_region 结构定义在 sys/alt_flash_type.h 文件内,它的函数原型如下:

```
typedef struct flash_region
{
int offset;/* Offset of this region from start of the flash */
int region_size;/* Size of this erase region */
int number_of_blocks;/* Number of blocks in this region */
int block_size;/* Size of each block in this erase region */
}flash_region;
```

根据函数 alt_get_flash_info() 得到的信息,下面就可以对 Flash 中的个别块进行擦除和编程了。alt_erase_flash_block() 用来擦除 Flash 中单独的一块存储空间,函数原型如下:

```
int alt_erase_flash_block( alt_flash_fd * fd,
                    int offset,
                    int length)
```

通过句柄 fd 来识别 Flash 存储器,块是通过偏移地址 offset 和大小 length 来确定。alt_write_flash_block() 用来写单独的块区域,函数原型如下:

```
int alt_write_flash_block( alt_flash_fd * fd,
int block_offset,
int data_offset,
const void * data,
int length)
```

函数通过句柄 fd 来控制 Flash 存储器,block_offset 是块的偏移地址,函数写数据字节长度 length 到 data_offset 中。

以下代码示例了 fine-grain Flash 访问函数的应用。

第 8 章 Nios II 系统开发设计基础

Example: Using the Fine-Grained Flash Access API Functions

```c
#include <string.h>
#include "sys/alt_flash.h"
#define BUF_SIZE 100
int main (void)
{
flash_region * regions;
alt_flash_fd * fd;
int number_of_regions;
int ret_code;
char write_data[BUF_SIZE];
/* Set write_data to all 0xa */
memset(write_data, 0xA, BUF_SIZE);
fd = alt_flash_open_dev(EXT_FLASH_NAME);
if (fd)
{
ret_code = alt_get_flash_info(fd,
&regions,
&number_of_regions);
if (number_of_regions && (regions->offset == 0))
{
/* Erase the first block */
ret_code = alt_erase_flash_block(fd,
regions->offset,
regions->block_size);
if (ret_code)
{
/*
* Write BUF_SIZE bytes from write_data 100 bytes into
* the first block of the flash
*/
ret_code = alt_write_flash_block( fd,
regions->offset,
regions->offset + 0x100,
write_data,
BUF_SIZE);
}
}
}
return 0;
}
```

(6) DMA 设备的使用

HAL 提供了 DMA 设备,实现大量数据从源地址到目的地址的直接传输。数据源和目的地可以是存储器或其他设备。例如以太网连接等。

DMA 传输包括发送和接收,所以 HAL 提供了两个设备驱动来发送通道和接收通道。发送通道从源缓冲器得到数据,然后发送到目的地。接收通道从设备接收数据,然后将数据暂存到目的地缓存中。DMA 传输的三种基本方式如图 8.28 所示。

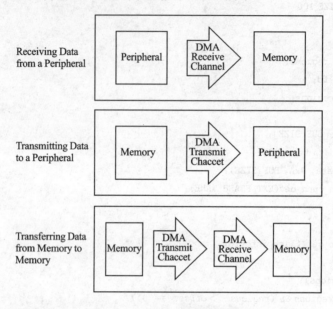

图 8.28 DMA 三种传输方式

访问 DMA 设备的 API 定义在 sys/alt_dma.h 文件中。

1) DMA 发送通道

DMA 请求通过 DMA 设备句柄发出,句柄通过函数 alt_dma_txchan_open() 获得。该函数只有一个变量就是 DMA 设备的名称。设备名称定义在 system.h 文件中。

以下代码示例如何获得一个 DMA 设备(dma_0)的句柄,打开发送通道。

```
Example: Obtaining a File Handle for a DMA Device
#include <stddef.h>
#include "sys/alt_dma.h"
int main (void)
{
alt_dma_txchan tx;
tx = alt_dma_txchan_open ("/dev/dma_0");
if (tx == NULL)
{
/* Error */
}
else
{
/* Success */
}
return 0;
}
```

alt_dma_txchan_send()函数原型为：

```
typedef void (alt_txchan_done)(void * handle);
int alt_dma_txchan_send (alt_dma_txchan dma,
const void * from,
alt_u32 length,
alt_txchan_done * done,
void * handle);
```

调用函数 alt_dma_txchan_send()，请求 dma 通道发送数据，length 是传送数据的长度，from 是数据的源地址。函数的返回值标志 dma 是否传输成功。返回负值表示发送请求失败，发送成功时，用户自定义的有句柄 handle 标识的 done 函数将被调用。

2) DMA 接收通道

DMA 接收通道操作和 DMA 发送通道操作类似。接收通道句柄由函数 alt_dma_rxchan_open()得到，由函数 alt_dma_rxchan_prepare()发送接收请求。函数原型如下：

```
typedef void (alt_rxchan_done)(void * handle, void * data);
int alt_dma_rxchan_prepare (alt_dma_rxchan dma,
void * data,
alt_u32 length,
alt_rxchan_done * done,
void * handle);
```

调用函数 alt_dma_rxchan_prepare()，发出接收请求到 dma 通道，length 是接收数据的长度，函数的返回值标志 dma 是否传输成功。返回负值表示接收请求失败，发送成功时，用户自定义的有句柄 handle 标识的 done 函数将被调用。

以下代码示例 DMA 接收通道的传输。

```
Example: A DMA Transaction on a Receive Channel
#include <stdio.h>
#include <stddef.h>
#include <stdlib.h>
#include "sys/alt_dma.h"
#include "alt_types.h"
/* flag used to indicate the transaction is complete */
volatile int dma_complete = 0;
/* function that is called when the transaction completes */
void dma_done (void * handle, void * data)
{
dma_complete = 1;
}
int main (void)
{
alt_u8 buffer[1024];
alt_dma_rxchan rx;
/* Obtain a handle for the device */
```

```c
if ((rx = alt_dma_rxchan_open ("/dev/dma_0")) == NULL)
{
printf ("Error: failed to open device\n");
exit (1);
}
else
{
/* Post the receive request */
if (alt_dma_rxchan_prepare (rx, buffer, 1024, dma_done, NULL)
< 0)
{
printf ("Error: failed to post receive request\n");
exit (1);
}
/* Wait for the transaction to complete */
while (! dma_complete);
printf ("Transaction complete\n");
alt_dma_rxchan_close (rx);
}
return 0;
}
```

3) Memory-to-Memory DMA 传输

复制数据从一个存储器缓存到另一个缓存要用到接收和发送 DMA 驱动。下面的代码示例这一过程。

```c
Example: Copying Data from Memory to Memory
# include <stdio.h>
# include <stdlib.h>
# include "sys/alt_dma.h"
# include "system.h"
static volatile int rx_done = 0;
/*
* Callback function that obtains notification that the data has
* been received.
*/
static void done (void * handle, void * data)
{
rx_done++;
}
/*
*
*/
int main (int argc, char * argv[], char * envp[])
{
int rc;
```

第8章 Nios II 系统开发设计基础

```
alt_dma_txchan txchan;
alt_dma_rxchan rxchan;
void * tx_data = (void *) 0x901000; /* pointer to data to send */
void * rx_buffer = (void *) 0x902000; /* pointer to rx buffer */
/* Create the transmit channel */
if ((txchan = alt_dma_txchan_open("/dev/dma_0")) == NULL)
{
printf ("Failed to open transmit channel\n");
exit (1);
}
/* Create the receive channel */
if ((rxchan = alt_dma_rxchan_open("/dev/dma_0")) == NULL)
{
printf ("Failed to open receive channel\n");
exit (1);
}
/* Post the transmit request */
if ((rc = alt_dma_txchan_send (txchan,
tx_data,
128,
NULL,
NULL)) < 0)
{
printf ("Failed to post transmit request, reason = %i\n", rc);
exit (1);
}
/* Post the receive request */
if ((rc = alt_dma_rxchan_prepare (rxchan,
rx_buffer,
128,
done,
NULL)) < 0)
{
printf ("Failed to post read request, reason = %i\n", rc);
exit (1);
}
/* wait for transfer to complete */
while (! rx_done);
printf ("Transfer successful! \n");
return 0;
}
```

(7) 启动顺序和入口点

目前，一般认为程序的入口点是 main() 函数。还有一个可利用的入口点就是 alt_main() 函数，通过 alt_main() 可以控制启动的顺序。main() 和 alt_main() 区别在于 hosted 和 freestanding 的应用。

标准 ANSI C 定义的 hosted 应用执行是从调用 main()函数开始的。在执行 main()函数前,hosted 应用认为运行环境和所有系统设备都已初始化可以使用了,这些假定都是由 HAL 系统库完成的。事实上,Nios II 程序员是 hosted 应用的最大受益者,因为不要关心系统有什么设备存在和如何初始化它们。HAL 可以自动初始化整个系统。

ANSI C 还提供另外一个入口点 alt_main(),避免系统自动初始化,假定是由 Nios II 程序员手动初始化系统硬件的。alt_main()函数提供 free-standing 环境,让程序员完全控制系统的初始化。例如,在 free-standing 环境中不能调用 printf()函数,除非 alt_main()函数首先初始化字符模式设备驱动,并且指定哪个设备为 stdout。

注意:用 freestanding 环境增加了 Nios II 编程的难度,因为放弃了 HAL 自动初始化系统的功能。如果用 freestanding 环境主要是减少代码,可以参考减少代码章节中的很多种方法。通过 Nios II IDE 系统库参数设置会更容易减少代码冗余,而不用 freestanding 模式。

1) 基于 HAL 程序的启动顺序

HAL 提供系统初始化代码,按以下顺序执行:

- Flushes 指令和数据缓存。
- 配置堆栈指针。
- 配置全局变量指针。
- 用连接器提供的指针_bss_start 和_bss_end 来初始化 BSS 区域为 0。_bss_start 和_bss_end 是 BSS 区域开始和结束的指针。
- 如果系统中没有 bootloader,则复制.rwdata、.rodata 和 exception sections 到 RAM 中。
- 调用 alt_main()函数。

如果没有提供 alt_main()函数可以执行,默认按以下步骤执行:

- 调用 ALT_OS_INIT()宏执行必须的操作系统初始化。对于一个系统来说,该宏不包括操作系统的程序调度。
- 如果 HAL 用在一个操作系统中,alt_fd_list_lock 文件链表将被初始化用来控制 HAL 文件系统。
- 初始化中断控制器,开中断。
- 调用 alt_sys_init()函数初始化系统中所有设备驱动和软件组件。Nios II IDE 为每个 HAL 系统库工程自动创建和管理系统初始化文件 alt_sys_init.c。
- 设定适当的设备作为 C 标准的 I/O 通道(stdin,stdout 和 stderr)。
- 用_do_ctors()函数调用 C++构造函数。
- 在系统停止时调用已注册的 C++析构函数。
- 调用 main()函数。
- 调用 exit(),传递 main()函数的返回值到 exit()作为它的输入。

alt_main.c 文件提供默认状态下执行的代码,alt_main.c 文件的路径为:

altera\kits\nios2\components\altera_hal\HAL\src

具体代码如下:

```c
#include <stdio.h>
#include <stdarg.h>
#include <string.h>
#include <fcntl.h>
#include <stdlib.h>

#include "sys/alt_dev.h"
#include "sys/alt_sys_init.h"
#include "sys/alt_irq.h"
#include "sys/alt_dev.h"
#include "os/alt_hooks.h"
#include "priv/alt_file.h"
#include "alt_types.h"
#include "system.h"

extern void _do_ctors(void);
extern void _do_dtors(void);

/*
 * Standard arguments for main. By default, no arguments are passed to main.
 * However a device driver may choose to configure these arguments by calling
 * alt_set_args(). The expectation is that this facility will only be used by
 * the iclient/ihost utility.
 */

int alt_argc = 0;
char ** alt_argv = {NULL};
char ** alt_envp = {NULL};

/*
 * Prototype for the entry point to the users application.
 */

extern int main (int, char **, char **);

/*
 * alt_main is the C entry point for the HAL. It is called by the assembler
 * startup code in the processor specific crt0.S. It is responsible for:
 * completing the C runtime configuration; configuring all the
 * devices/filesystems/components in the system; and call the entry point for
 * the users application, i.e. main().
 */

void alt_main (void)
{
```

```c
/* Initialise the interrupt controller. */

alt_irq_init (ALT_IRQ_BASE);

/* Initialise the operating system */

ALT_OS_INIT();

/*
 * Initialise the semaphore used to control access to the file descriptor
 * list.
 */

ALT_SEM_CREATE (&alt_fd_list_lock, 1);

/* Initialise the device drivers/software components. */

alt_sys_init ();

/*
 * Redirect stdout etc. to the apropriate devices now that the devices have
 * been initialised. This is only done if the user has requested that the
 * channels been directed away from /dev/null - which is how the channels
 * are configured by default. Making the call to alt_io_redirect conditional
 * allows this function to be excluded from optomised executables when it
 * is unecessary.
 */

if (strcmp (ALT_STDOUT, "/dev/null") ||
    strcmp (ALT_STDIN, "/dev/null") ||
    strcmp (ALT_STDERR, "/dev/null"))
{
    alt_io_redirect (ALT_STDOUT, ALT_STDIN, ALT_STDERR);
}

/* Call the C++ constructors */

_do_ctors ();

/*
 * Set the C++ destructors to be called at system shutdown. This is only done
 * if a clean exit has been requested (i.e. the exit() function has not been
 * redefined as _exit()). This is in the interest of reducing code footprint,
```

```
 * in that the atexit() overhead is removed when it's not needed.
 */

#ifndef ALT_NO_CLEAN_EXIT
  atexit (_do_dtors);
#endif

/*
 * Finally, call main(). The return code is then passed to a subsequent
 * call to exit().
 */

exit (main (alt_argc, alt_argv, alt_envp));
}
```

2) 用户定制启动顺序

在 Nios II IDE 工程中用户可以使用 alt_main() 函数实现自定义的启动顺序。这样用户就有控制启动顺序和选择 HAL 服务的权利了。如果应用程序要求 alt_main() 函数入口点，用户则可以复制裁减默认的执行代码到所需要的工程中。例如，如果想用自己的初始化文件来代替 alt_sys_init.c,用户可以在系统工程路径下替换。

(8) 存储器的使用

本节主要说明 HAL 使用存储器的方法和 HAL 如何在存储器中安排 code、data 和 stack 等。

缺省情况下，HAL 系统是由一个自动生成的连接器脚本连接的，该连接器脚本是由 Nios II IDE 创建和管理的。这个连接器脚本控制 code 和 data 可用存储器项的映射。自动生成的连接器脚本为系统中每个物理存储器设备创建一个存储器项。例如，在 system.h 文件中定义了一个片上存储器 on_chip_memory,那么连接器脚本就会对应生成一个 .on_chip_memory 存储器项。

包含 Nios II 处理器 reset 地址和 exception 地址的存储器是一个特殊的存储器。如果一个存储器包含这两个地址中的一个地址，则该地址下面的地址空间专门为该段所用。例如,一个 32 字节的复位段构建在 reset 地址的起始处，复位段是专门为中断句柄保留的。

注意:在多处理器系统中,存储器所划分的不可用区域可被其它的处理器使用。物理存储器如何被分成存储器段的如图 8.29 所示。为了达到说明的目的,在 SDRAM 存储器中人工创建了不可用区域；这是由于 reset 地址和 exception 地址均在 sdram 中。缺省情况下,Altera 工具都会把 reset 地址和 exception 地址映射到任何一个存储器中。在系统中用缺省的存储器映射,reset 地址在设备存储器或 Flash 存储器中的偏移地址是 0x0,exception 地址在存储器中的偏移地址是 0x20。这些是在 SOPC Builder 生成 Nios II 处理器系统时设置生成的。

一般情况下,Nios II 开发工具自动选择缺省分区。例如,为了提高性能,通常把关键代码和数据放到 RAM 存储器内以最快的时间访问。

1) 简单定位选项

复位句柄代码总是放在 .reset 分区。异常句柄代码总是放在包含 exception 地址的存储器开始位。缺省情况下,剩下的代码和数据分为以下三类：

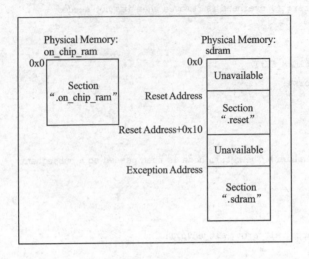

图 8.29 HAL 存储器分区

- .text：剩下的全部代码。
- .rodata：只读数据。
- .rwdata：读和写数据，包括初始化为 0 的数据。

用户可以在 Nios II IDE 系统库参数界面设置.text、.rodata 和.rwdata，并分别放到不同的存储器分区中。

2) 高级定位选项

在程序源代码里，用户可以为特定的代码指定目标存储器。以下代码就是把变量 foo 放到 on_chip_memory 中，函数 bar()放到 sdram 存储器中。

```
Example：Manually Assigning C Code to a Specific Memory Section
/* data should be initialized when using the section attribute */
int foo __attribute__ ((section (".on_chip_memory.rwdata"))) = 0;
void bar __attribute__ ((section (".sdram.txt"))) (void)
{
foo++;
}
```

3) Boot 模式

包含复位变量的存储器是处理器的 boot 设备。该设备可以是外部 Flash、Altera EPCS 串行配置设备或是片上 RAM。不管哪种 boot 设备，基于 HAL 的系统构建好后，所有代码和数据段最初都是存在该设备内的。启动时这些代码和数据段会复制到系统库参数界面设置所指定的位置。

如果.text 段没有在 boot 设备(外部 Flash)内，Nios II IDE 中的 Altera flash programmer 会自动下载一个 bootloader 到 reset 地址。Bootloader 在调用_start 以前完成所有代码和数据的下载。当从 EPCS 设备启动时，loader 是由硬件提供的。

如果.test 段位于 boot 设备内，系统中就没有 loader 了。HAL 将直接执行。_reset 函数初始化指令 cache，然后执行_start。允许应用程序直接从 flash 执行。

第8章 Nios II 系统开发设计基础

当在这种模式下运行时（.test 段位于 boot 设备内），HAL 可执行代码能够把要求的代码数据段下载到 RAM 中。这些.rwdata、.rodata 和 exceotion 段在执行 alt_main() 函数前将被自动拷贝到 RAM 内。执行下载的函数是 alt_load()。要下载另外的代码数据段则要用 alt_load_section() 函数。

3. HAL 系统库驱动程序的开发

（1）HAL 系统库驱动程序开发基础

HAL 设备驱动的开发主要取决于具体的设备信息。但下面的开发步骤适合所有的设备类开发。

- 创建一个描述寄存器的头文件。该头文件可能就是唯一的硬件接口。
- 实现驱动的函数。
- 从 main() 函数测试。
- 最后把驱动集成到 HAL 环境。
- 集成设备驱动到 HAL 框架中。

下面我们了解一下 Altera 的 SOPC Builder 硬件设计工具，有助于理解驱动开发的过程。System.h 头文件提供了 Nios II 系统硬件的全部软件描述。它是驱动开发的基础部分。

软件提供宏来访问硬件的，宏就是抽象存储器映射到设备的接口。下面介绍不同设备接口的宏定义。

所有的 SOPC Builder 组件都有一个定义硬件和软件的目录。Nios II 开发包里的每个组件的目录路径为：altera\kits\nios2\components\<组件>。大多数组件都有一个定义硬件接口的头文件<组件名>_reg.h，<组件名>_reg.h 一般在组件的 inc 目录下。例如，Altera 提供的 JTAG UART 组件定义硬件接口就在\altera\kits\nios2\components\altera_avalon_jtag_uart\inc 下的 altera_avalon_jtag_uart_regs.h 头文件中。

_regs.h 头文件定义以下接口：

- 定义读/写设备寄存器的宏。这些宏是 IORD_<name_of_component>_<name_of_register>和 IOWR_<name_of_component>_<name_of_register>。
- Bit-field masks 宏和 offsets 宏是用来访问一个寄存器的某一位的。Bit-field masks 宏是指某一位被掩码，offsets 宏是指在寄存器中的偏移地址。这些宏定义如下：<name_of_component>_<name_of_register>_<name_of_field>_MSK，对应 Bit-field masks 宏定义。<name_of_component>_<name_of_register>_<name_of_field>_OFST，对应 offsets 宏定义。例如 ALTERA_AVALON_UART_STATUS_PE_MSK 和 ALTERA_AVALON_UART_STATUS_PE_OFST 是用来访问 UART 状态寄存器中 PE 位的。

如果开发一个全新的硬件设备驱动，那就要准备好_regs.h 头文件了。

（2）字符模式设备驱动

1）创建设备实例

对于一个字符模式设备，必须提供一个 alt_dev 结构的例化实体。alt_dev 结构定义如下：

```
typedef struct {
alt_llist llist; /* for internal use */
const char * name;
```

```
int ( * open) (alt_fd * fd, const char * name, int flags, int mode);
int ( * close) (alt_fd * fd);
int ( * read) (alt_fd * fd, char * ptr, int len);
int ( * write) (alt_fd * fd, const char * ptr, int len);
int ( * lseek) (alt_fd * fd, int ptr, int dir);
int ( * fstat) (alt_fd * fd, struct stat * buf);
int ( * ioctl) (alt_fd * fd, int req, void * arg);
} alt_dev;
```

设备结构定义实质上是函数指针的集合。用户访问 HAL 文件系统时将调用这些函数。例如,如果应用程序中调用对应设备文件名的 open()函数,那么就会访问该设备结构定义中的 open()函数。

通过调用 open()函数创建一个新的 alt_fd 结构。这个结构例化后将被文件描述有关的函数作为输入变量传递。alt_fd 结构定义如下:

```
typedef struct
{
alt_dev * dev;
void * priv;
int fd_flags;
} alt_fd;
```

- dev 是指向设备结构的指针。
- fd_flags 是传递到 open()函数的 flags 值。
- priv 是驱动用来存储内部使用的文件描述信息。

除了函数指针,alt_dev 结构中还包括 llist 和 name。llist 是在内部使用的,并且 ALT_LLIST_ENTRY 宏要被赋值。Name 是 system.h 头文件中的设备名。

2) 注册字符设备

创建设备结构实例后,需要用函数 int alt_dev_reg (alt_dev * dev)把设备注册到 HAL 中才可使用。这个函数只有一个设备结构输入,返回 0 标志注册成功,返回负值表示该设备不能注册。一旦设备在系统中注册成功,用户就可以通过 HAL API 和 ANSI C 标准库访问设备了。接下来就是上一节讲的字符模式设备的使用了。

(3) 文件子系统驱动

文件子系统设备驱动负责处理 HAL 文件系统中特定挂载点下的文件访问。

1) 设备例化

创建和注册一个文件系统跟创建和注册字符模式设备很相似,也要创建一个 alt_dev 设备结构。唯一不同之处是设备名 name 代表的是文件子系统的挂载点。当然,还必须提供访问文件子系统的函数,例如,read()和 write()。这与字符模式设备相同。

2) 注册文件子系统设备

用函数 int alt_fs_reg (alt_dev * dev)注册文件子系统。该函数带有一个设备结构指针参数,返回负值表示文件系统不能被注册。

一旦一个文件子系统在 HAL 文件系统中注册成功,用户就可以通过 HAL API 和 ANSI C 标准库访问了。文件子系统的挂载点就是 alt_dev 结构定义的设备名。

第 8 章 Nios II 系统开发设计基础

(4) 定时器设备驱动

1) 系统时钟驱动

系统时钟设备模块要求驱动产生周期的"tick",系统中仅有一个系统时钟驱动。对于一个产生定时中断的定时设备来说,系统时钟驱动作为一个中断服务程序(ISR)。驱动必须周期地调用函数 void alt_tick(void)。系统通过函数 int alt_sysclk_init(alt_u32 nticks)来注册系统时钟驱动。参数 nticks 是每秒系统时钟 ticks 数。它是由系统时钟驱动决定的,注册成功返回值为 0。

2) Timestamp 驱动

Timestamp 驱动由以下三个 timestamp 函数实现:alt_timestamp_start()、alt_timestamp()和 alt_timestamp_freq()。系统也只能有一个 timestamp 驱动。

(5) Flash 设备驱动

1) 创建 Flash 设备驱动

Flash 设备驱动必须提供一个设备结构例化 alt_flash_dev,定义在 sys/alt_flash_dev.h 头文件中,代码如下:

```
struct alt_flash_dev
{
alt_llist llist; // internal use only
const char* name;
alt_flash_open open;
alt_flash_close close;
alt_flash_write write;
alt_flash_read read;
alt_flash_get_flash_info get_info;
alt_flash_erase_block erase_block;
alt_flash_write_block write_block;
void* base_addr;
int length;
int number_of_regions;
flash_region region_info[ALT_MAX_NUMBER_OF_FLASH_REGIONS];
};
```

第一个参数 llist 是内部使用的,并且总是被赋值为 ALT_LLIST_ENTRY。Name 是定义在 system.h 文件中的设备名。

应用 API 访问 flash 时将调用定义中的函数指针对应的函数:

```
alt_flash_open_dev()
alt_flash_close_dev()
alt_flash_write()
alt_write_flash()
alt_read_flash()
alt_get_flash_info()
alt_erase_flash_block()
alt_write_flash_block()
```

- base_addr 参数是 Flash 存储器的基地址。
- length 是指 Flash 的大小(字节为单位)。
- number_of_regions 是指 Flash 中擦除的区域数目。
- region_info 是关于 Flash 设备中块的位置和大小。

2) 注册 Flash 设备

创建一个设备结构例化 alt_flash_dev 后,还要用函数 int alt_flash_device_register(alt_flash_fd * fd)注册设备,HAL 系统才可以使用该设备。该函数有一参数设备指针,函数返回值为 0,则注册成功。否则注册失败。

(6) DMA 设备驱动

DMA 传输是通过两个端点设备接收通道和发送通道控制的。下面分别介绍两个通道的驱动。DMA 设备驱动接口定义在 sys/alt_dma_dev.h 头文件中。

1) DMA 发送通道

DMA 发送通道是通过例化一个 alt_dma_txchan 设备结构构建的。

```
typedef struct alt_dma_txchan_dev_s alt_dma_txchan_dev;
struct alt_dma_txchan_dev_s
{
alt_llist llist;
const char * name;
int ( * space) (alt_dma_txchan dma);
int ( * send) (alt_dma_txchan dma,
const void * from,
alt_u32 len,
alt_txchan_done * done,
void * handle);
int ( * ioctl) (alt_dma_txchan dma, int req, void * arg);
};
```

- llist 是内部使用的,总是指向 ALT_LLIST_ENTRY 值。
- name 是调用函数 alt_dma_txchan_open()所打开的通道,定义在 system.h 文件中的设备名。
- space 是 alt_dma_txchan_dev 结构指针,返回排队请求 DMA 发送的个数。
- send 是调用 API 函数 alt_dma_txchan_send()的指针。这个函数发送请求到 DMA 设备。
- ioctl 函数执行设备特定 I/O 控制。

例化设备结构 alt_dma_txchan 后,还必须用函数 int alt_dma_txchan_reg (alt_dma_txchan_dev * dev)对设备进行注册,系统才可使用该设备。

dev 是要注册的设备,返回值是 0 则注册成功,返回负值则设备不能被注册。

2) DMA 接收通道

DMA 接收通道是通过例化一个 alt_dma_rxchan 设备结构构建的。

```
typedef alt_dma_rxchan_dev_s alt_dma_rxchan;
```

第8章 Nios II 系统开发设计基础

```
struct alt_dma_rxchan_dev_s
{
alt_llist list;
const char * name;
alt_u32 depth;
int ( * prepare) (alt_dma_rxchan dma,
void * data,
alt_u32 len,
alt_rxchan_done * done,
void * handle);
int ( * ioctl) (alt_dma_rxchan dma, int req, void * arg);
};
```

- llist 是内部使用的，总是指向 ALT_LLIST_ENTRY 值。
- name 是调用函数 alt_dma_rxchan_open()所打开的通道，定义在 system.h 文件中的设备名。
- depth 是接收请求总数。
- prepare 是调用 API 函数 alt_dma_txchan_prepare()的指针。这个函数发送接收请求到 DMA 设备。
- ioctl 函数执行设备特定 I/O 控制。

例化设备结构 alt_dma_rxchan 后，还必须用函数 int alt_dma_rxchan_reg (alt_dma_rxchan_dev * dev)对设备进行注册，系统才可使用该设备。

dev 是要注册的设备，返回值是 0 则注册成功，返回负值则设备不能被注册。

(7) Ethernet 设备驱动

HAL 以太网通用的设备模块驱动提供了访问运行在 μC/OS-II 操作系统上的 LwIP 协议栈的接口。用户也可以为一个新的以太网设备编写驱动。在写驱动之前需要了解 LwIP 协议栈和它的应用。

写以太网设备驱动最简单的方法就是参照 Altera 已经实现的 SMSClan91c111 设备驱动，结合自己的以太网设备进行修改。下面就按这种方法去分析以太网设备驱动，而不关心 LwIP 协议栈内部是如何实现的。

lan91c111 驱动源代码在 altera\kits\nios2\components\altera_avalon_lan91c111\UCOSII 下的 inc 和 src 两个目录下。以太网设备驱动接口则定义在 altera\kits\nios2\components\altera_lwip\UCOSII\inc\ alt_lwip_dev.h 文件中。下面介绍如何为一个新的以太网设备写驱动。

1) alt_lwip_dev_list 的例化

以下代码是 alt_lwip_dev_list 结构的例化，也是每个以太网设备驱动所必须提供的。

```
typedef struct
{
alt_llist llist; /* for internal use */
alt_lwip_dev dev;
} alt_lwip_dev_list;
struct alt_lwip_dev
```

```
{ /* The netif pointer MUST be the 1st element in the structure */
struct netif * netif;
const char * name;
err_t ( * init_routine)(struct netif * );
void ( * rx_routine)();
};
```

name 参数是定义在 system.h 文件中的设备名。LwIP 内部使用 netif 结构来定义设备驱动接口。netif 结构定义在 netif.h 文件中。路径为：altera\kits\nios2\components\altera_lwip\UCOSII\src\downloads\lwip-1.1.0\src\include\lwip

netif 结构包含以下内容：
- 接口的 MAC 地址。
- 接口的 IP 地址。
- 初始化 MAC 设备的底层函数指针。
- 发送包的底层函数指针。
- 接收包的底层函数指针。

2) init_routine() 函数

在 alt_lwip_dev 结构中 init_routine 是一个函数指针，这个函数用来完成 netif 结构的构建和硬件的初始化。函数原型为：err_t init_routine(struct netif * netif)。init_routine() 函数中通过调用例程 get_mac_addr() 和 get_ip_addr() 来填写 netif 结构中的 MAC 地址和 IP 地址。init_routine() 函数甚至要访问一些底层寄存器来配置硬件。

3) output() & linkoutput() 函数

init_routine() 函数还要填写 netif 结构中的两个发送函数指针。两个函数是 output() 和 link_output()。link_output() 函数原型为：link_output(struct netif * netif, struct pbuf * p)。output() 函数原型为：

```
output(struct netif * netif,
struct pbuf * p,
struct ip_addr * ipaddr)
```

4) rx_routine() 函数

alt_lwip_dev 结构中的 rx_routine 是指向 routine 函数的指针。函数 routine() 是把接收的包放到 TCP/IP 协议栈中的。

(9) 设备驱动集成到 HAL 中

本节主要讨论在系统初始化时 HAL 是如何自动例化和注册设备驱动的。不管用户创建的是 HAL 通用设备模式驱动还是特定的外围设备驱动，都可以应用这项系统服务。HAL 提供的自动化操作主要是对特定 HAL 目录结构下文件的处理。

1) HAL 设备目录结构

每个外围设备都定义在一个特定的 SOPC Builder 组件目录下。下面以 JTAG 串口组件为例说明。Altera 的 JTAG UART 组件的目录如图 8.30 所示。它的路径为：altera\kits\nios2\components\altera_avalon_uart。

2) 设备的 HAL 头文件 & alt_sys_init.c

第 8 章 Nios II 系统开发设计基础

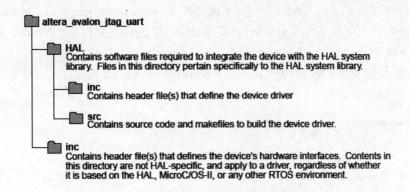

图 8.30 altera_avalon_uart 组件目录结构

alt_sys_init.c 文件是 HAL 自动生成的,它包括初始化系统所有设备的驱动源代码。文件中定义的 alt_sys_init()函数在系统执行 main()函数前将初始化所有设备驱动以便在程序中使用。

以下是 alt_sys_init.c 文件的部分代码,示例设备驱动的初始化。

```
Example: Excerpt from an alt_sys_init.c File Performing Driver
Initialization
#include "system.h"
#include "sys/alt_sys_init.h"
/*
 * device headers
 */
#include "altera_avalon_timer.h"
#include "altera_avalon_uart.h"
/*
 * Allocate the device storage
 */
ALTERA_AVALON_UART_INSTANCE( UART1, uart1 );
ALTERA_AVALON_TIMER_INSTANCE( SYSCLK, sysclk );
/*
 * Initialise the devices
 */
void alt_sys_init( void )
{
ALTERA_AVALON_UART_INIT( UART1, uart1 );
ALTERA_AVALON_TIMER_INIT( SYSCLK, sysclk );
}
```

当用户创建一个新的软件工程,编译后 Nios II IDE 会自动生成 alt_sys_init.c 文件。alt_sys_init.c 文件与 SOPC Builder 系统中特定的硬件内容相匹配。Nios II IDE 是自动调用生成器 gtf-generate 来生成 alt_sys_init.c 文件的。

对于 SOPC Builder 系统中定制的每个设备,生成器 gtf-generate 将在设备的 HAL/inc 目录下查找相应的设备头文件。然后把头文件加到 alt_sys_init.c 文件中。例如,SOPC Builder

新建系统中包含一个 JTAG UART 组件，生成器在 altera_avalon_jtag_uart/HAL/inc 目录下查找到对应设备的头文件 altera_avalon_jtag_uart.h，并把该头文件添加到 alt_sys_init.c 文件中执行以下操作：

- 包含设备头文件。例如"Example：Excerpt from an alt_sys_init.c File Performing Driver"代码中：

```
* device headers
*/
#include "altera_avalon_timer.h"
#include "altera_avalon_uart.h"
/*
```

- 调用宏＜name of device＞_INSTANCE 为设备分配存储空间。例如"Example：Excerpt from an alt_sys_init.c File Performing Driver"代码中：

```
* Allocate the device storage
*/
ALTERA_AVALON_UART_INSTANCE( UART1, uart1 );
ALTERA_AVALON_TIMER_INSTANCE( SYSCLK, sysclk );
/*
```

- 在 alt_sys_init()函数中调用宏＜name of device＞_INIT 初始化设备。例如"Example：Excerpt from an alt_sys_init.c File Performing Driver"代码中：

```
* Initialise the devices
*/
void alt_sys_init( void )
{
ALTERA_AVALON_UART_INIT( UART1, uart1 );
ALTERA_AVALON_TIMER_INIT( SYSCLK, sysclk );
}
```

*_INSTANCE 和 *_INIT 两个宏必须定义在相关的设备头文件中。例如，JTAG UART 设备头文件 altera_avalon_jtag_uart.h 中必须定义宏 ALTERA_AVALON_JTAG_UART_INSTANCE 和 ALTERA_AVALON_JGAT_UART_INIT。宏 *_INSTANCE 是用来为设备分配存储空间的，宏 *_INIT 是用来初始化设备的。这两个宏均有两个输入参数：第1个参数是大写的例化设备名；第2个参数是小写的例化设备名。

注意：为了减少工程重编译时间，system.h 文件没有直接包含在外围设备的头文件中，而总是包含在 alt_sys_init.c 文件中。

在 SOPC builder 组件中发布设备驱动，用户应该提供组件目录下的 HAL/inc/＜component_name＞.h 头文件。在头文件中要定义两个宏：＜COMPONENT_NAME＞_INSTANCE 和＜COMPONENT_NAME＞_INIT。在执行 main()函数前 HAL 系统库自动例化设备和注册设备驱动。

3）设备驱动源代码

一般情况下，设备驱动不会全部定义在头文件中，组件还包括一些额外的源代码也会编译进系统库。

源代码一般放在 HAL/src 目录下,该目录下还包含一个 makefile 文件——component.mk。component.mk 文件列出了源代码文件。下面代码以 JTAG UART 设备 makefile 文件示例:

```
Example: An Example component.mk Makefile
C_LIB_SRCS + = altera_avalon_uart.c
ASM_LIB_SRCS + =
INCLUDE_PATH + =
```

- C_LIB_SRCS:要编译进系统库的 C 源文件列表。
- ASM_LIB_SRCS:要编译进系统库的汇编源文件列表。
- INCLUDE_PATH:头文件目录的路径列表。

当编译系统库工程和应用工程时,Nios II IDE 会自动包含 component.mk 文件到顶层的 makefile 中。

4) 总　结

集成一个设备驱动到 HAL 框架中,执行以下步骤:
- 创建一个包含宏 *_INSTANCE 和宏 *_INIT 的头文件。路径为:设备 HAL/inc。
- 创建一个能使用设备的源文件。应放在设备 HAL/src 目录下。
- 创建一个 makefile 文件,component.mk 应放在设备 HAL/src 目录下。

8.3.4　高级编程

1. 中断处理

所有的中断包括硬件中断和软件中断都是由存放在 exception address 地址内的代码所处理执行的。

Nios II 处理器提供以下中断类型:
- 硬件中断。
- 软件中断。

当中断发生,处理器会自动执行以下步骤:
- 保存处理器中断前状态。
- 清除状态寄存器 PIE 位,关闭硬件中断。
- 存储中断指令地址,提供中断返回地址。
- 变量指向中断地址。

HAL 系统库提供的中断处理位于 exception address 内,它按硬件中断和软件中断分别处理。
- 根据 estatus 寄存器的 EPIE 位判断哪种中断:若 EPIE 为 0,则为软件中断;若 EPIE 为 1,继续进行下一步。
- 根据 ipending 判断中断类型:如果 ipending 任何一位为 1,则为硬件中断;若 ipending 为 0,则为软件中断。

中断处理包括以下三个例程:

- _irq_entry()。
- alt_irq_handler()。
- software_exception()。

(1) _irq_entry

如果 Nios II 系统包含硬件中断,则顶层汇编例程_irq_entry 将被放在 exception address 内。_irq_entry 根据中断类型调用相应的例程。如果是软件中断,将调用 software_exception 例程;如果是硬件中断,将调用 alt_irq_handler 例程。

下面是_irq_entry 例程的伪代码:

```
Example: A pseudocode representation of _irq_entry
_irq_entry:
if EPIE = 0
// Software Exception
goto software_exception handler assembly.
else if ipending = 0
// Software Exception
goto software_exception handler assembly.
else
// Hardware Interrupt
store pre-exception processor state
// Call alt_irq_handler to dispatch the appropriate ISR.
call the alt_irq_handler routine
restore the pre-exception processor state
// return from exception
issue the exception return instruction, eret..
```

(2) alt_irq_handler()

函数 alt_irq_handler()判断设备中断号并执行注册在 HAL 中的中断函数。中断请求的最高优先级是 IRQ0,最低优先级的中断是 IRQ31。

以下是 alt_irq_handler()函数的伪代码:

```
Example: Pseudocode Representation of alt_irq_handler()
alt_irq_handler(void)
// Loop through all IRQs from 0 to 31.
// Execute user-defined function
// when first 1 is reached in ipending.
for i from 0 to 31:
//Check to see which bit of ipending is a 1.
if ipending[i] == 1:
// Execute user-defined function.
// Note: alt_irq_arg[i] and i map to void *
// context and id
// in the user's function prototype, respectively.
// alt_irq[] is an array of function pointers to ISRs
alt_irq[i]( alt_irq_arg[i], i )
```

```
// Stop checking after the first active
// interrupt is found.
break;
```

(3) software_exception

software_exception 例程首先判断哪个未执行指令导致中断的,然后调用相应的指令执行例程。如果 Nios II 系统不包含有任何中断的外围设备,software_exception 例程将直接放到 exception address 中。

以下伪代码示例 software_exception 汇编例程:

```
Example: Pseudo-code representation of software_exception
software_excetion:
if encoding = trap instruction
// Software Trap
// Currently, not implemented (i.e. behaves like a nop).
goto trap_handler
else
// Instruction emulation.
case op / opx
muli: goto mul_immed        //multiply immediate.
mul: goto multiply          // multiply.
mulxss: goto mulxss         // multiply signed-signed.
mulxsu: goto mulxsu         // multiply signed-unsigned.
mulxuu: goto mulxuu         // multiply unsigned-unsigned.
div: goto divide            // signed divide.
divu: goto unsigned_division // unsigned divide.
return from exception
```

(4) 中断服务程序(ISR)

和外围设备通信通常是通过中断来实现的,当一个外围设备分配了中断号 IRQ,它将向处理器发送中断请求,执行中断服务程序,然后中断返回。下面主要介绍 HAL 系统库提供的中断处理框架结构。

(5) 支持中断服务程序(ISR)的 HAL API

HAL 系统库提供 API 帮助创建和维护 ISR。API 是基于 μC/OS 操作系统的,定义了如下函数来管理中断:

- alt_irq_register()。
- alt_irq_disable_all()。
- alt_irq_enable_all()。
- alt_irq_interruptible()。
- alt_irq_non_interruptible()。
- alt_irq_enabled()。

用 HAL API 实现 ISR 需要两步:首先,编写特定设备的中断服务程序 ISR;然后,通过函数 alt_irq_register()注册 ISR 到 HAL 中。在执行过程中,还可以使用函数 alt_irq_enable_all()和 alt_irq_disable_all()控制中断使能。

(6) alt_irq_register()

HAL 注册 ISR 指针到查找表中,当中断请求时,HAL 在查找表中查找 IRQ 并调用注册的 ISR。

alt_irq_register()函数原型:

```
int alt_irq_register (alt_u32 id,
        void* context,
        void (*isr)(void*, alt_u32));
```

id 是设备的硬件中断号。定义在 system.h 中,IRQ 也即代表相应的中断优先级。IRQ0 优先级最高,IRQ31 优先级最低。

context 是指向 ISR 任何信息端口的指针,用来传递 context 内容到 ISR 中。

isr 是对应于 IRQ 号 id 的中断服务函数,两个输入参数分别是 context 指针和 id 中断号。为 isr 注册一个 null 指针将不能产生中断。

如果 ISR 注册成功,则返回相应的中断。

(7) 写 ISR

ISR 函数原型要与 alt_irq_register()中的一致,ISR 函数原型如下:

```
void isr (void* context, alt_u32 id)
```

下面是一个 4 位 PIO 中断的例子,4 位 PIO 外设连接 4 个按钮。当有按钮按下将发生中断,ISR 代码读取 PIO 的 edge-capture 寄存器并保存该值为全局变量。这个全局变量地址通过 context 指针传到 ISR。

下面代码是 PIO 中断服务程序:

```
Example: An ISR to Service a Button PIO IRQ
#include "system.h"
#include "altera_avalon_pio_regs.h"
#include "alt_types.h"
static void handle_button_interrupts(void* context, alt_u32 id)
{
/* cast the context pointer to an integer pointer. */
volatile int* edge_capture_ptr = (volatile int*) context;
/*
 * Read the edge capture register on the button PIO.
 * Store value.
 */
* edge_capture_ptr =
IORD_ALTERA_AVALON_PIO_EDGE_CAP(BUTTON_PIO_BASE);
/* Write to the edge capture register to reset it. */
IOWR_ALTERA_AVALON_PIO_EDGE_CAP(BUTTON_PIO_BASE, 0);
/* reset interrupt capability for the Button PIO. */
IOWR_ALTERA_AVALON_PIO_IRQ_MASK(BUTTON_PIO_BASE, 0xf);
}
```

第8章 Nios II 系统开发设计基础

下面代码示例 ISR 在 main()中的注册：

```
Example: Registering the Button PIO ISR with the HAL
#include "sys/alt_irq.h"
#include "system.h"
⋮
/* Declare a global variable to hold the edge capture value. */
volatile int edge_capture;
⋮
/* Register the interrupt handler. */
alt_irq_register(BUTTON_PIO_IRQ,
(void*) &edge_capture,
handle_button_interrupts);
```

程序执行情况如下：
- 按钮按下，产生中断。
- 调用 HAL 中断句柄，并调用中断服务程序 handle_button_interrupts()。
- 执行 handle_button_interrupts()中断服务并返回。
- 正常程序继续运行，edge_capture 值更新。

2. Ethernet & LwIP

Lightweight IP(LwIP)是一个小型的传输控制协议/互联网协议(TCP/IP)组。LwIP 是用在存储空间较小的嵌入式 Nios II 处理器系统中。

LwIP 具有以下特性：
- 包含发向多个网络接口包的 IP。
- 用来网络维护和调试的 ICMP(Internet Control Message Protocol)。
- 用户自带寻址信息的数据包协议(UDP,User Datagram Protocol)。
- 具有拥塞控制、RTT 估计、快速返回和快速重发功能的 TCP。
- 动态主机配置协议(DHCP,Dynamic Host Configuration Protocol)。
- 以太网地址分辨协议(ARP,Address Resolution Protocol)。
- 应用程序接口的标准套接字。

(1) Nios II 处理器的 LwIP 接口

Nios II 处理器的 LwIP 接口是 μC/OS-II 实时操作系统多线程环境。用户必须在 μC/OS-II 下的 C/C++工程中才可以应用 LwIP。当然，Nios II 处理器系统也必须包含一个以太网设备接口。目前，Altera 提供的 LwIP 驱动仅支持 SMSClan91c111MAC/PHY 以太网设备。LwIP 驱动是中断驱动，所以必须保证以太网设备的连接。

LwIP 接口是基于 HAL 通用以太网设备模块。用户可以写一个新的以太网设备驱动，只要保证与 HAL 和访问硬件的 API 套接字一致就可以使用 LwIP。

下面介绍如何在 Nios II 程序中包含和应用 LwIP 协议栈。

LwIP 协议栈的主要接口是标准套接字接口。除了套接字接口，还需要调用以下两个函数来初始化协议栈和驱动：
- lwip_stack_init()。
- lwip_devices_init()。

用户还要提供设置 MAC 地址和 IP 地址的函数,这些函数是被 HAL 系统调用的。
- init_done_func()。
- get_mac_addr()。
- get_ip_addr()。

应用 LwIP,Nios II 系统必须满足以下条件要求:
- 系统硬件必须包含一个能产生中断的以太网接口。
- 系统库必须是基于 μC/OS-II 操作系统。

(2) 初始化协议栈

main()函数中在调用 OSStart()函数启动 μC/OS-II 系统前,先调用函数 lwip_stack_init()初始化协议栈。代码示例如下:

```
Example: Instantiating the lwIP Stack in main()
#include <includes.h>
#include <alt_lwip_dev.h>
int main ()
{
    ⋮
    lwip_stack_init(TCPIP_THREAD_PRIO, init_done_func, 0);
    ⋮
    OSStart();
    ⋮
    return 0;
}
```

lwip_stack_init()函数原型如下:

```
void lwip_stack_init(int thread_prio,
        void ( * init_done_func)(void * ), void * arg)
```

lwip_stack_init()无返回值,有以下参数:
- thread_prio——TCP/IP 线程的优先级。
- init_done_func——协议栈初始化时调用的函数指针。
- arg——函数 init_done_func()参数值,arg 经常被置 0。

(3) init_done_func()

协议栈初始化后,函数 init_done_func()被调用。init_done_func()函数会调用 lwip_device_init()函数用来安装所有以太网设备驱动,然后创建接收任务。

init_done_func()函数原型为"void init_done_func(void * arg);"。

下面是一个 tcpip_init_done()函数例子代码:

```
Example: An implementation of init_done_func()
#include <stdio.h>
#include <lwip/sys.h>
#include <alt_lwip_dev.h>
#include <includes.h>
/*
```

第8章 Nios II 系统开发设计基础

```
* This function is called once the IP stack is alive
*/
static void tcpip_init_done(void * arg)
{
int temp;
if (lwip_devices_init(ETHER_PRIO))
{
/* If initialization succeeds, start a user task */
temp = sys_thread_new(user_thread_func,
NULL,
USER_THREAD_PRIO);
if (! temp)
{
perror("Can't add the application threads
OSTaskDel(OS_PRIO_SELF);
}
}
else
{
/*
* May not be able to add an Ethernet interface if:
* 1. There is no Ethernet hardware
* 2. Your hardware cannot initialize (e.g.
* not connected to a network, or can't get
* a mac address)
*/
perror("Can't initialize any interface. Closing down.\n");
OSTaskDel(OS_PRIO_SELF);
}
return;
}
```

用户必须用 sys_thread_new() 函数来创建接收与 IP 协议栈通话的任务。

(4) lwip_devices_init()

lwip_devices_init() 从已安装的以太网设备驱动中重新把每个驱动注册到协议栈中。函数返回非 0 值则注册成功。TCP/IP 协议栈就可以使用了，用户就可以创建任务了。

lwip_devices_init() 函数原型为：int lwip_devices_init(int rx_thread_prio)。函数的参数是接收线程的优先级。lwip_devices_init() 函数将调用用户提供的函数 get_mac_addr() 和 get_ip_addr()。

(5) get_mac_addr() 和 get_ip_addr()

get_mac_addr() 和 get_ip_addr() 都是用户自己编写的，系统将灵活的存储 MAC 地址和 IP 地址在任意位置。例如，一些系统把 MAC 地址放在 Flash 中，也要一些系统把 MAC 地址放在片上存储器内。

get_mac_addr() 函数原型为 "err_t gat_mac_addr(alt_lwip_dev * lwip_dev);"。

下面代码示例 get_mac_addr() 函数的实现，MAC 地址存放在地址 0x7F0000 单元内。

```
Example: An implementation of get_mac_addr()
#include <alt_lwip_dev.h>
#include <lwip/netif.h>
#include <io.h>
err_t get_mac_addr(alt_lwip_dev * lwip_dev)
{
err_t ret_code = ERR_IF;
/*
 * The name here is the device name defined in system.h
 */
if (! strcmp(lwip_dev->name, "/dev/lan91c111"))
{
/* Read the 6-byte MAC address from wherever it is stored */
lwip_dev->netif->hwaddr[0] = IORD_8DIRECT(0x7f0000, 4);
lwip_dev->netif->hwaddr[1] = IORD_8DIRECT(0x7f0000, 5);
lwip_dev->netif->hwaddr[2] = IORD_8DIRECT(0x7f0000, 6);
lwip_dev->netif->hwaddr[3] = IORD_8DIRECT(0x7f0000, 7);
lwip_dev->netif->hwaddr[4] = IORD_8DIRECT(0x7f0000, 8);
lwip_dev->netif->hwaddr[5] = IORD_8DIRECT(0x7f0000, 9);
ret_code = ERR_OK;
}
return ret_code;
}
```

函数 get_ip_addr() 指定协议栈 IP 地址。用户程序可以请求 DHCP 自动得到 IP 地址，或者指定一个静态地址。get_ip_addr() 函数原型为：

```
int get_ip_addr(alt_lwip_dev * lwip_dev,
struct ip_addr * ipaddr,
struct ip_addr * netmask,
struct ip_addr * gw,
int * use_dhcp);
```

应用 DHCP，则 *use_dhcp=1。

指定静态的 IP 地址，由以下代码完成：

```
IP4_ADDR(ipaddr, IPADDR0, IPADDR1, IPADDR2, IPADDR3);
IP4_ADDR(gw, GWADDR0, GWADDR1, GWADDR2, GWADDR3);
IP4_ADDR(netmask, MSKADDR0, MSKADDR1, MSKADDR2, MSKADDR3);
*use_dhcp = 0;
```

IPADDR0-3 对应 IP 地址，GWADDR0-3 对应网关地址，MSKADDR0-3 对应网络掩码。

下面代码示例 get_ip_addr() 函数实现：

```
Example: An implementation of get_ip_addr()
#include <lwip/tcpip.h>
```

第 8 章　Nios II 系统开发设计基础

```
#include <alt_lwip_dev.h>
int get_ip_addr(alt_lwip_dev * lwip_dev,
struct ip_addr * ipaddr,
struct ip_addr * netmask,
struct ip_addr * gw,
int * use_dhcp)
{
int ret_code = 0;
/*
* The name here is the device name defined in system.h
*/
if (! strcmp(lwip_dev->name, "/dev/lan91c111"))
{
#if LWIP_DHCP == 1
* use_dhcp = 1;
#else
/* Assign Static IP Addresses */
IP4_ADDR(&ipaddr, 10,1 ,1 ,3);
/* Assign the Default Gateway Address */
IP4_ADDR(&gw, 10,1 , 1,254);
/* Assign the Netmask */
IP4_ADDR(&netmask, 255,255 ,255 ,0);
* use_dhcp = 0;
#endif /* LWIP_DHCP */
ret_code = 1;
}
return ret_code;
}
```

(6) 调用套接字接口

以太网设备初始化后,用户应用程序就该用套接字 API 访问 IP 协议栈了。用户必须用 API 函数 sys_thread_new() 新建任务来和 IP 协议栈通话。sys_thread_new() 调用 μC/OS-II 的函数 OSTaskCreate() 新建任务并执行一些 LwIP 操作。

sys_thread_new() 函数原型为:

```
sys_thread_t sys_thread_new( void ( * thread)(void * arg),
                             void * arg,
                             int prio);
```

3. Simple Socket Sever Design 概述

Nios II 软件模块的层次结构如图 8.31 所示。

- Nios II Processor System Hardware:在 FPGA 内实现的硬件系统内核包括 Nios II 软核处理器和相应的硬件外围设备。
- Software Device Drivers:软件设备驱动层包含操作控制以太网设备和其他硬件设备的软件函数。这些驱动包含外围设备详细的物理描述。

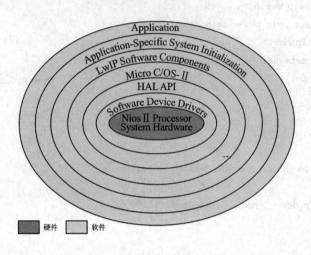

图 8.31 Nios II 软件模块的层次结构

- HAL API：硬件抽象层应用程序接口提供软件设备驱动的标准接口。
- μC/OS-II：μC/OS-II 实时操作系统层为 LwIP 协议栈和 Simple Socket Server 应用程序提供多任务和交互式任务通信服务。
- lwIP Software Component：lwIP 软件组件层为特定应用系统初始化层和应用程序层提供网络服务。
- Application-Specific System Initialization：为特定应用系统初始化层包含在 main()函数中调用的 μC/OS-II 和 LwIP 软件组件初始化函数，还包括所有应用任务和所有消息队列的创建和实时操作系统交互任务通信事件标志。
- Application：应用程序层包含 Simple Socket Server 任务、LED 管理任务、网络使用 DHCP 任务。

应用实例 Simple Socket Server 数据流程图如图 8.32 所示。

图 8.32 说明设计实例的结构。下面分别说明每个模块的具体功能：本图是初始化后的系统状态，由远程登陆的用户程序发送，包含 LED 命令的以太网包被 LwIP 软件组件层接收。LwIP 通过 TCP/IP 协议来处理接收到的以太网数据包，然后，通过套接字 API 把数据包发送给 Simple Socket Server 任务。数据包里的 LED 命令被提取并发送给 LED 命令队列等待 LED 管理任务处理。

下面介绍用在 Simple Socket Sever 应用程序中的任务：

- SSSInitialTask()：初始化操作系统数据结构并创建其他任务。
- SSSSimpleSocketServerTask()：socket 和 handles 连接，这个任务一次只能进行一个连接。
- NETUTILSDHCPTimeoutTask()：如果由于 DHCP 服务器没有成功设置动态 IP 地址，两分钟后该任务将设置一个静态的 IP 地址。
- LEDMangementTask()：接收和执行通过 SSSLEDCommandQ 从 SSSSimpleSocket-ServerTask()任务传过来的命令。

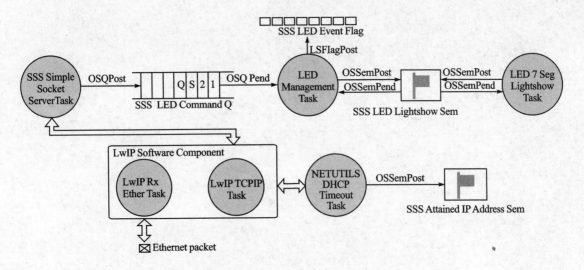

图 8.32　应用实例 Simple Socket Server 数据流程图

- LED7SegLightshowTask()：在七段数码管显示随即图形。

以上任务是由应用程序直接创建的。此外，有两个实现 LwIP 协议栈和处理接收包的软件组件层任务。它们分别是在 lwip_stack_init() 和 lwip_device_init() 中。

第三部分　Nios II 实践开发

第 9 章　Nios II 系统设计基础开发实例初级篇

第 10 章　Nios II 系统设计综合提高实例中级篇

第 11 章　基于嵌入式操作系统的 Nios II 系统

设计与应用高级篇

第 9 章

Nios II 系统设计
基础开发实例初级篇

9.1 Hello_world 实验

9.1.1 实验目的

(1) 学习使用 SOPC Builder 定制最小 Nios II 系统的硬件开发过程。
(2) 学习使用 Nios II IDE 编写简单应用程序的软件开发过程。
(3) 学习 QuartusII、SOPC Builder 和 Nios II IDE 三种工具的配合使用。

9.1.2 实验内容

本实验通过使用 SOPC Builder 定制一个只含 cpu、on_chip_ram、uart 最小 Nios II 系统,从而完成硬件开发。然后,使用 Nios II IDE 编写应用程序,编译完成软件开发。最后用 QuartusII 分配引脚,编译、下载完成 Nios II 最小系统的整个开发过程。打开超级终端观察实验结果。

9.1.3 实验步骤

(1) 打开 Quartus II 软件,新建工程 Hello_world,然后选择 Tools | SOPC Builder 进入 SOPC Builder。注意:若没有工程打开,Tools | SOPC Builder 不可选,所以我们先建工程。在 Create New System 对话框中为这个 Nios II 最小系统命名为 Nios_small,选择 Verilog 硬件描述语言,如图 9.1 所示。

(2) 单击 OK,Board 栏选择 Unspecified Board,Device Family 栏选择 CycloneII,clk 栏为 50 MHz。

(3) 添加 Nios II CPU Core。双击左栏 System Contents 下的 Avalon Components | Nios II Processor-Altera Corporation。Nios II 有三种标准:经济型、标准型、全功能型。我们选择经济型如图 9.2 所示。

然后都是默认单击 Next,最后单击 Finish 完成。右击 cpu_0 可以更改名称,这里我们用

第 9 章　Nios II 系统设计基础开发实例初级篇

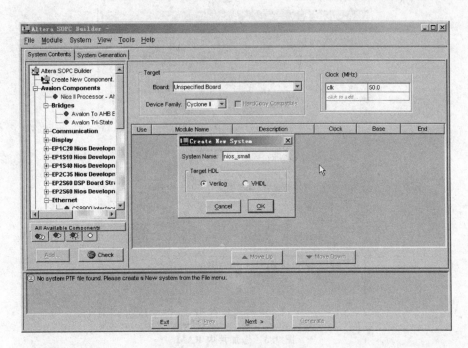

图 9.1　SOPC Builder 开始界面

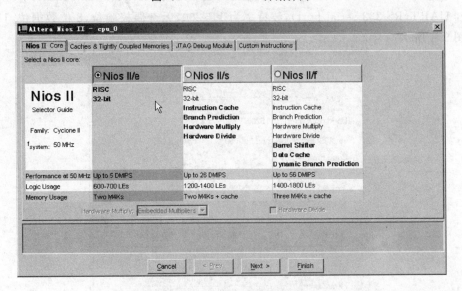

图 9.2　Nios II 处理器软核

默认名称。

（4）添加片内 RAM。双击左栏 System Contents 下的 Avalon Components | Memory | On-Chip Memory(RAM or ROM)，在 On-chip Memory 对话框中选择 RAM，Memory Width 为 32 位，容量大小 Total Memory Size 为 40 KB。

注意：我们要把应用程序放在这里，默认的 4 KB 是不够的，设置为 40 KB 保证足够存储空间。Slave s1 选择 1，如图 9.3 所示。

单击 Finish 完成，右击，名称改为 ram_0。

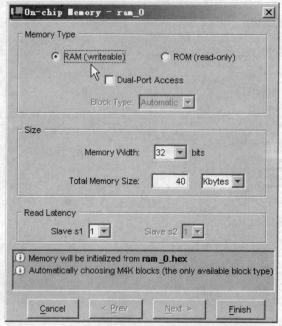

图 9.3　添加片内 RAM

（5）添加串口 UART。双击左栏 System Contents 下的 Avalon Components | Communication | UART(RS-232 serial port)，波特率为 115 200，无奇偶校验位，8 位数据位，1 位停止位，如图 9.4 所示。

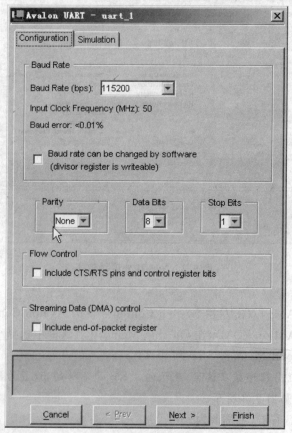

图 9.4　添加串口 UART

第9章　Nios II 系统设计基础开发实例初级篇

单击 Next 默认,最后单击 Finish 完成,添加到系统中,右击名称改为 uart_1。重复上面操作再添加一串口,改名为 uart_2。最后添加组件完毕,如图 9.5 所示。

注意：软件开发编程时要与这里模块组件名称一致,软件开发时会介绍。

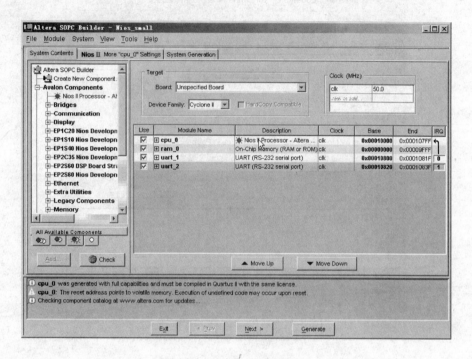

图 9.5　Nios_small 系统组成

(6) 最小系统 Nios_small 所需组件添加完毕,自动分配基地址和中断,分别选择 System | Auto-Assign Base Adresses 和 System | Auto-Assign IRQs。单击 Next,选中 HDL 和 Simulation,生成以前要对 SOPC Builder 进行设置,选择 File | SOPC Builder Setup,选择 ModelSim 安装目录下的 Win32 文件,如图 9.6 所示。

单击 OK,然后,单击 Generate 完成,如图 9.7 所示。

(7) 单击生成 Nios_small 系统界面上的 Run Nios II IDE 按钮运行 Nios II IDE。新建工程,选择 File | New | Project,在 New Project 对话框中选择 C/C++ Application,单击 Next,左栏中选择 Hello World 模板,工程名默认为 hello_world_0,SOPC Builder System 选择刚生成的最小系统文件 Nios_small.ptf,cpu 为我们定制的 cpu_0,如图 9.8 所示。

单击 Next,对话框中选择 Create a new system library named,然后单击 Finish,完成工程建立。

(8) 编译前进行一些设置,右击工程名选择 System Library Properties,进入系统设置界面。选择 uart_1 和 Small C library,否则应用程序文件太大,ram_0 空间不够,如图 9.9 所示。随后单击 OK。

(9) 选择 Project | Build all 进行编译。

(10) 在 Quartus II 中新建一个 Block Diagram/Schematic File 顶层设计文件 Hello_world.bdf。双击空白处添加 SOPC Builder 生成的最小系统 Nios_small,如图 9.10 所示。

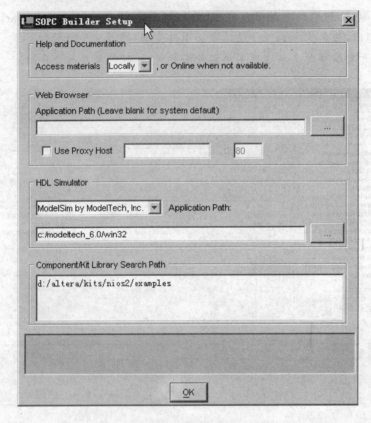

图 9.6 SOPC Builder Setup 设置

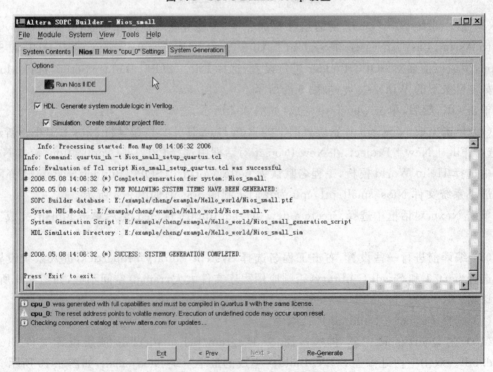

图 9.7 生成 Nios_small 系统界面

第 9 章 Nios II 系统设计基础开发实例初级篇

图 9.8 新建工程 hello_world_0

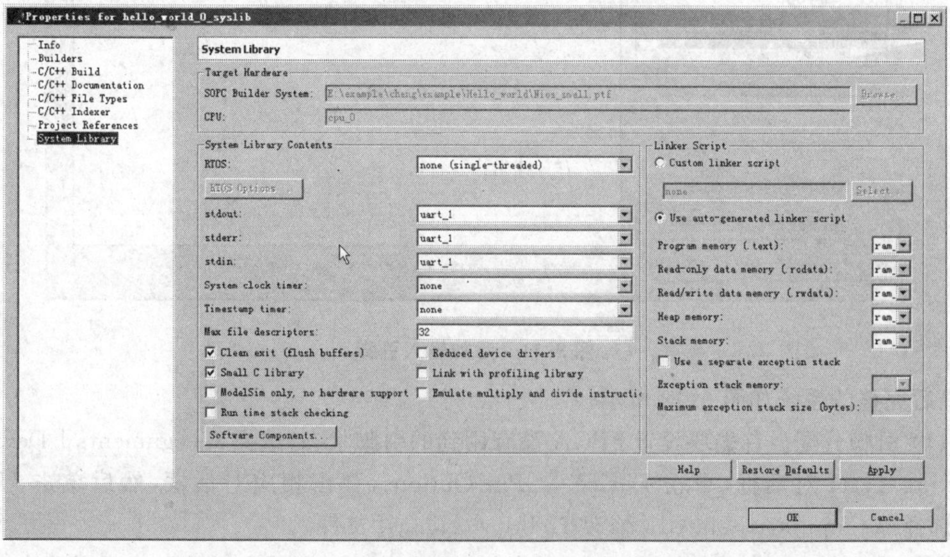

图 9.9 工程系统设置界面

Nios II 系统开发设计与应用实例

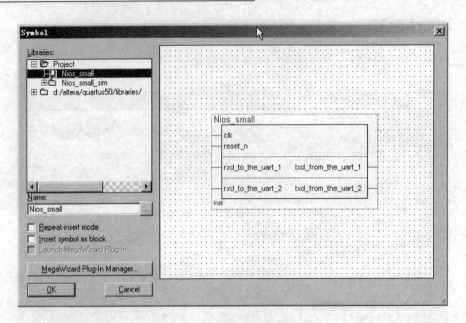

图 9.10 添加 Nios_small 系统

然后,添加输入/输出引脚。同样方法,双击空白处在 Name 栏输入 input 或从库中选择,如图 9.11 所示。

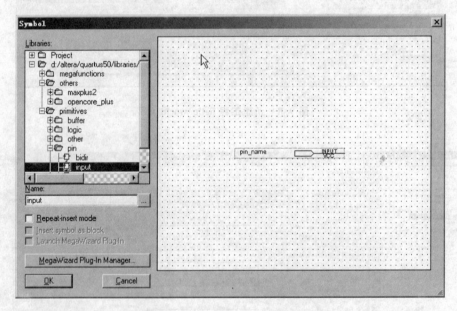

图 9.11 添加输入引脚

最后完整的系统如图 9.12 所示。

(11) 引脚分配。首先要设置 FPGA 没有用到的引脚状态,选择 Assignments | Device,弹出 Setting Test1 对话框,单击 Device & Pin Options,弹出相应对话框,然后单击 Unused Pins,选择 As inputs,tri-stated。修改 Hello_world.qsf 文件。

提示:我们提供了一个完整的 FPGA 引脚分配文件.qsf,只需把该文件中的引脚分别复制

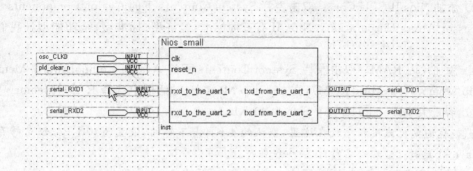

图 9.12 Nios_small 系统

到 Hello_world.qsf 文件中即可。

(12) 编译完成后,连接串口 1,通过 JTAG 下载 Hello_world.sof 文件,打开超级终端观察实验结果。

9.2 LED 实验

9.2.1 实验目的

(1) 学习使用 SOPC Builder 定制 Nios II 系统的硬件开发过程。
(2) 学习使用 Nios II IDE 编写简单应用程序的软件开发过程。
(3) 学习从 IDE 中运行 ModelSim 进行仿真。
(4) 学习 Quartus II、SOPC Builder、Nios II IDE 和 ModelSim 四种工具的配合使用。

9.2.2 实验内容

本实验通过使用 SOPC Builder 定制一个只含 cpu、on_chip_ram、pio Nios II 系统,从而完成硬件开发;然后,使用 Nios II IDE 编写应用程序,编译完成软件开发,运行 ModelSim 进行仿真;最后用 Quartus II 分配引脚,编译、下载完成 Nios II 系统的整个开发过程。观察实验结果,比较软件实现 LED 和纯硬件逻辑实现的 LED 实验有何不同,各自的优缺点是什么?

9.2.3 实验步骤

(1) 打开 Quartus II 软件,新建工程 LED_test,然后选择 Tools | SOPC Builder 进入 SOPC Builder。注意:若没有工程打开,Tools | SOPC Builder 不可选,所以先建工程。在 Create New system 对话框中为这个 Nios II 系统命名为 Nios II,选择 Verilog 硬件描述语言。

(2) Board 栏选择 Unspecified Board,Device Family 栏选择 CycloneII,clk 栏为 50 MHz。

(3) 添加 Nios II CPU Core。双击左栏 System Contents 下的 Avalon Components | Nios II Processor-Altera Corporation。Nios II 有三种标准：经济型、标准型、全功能型。我们选择经济型。

(4) 添加片内 RAM。双击左栏 System Contents 下的 Avalon Components | Memory | On-Chip Memory(RAM or ROM)，在 On-chip Memory 对话框中选择 RAM，Memory Width 为 32 位，容量大小 Total Memory Size 为 40 KB。

注意：我们要把应用程序放在这里，默认的 4 KB 是不够的，设置为 40 KB 保证足够存储空间。Slave s1 选择 1。右击名称改为 ram_0。

(5) 添加 PIO 口。双击左栏 System Contents 下的 Avalon Components | Other | PIO (Parallel I/O)，设置如图 9.13 所示。8 位输出，对应开发板上 8 个 LED。

最后单击 Finish 完成，添加到系统中，右击名称改为 pio_led。

注意：软件开发编程时要与这里模块组件名称一致，软件开发时会介绍。

(6) 系统 Nios II 所需组件添加完毕，自动分配基地址和中断，分别选择 System | Auto-Assign Base Addresses 和 System | Auto-Assign IRQs，如图 9.14 所示。

(7) 单击 Next，直到最后选中 HDL 和 Simulation，生成以前要对 SOPC Builder 进行设置，选择 File | SOPC Builder Setup 选择 ModelSim 安装目录下的 Win32 文件。单击 Generate。单击 Run Nios II IDE 按钮运行 Nios II IDE。

(8) 新建工程，选择 File | New | Project，在 New Project 对话框中选择 C/C++ Application，单击 Next，左栏中选择 Hello LED 模板，工程名默认为 hello_led_0，SOPC Builder System 选择刚生成的系统文件 Nios II.ptf，cpu 为我们定制 cpu_0。

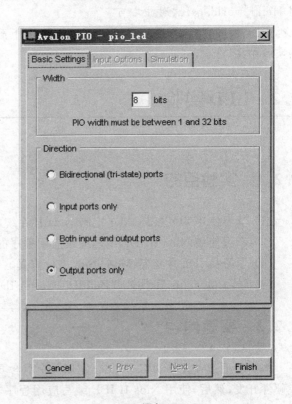

图 9.13　添加 PIO 口

(9) 结合开发板修改源程序。源代码如下。

```
# include "system.h"
# include "altera_avalon_pio_regs.h"
# include "alt_types.h"
int main (void) __attribute__ ((weak, alias ("alt_main")));
int alt_main (void)
{
    alt_u8 led = 0x2;
    alt_u8 dir = 0;
```

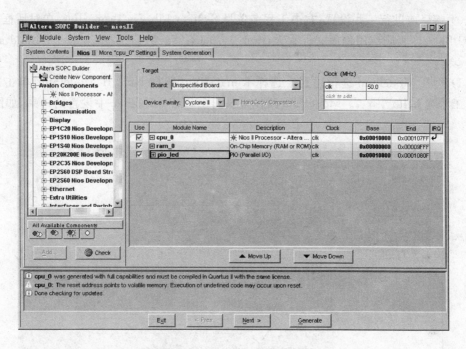

图 9.14 Nios II 系统硬件开发

```
volatile int pio_led_data = 0;  //添加的代码，对应 pio_led 输出的 8 位数据
volatile int i;
while (1)
{
  if (led & 0x81)
  {
    dir = (dir ^ 0x1);
  }
  if (dir)
  {
    led = led >> 1;
  }
  else
  {
    led = led << 1;
  }
  pio_led_data = ~led;    //添加的代码，本开发板 LED 低电平亮，实现逐个点亮功能
IOWR_ALTERA_AVALON_PIO_DATA(PIO_LED_BASE, pio_led_data);
//与定制组件名称"pio_led"一致
  i = 0;
  while (i<10)          //LED 点亮延时时间，根据 50 MHz 可任意修改
  i++;
  }
  return 0;
}
```

（10）编译前进行一些设置，右击工程名选择 System Library Properties，在对话框中选择 Small C library，否则应用程序文件太大，ram_0 空间不够。然后选择 Project | Build all 进行编译。

（11）运行 ModelSim 进行仿真。选择 Run | Run，选择 Nios II ModelSim，单击左下角 New。工程为 hello_led_0。ModelSim 路径是我们在 SOPC Builder 中设置的结果，如图 9.15 所示。

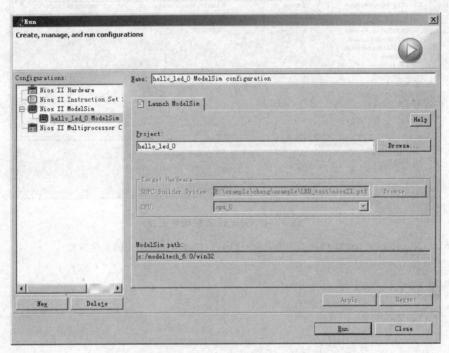

图 9.15　建立仿真工程

（12）单击 Run，ModelSim 运行，在 Transcript 窗口中输入命令 s 回车，该命令是把所有设计文件加载到工程中。再执行 c 回车，对工程进行重编译。然后，执行 w 回车命令，建立波形文件。把 Wave 窗口中所有信号全部删除，然后在 Objects 窗口中选择仿真信号 clk、reset_n 和 out_from_the_pio_led，右击添加到 wave 窗口中。

（13）选择 Smulate | Run | Run all，仿真需要几秒钟才能看出结果，这样很慢，可以修改一下程序，不影响效果。把程序中 i<1000000 改为 i<10，重新编译，运行 ModelSim。最后仿真结果如图 9.16 所示。

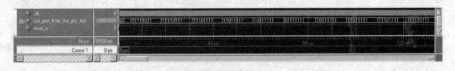

图 9.16　LED 仿真波形

（14）在 QuartusII 中新建一个 Block Diagram/Schematic File 顶层设计文件 Hello_world.bdf。双击空白处添加 SOPC Builder 生成最小系统 Nios II。然后，添加输入/输出引

脚。同样方法，双击空白处在 Name 栏输入 input 或从库中选择。引脚分配。首先我们要设置 FPGA 没有用到的引脚的状态，选择 Assignments | Device，弹出 Setting Test1 对话框，单击 Device & Pin Options，弹出相应对话框，然后单击 Unused Pins，选择 As inputs,tri-stated。修改 LED_test.qsf 文件。

提示：我们提供了一个完整的 FPGA 引脚分配文件.qsf，只需把该文件中的引脚分别复制到 LED_test.qsf 文件中即可。

编译完成后，结果如图 9.17 所示。

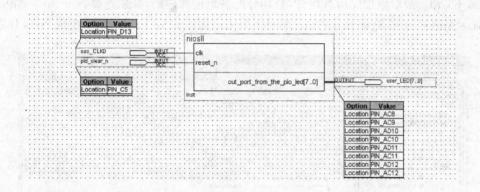

图 9.17　编译后 LED_test.bdf 文件

（15）下载 LED_test.sof 文件，观察实验结果。这里下载的应是 i<1000000 程序对应的 sof 文件。

9.3　基于 Nios II 的 UART 串口实验

9.3.1　实验目的

（1）熟悉使用 Nios II SDK Shell、Quartus II 和 SOPC Builder 共同建立本开发板的目标板。
（2）学习使用 SOPC Builder 定制 Nios II 系统的硬件开发过程。
（3）学习使用 Nios II IDE 编写简单应用程序的软件开发过程。
（4）学习使用 IDE 开发环境。
（5）学习 Quartus II、SOPC Builder、Nios II IDE 三种工具的配合使用。

9.3.2　实验内容

本实验通过使用 Nios II SDK Shell、Quartus II 和 SOPC Builder 共同建立本开发板的目标板 UP_AR2000_board。然后新建工程 UART_test，使用 SOPC Builder 定制一个 Nios II 系统，该系统是以 UP_AR2000_board 为目标板建立的，从而完成硬件开发。用 Quartus II 分

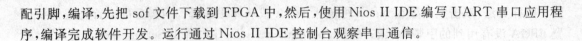

配引脚，编译，先把 sof 文件下载到 FPGA 中，然后，使用 Nios II IDE 编写 UART 串口应用程序，编译完成软件开发。运行通过 Nios II IDE 控制台观察串口通信。

9.3.3 实验步骤

（1）目标板不必重新建立，直接用已建立的目标板，因为用的是同一个开发板。直接新建工程 UART_test，打开 SOPC Builder，建立 Nios II 系统。在目标板中选择新建的 UP_AR2000_board。最后添加完所有组件，自动分配基地址和中断，分别选择 System | Auto-Assign Base Adresses 和 System | Auto-Assign IRQs，如图 9.18 所示。最后生成 Nios II 系统。

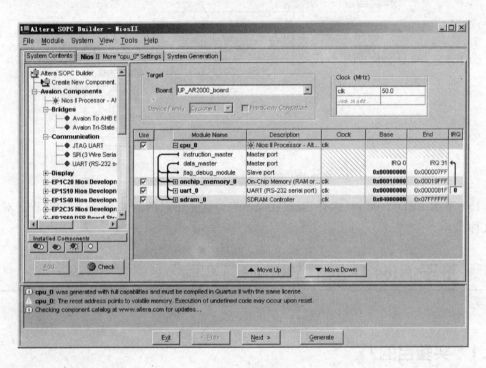

图 9.18　Nios II 系统

Reset address 和 Exception address 均设在 SDRAM 中，如图 9.19 所示。

（2）建立工程顶层设计文件，为其添加端口。选择 Assignments | Device 选择器件 EP2C35F672C8，并设置 FPGA 没有用到的引脚的状态，选择 Assignments | Device，弹出 Setting Test1 对话框，单击 Device & Pin Options，弹出相应对话框，然后单击 Unused Pins，选择 As inputs,tri-stated。还要将 Dual-Purpose pins 中的 nCEO 设置为 Use as regular IO。修改 UART_test.qsf 文件。

提示：我们提供了一个完整的 FPGA 引脚分配文件.qsf，只需把该文件中的引脚分别复制到 UART_test.qsf 文件中即可。

编译完成后，结果如图 9.20 所示。

（3）打开 Nios II IDE 新建工程，如图 9.21 所示。

（4）修改 hello_world.c 代码。具体修改如下所示。

第9章 Nios II 系统设计基础开发实例初级篇

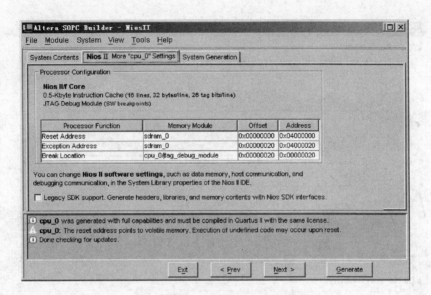

图 9.19 Reset address 和 Exception address 设置

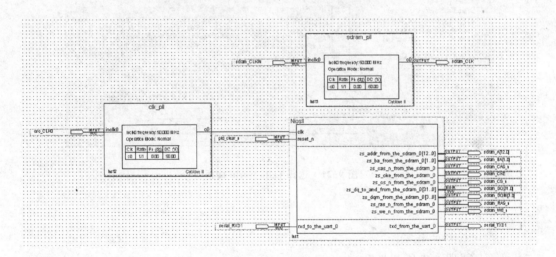

图 9.20 编译后顶层设计文件

```
/* A simple program that recognizes the characters ? t? and ? v? */
#include<stdio.h>
#include<string.h>
int main()
{char * msg = "Detected the character t.\n";
FILE * fp;
char prompt = 0;
printf("hello! \nThe uart_0 is <stdin,stdout,stderr>\n");
printf("close the uart_0:pressv\n");
printf("transmit message:presst\n");
fp = fopen("/dev/uart_0","r++");//Open file for reading and writing
```

图 9.21　选择 hello world 模板

```
if(fp)
{
    while (prompt !='v')
    {//Loop unit we receive a ? v?.
        prompt = getc(fp);//Get a character from the UART.
        if(prompt == 't')
        {//print a message if character is? t? .
            fwrite (msg,strlen(msg),1,fp);
        }
    }
    fprintf(fp,"Closing the UART file.\n");
    fclose(fp);
}
return 0;
}
```

第9章 Nios II 系统设计基础开发实例初级篇

（5）对应用工程的系统参数进行配置。标准串口和应用程序下载的位置设置如图 9.22 所示。

（6）编译应用工程。

（7）烧写 sof 文件配置 FPGA。

（8）运行应用程序。运行环境的配置如图 9.23、图 9.24 所示。

（9）运行结果如图 9.25 所示。

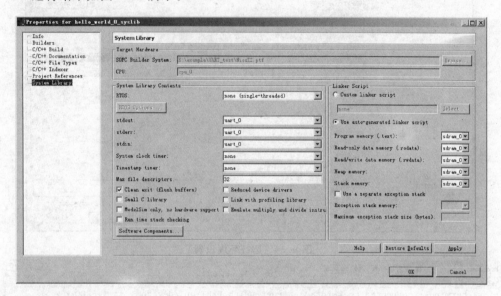

图 9.22 系统参数配置

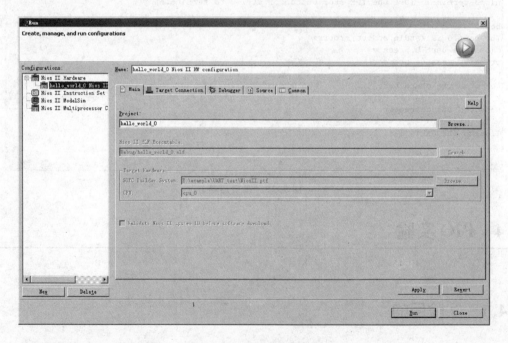

图 9.23 运行环境配置

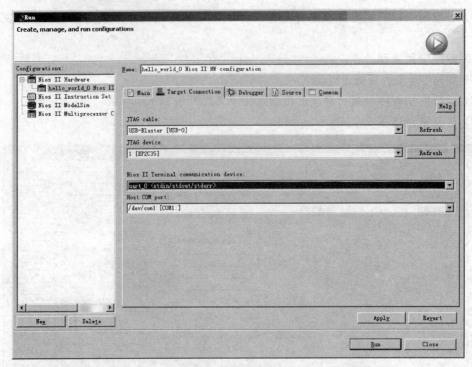

图 9.24 运行环境设置

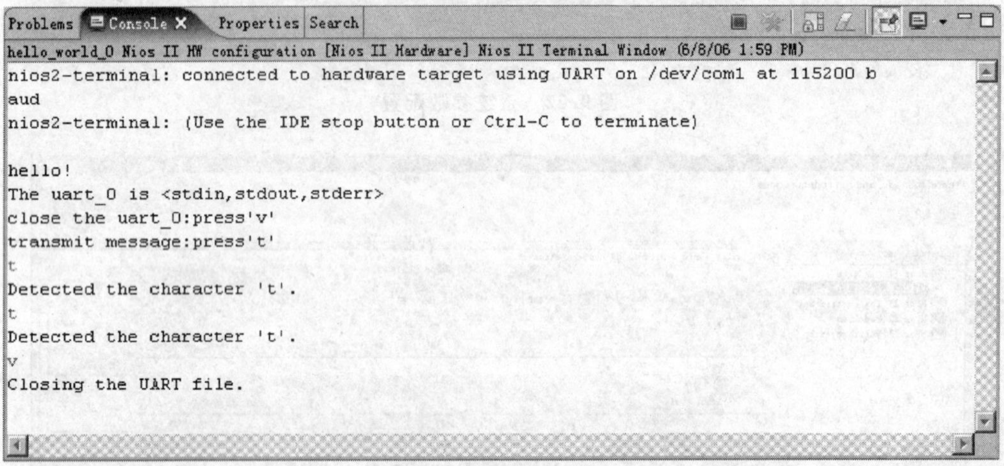

图 9.25 串口通信

9.4 PIO 实验

9.4.1 实验目的

(1) 熟悉使用 Nios II SDK Shell、Quartus II 和 SOPC Builder 共同建立本开发板的目标板。
(2) 学习使用 SOPC Builder 定制 Nios II 系统的硬件开发过程。

第 9 章　Nios II 系统设计基础开发实例初级篇

（3）学习使用 Nios II IDE 编写简单应用程序的软件开发过程。
（4）学习使用 IDE 集成开发环境。
（5）学习 Quartus II、SOPC Builder 和 Nios II IDE 三种工具的配合使用。

9.4.2　实验内容

本实验通过使用 Nios II SDK Shell、Quartus II 和 SOPC Builder 共同建立本开发板的目标板 UP_AR2000_board。然后新建工程 standard_test，使用 SOPC Builder 定制一个标准的 Nios II_standard 系统，该系统是以 UP_AR2000_board 为目标板建立的。从而完成硬件开发。以后实验我们都用该 Nios II_standard 标准系统。用 Quartus II 分配引脚、编译、先把 sof 文件下载到 FPGA 中，然后使用 Nios II IDE 编写 PIO 应用程序，编译完成软件开发。运行通过 JTAG_uart 观察实验结果。

9.4.3　实验步骤

（1）目标板不必从新建立，直接用上一实验建立的目标板，因为用的是同一个开发板。直接新建工程 standard_test，打开 SOPC Builder 建立 Nios II 系统。在目标板中选择新建的 UP_AR2000_board。最后添加完所有组件，自动分配基地址和中断，分别选择 System | Auto-Assign Base Adresses 和 System | Auto-Assign IRQs，如图 9.26 所示。最后生成 Nios II_standard 系统。

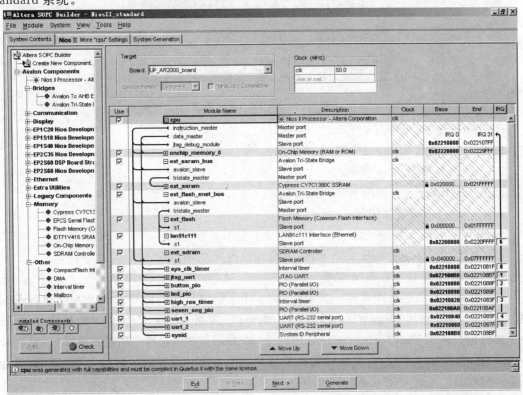

图 9.26　标准系统 Nios II_standard 的结构组成

Nios II 系统开发设计与应用实例

注意：CPU 定制的是标准型。名字要与图上的一致，因为后面用到的应用程序对应这里的名称；总线的连接默认状态可能不对，需要修改，修改方法把鼠标移到连接点处，单击可选择或移除。具体如图 9.26 所示，SSRAM，SDRAM 和 Flash 三者是不同的，Flash 和 lan91c111 共用数据、地址线，所以连到一个三态桥上。SDRAM 没有通过三态桥，而是直接连到 Avalon 总线上。定制的大小方法都与以前实验一样。只是这里名字更改了。

其中 sys_clk_timer 设置如图 9.27 所示。

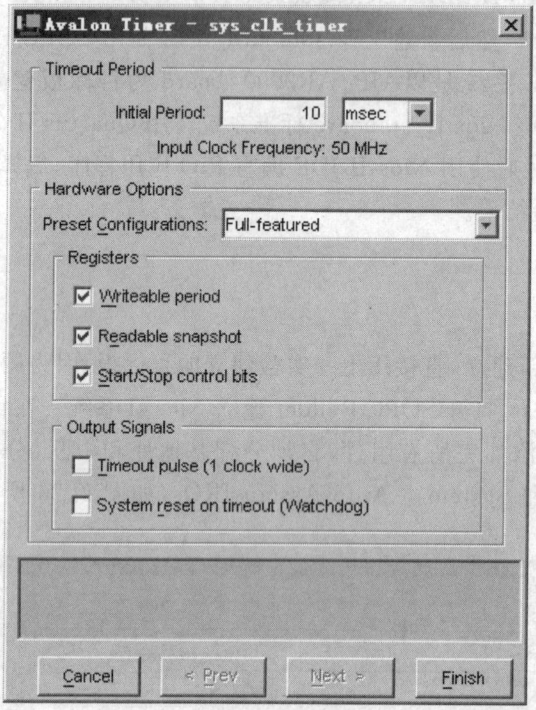

图 9.27 sys_clk_timer 设置

jtag_uart 设置如图 9.28 所示。
button_pio 设置如图 9.29、图 9.30 所示。
led_pio 设置如图 9.31 所示。
high_res_timer 设置如图 9.32 所示。
seven_seg_pio 设置如图 9.33 所示。
sysid 设置如图 9.34 所示。

(2) 单击 Next，设置如图 9.35 所示，复位地址设置在 SDRAM 中。
最后生成 Nios II_standard 系统。

(3) 建立工程顶层设计文件。其中在 Nios II 系统之外我们需添加 SDRAM 和 SSRAM 的时钟信号，并要利用 MegaWizard Plug-In Manager 定制 ALTPLL 元件。锁相环为了使时钟更加稳定。选择 Tool | MegaWizard Plug-In Manager，然后选择定制新的模块 Creat a new custom 项，选择 I/O 下的 ALTPLL，输入文件名 sdram_pll，设置输入时钟为 50 MHz，复位、使能引脚取消。至此完成 sdran_pll 的定制。

第 9 章 Nios II 系统设计基础开发实例初级篇

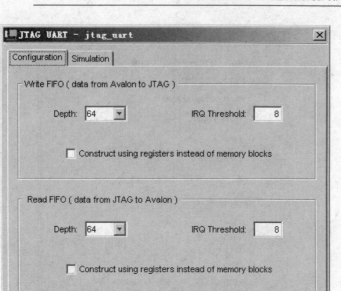

图 9.28 jtag_uart 设置

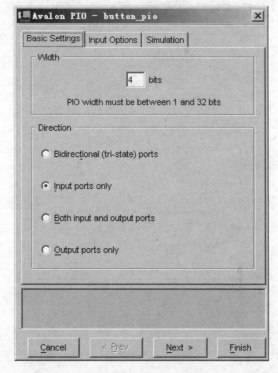

图 9.29 button_pio 设置

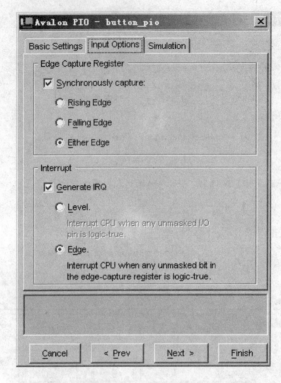

图 9.30 button_pio 设置

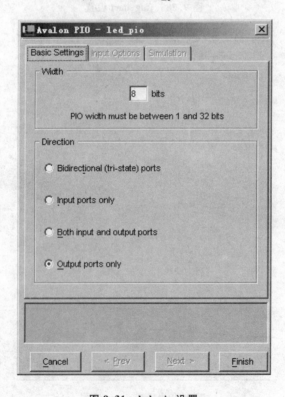

图 9.31 led_pio 设置

第9章 Nios II 系统设计基础开发实例初级篇

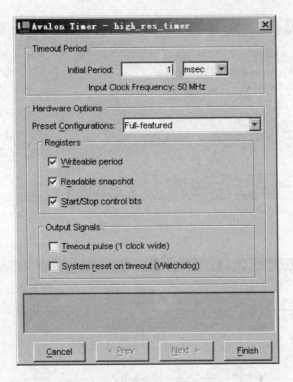

图 9.32 high_res_timer 设置

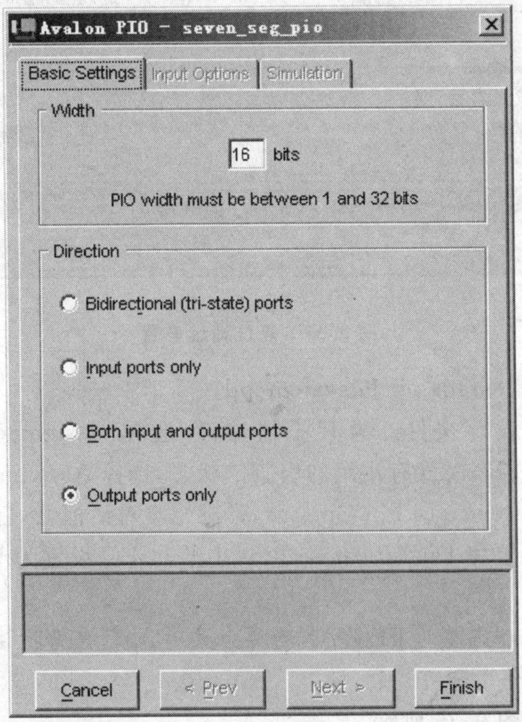

图 9.33 seven_seg_pio 设置

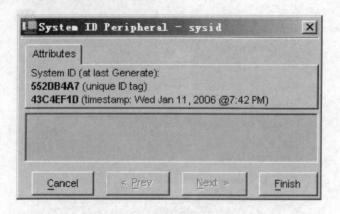

图 9.34 Sysid 设置

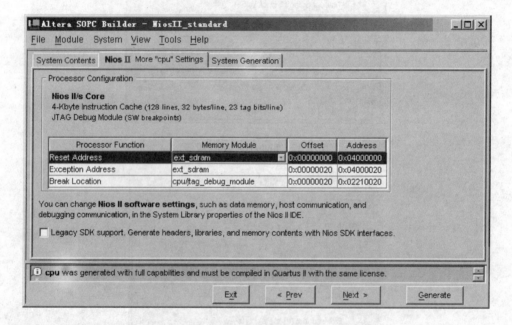

图 9.35 复位地址设置

(4) 按上述方法定制 ssram_pll 和 system_pll。

(5) 建立工程顶层设计文件。为其添加端口,选择 Assignments | Device 选择器件 EP2C35F672C8,并设置 FPGA 没有用到的引脚的状态,选择 Assignments | Device,弹出 Setting Test1 对话框,单击 Device & Pin Options,弹出相应对话框,然后单击 Unused Pins,选择 As inputs,tri-stated。还要将 Dual-Purpose Pins 中的 nCEO 设置为 Use as regular IO。修改 standard_test.qsf 文件。

提示:我们提供了一个完整的 FPGA 引脚分配文件.qsf,只需把该文件中的引脚分配复制到 standard _test.qsf 文件中即可。

编译完成后,结果如图 9.36 所示。

(6) 打开 Nios II IDE,新建工程 board_diag_0,选择 Board Diagnostics 模板,如图 9.37 所示。

第9章 Nios II 系统设计基础开发实例初级篇

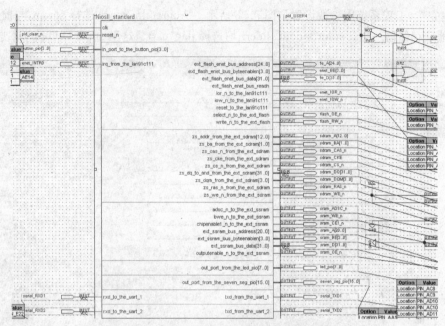

图 9.36 编译后的顶层设计文件

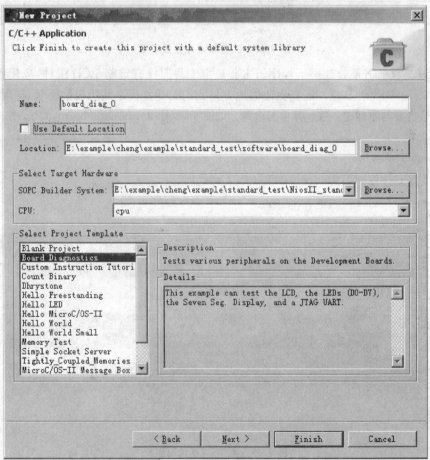

图 9.37 新建应用工程 board_diag_0

Nios II 系统开发设计与应用实例

新建完毕,工程系统库参数设置如图 9.38 所示。Program memory 选择 sdram,与前面的 reset 复位地址存储器一致。stdin、stdout、stderr 均选择 jtag_uart。这里 small C library 不选。

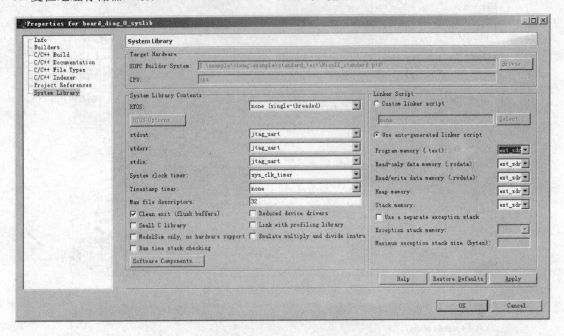

图 9.38　工程系统库参数设置

编译该工程前需要修改一下程序。主要是由于我们没有定制 LCD 组件,应用程序中有,需要把有关 LCD 代码删掉。还要更改的地方是我们的开发板是共阳极数码管,与程序中不一样。按钮号也要与原理图一致。具体修改地方如图 9.39、图 9.40 所示。board_diag.c 修改如下:

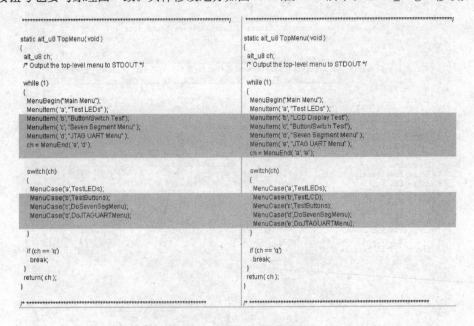

图 9.39　有关 LCD 代码删掉

第 9 章 Nios II 系统设计基础开发实例初级篇

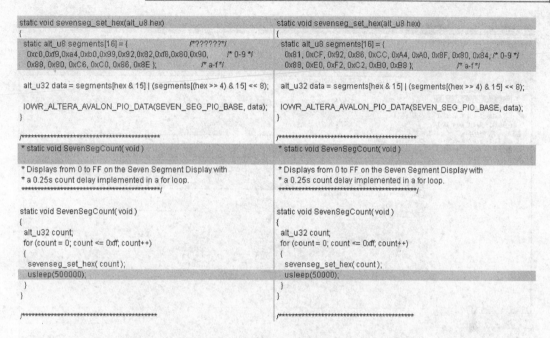

图 9.40 改为共阳极数码管

修改代码之后，请重新编译工程。

(7) 下载 standard_test.sof 文件。

(8) 运行应用工程，选择 Run | Run，新建运行配置环境，如图 9.41、图 9.42 所示。

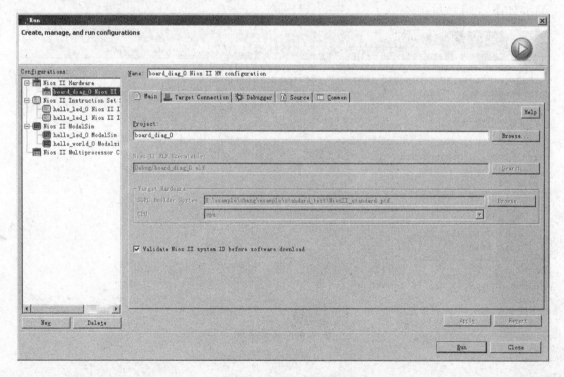

图 9.41 新建运行环境

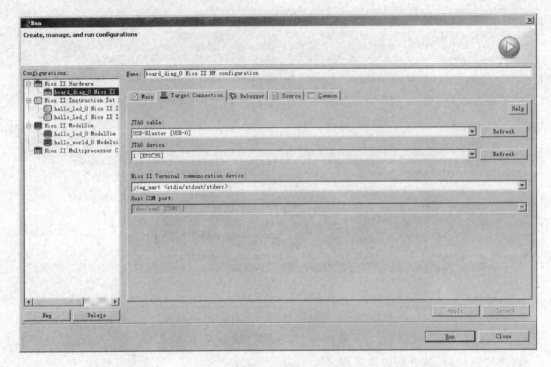

图 9.42　硬件运行配置

然后运行,我们通过 Nios II Terminal Window 查看并测试实验结果。我们选择的是 jtag_uart,如图 9.43 所示。

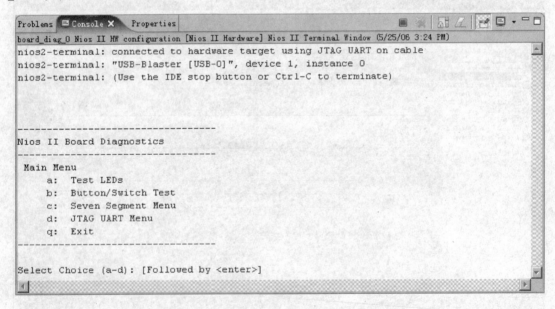

图 9.43　实验结果

第 10 章
Nios II 系统设计综合提高实例中级篇

10.1 Flash 存储器实验

10.1.1 实验目的

(1) 学习使用 Nios II SDK Shell、Quartus II 和 SOPC Builder 共同建立本开发板的目标板。
(2) 学习使用 SOPC Builder 定制 Nios II 系统的硬件开发过程。
(3) 学习使用 Nios II IDE 编写简单应用程序的软件开发过程。
(4) 学习从 IDE 中运行 ModelSim 进行仿真。
(5) 学习烧写 Flash。
(6) 学习 Quartus II、SOPC Builder、Nios II IDE 和 ModelSim 四种工具的配合使用。

10.1.2 实验内容

本实验通过使用 Nios II SDK Shell、Quartus II 和 SOPC Builder 共同建立本开发板的目标板 BCKJ_board。然后新建工程 Flash_test,使用 SOPC Builder 定制一个 Nios II 系统,该系统是以 UP_AR2000_board 为目标板建立的,从而完成硬件开发。然后使用 Nios II IDE 编写应用程序,编译后完成软件开发。运行 ModelSim 进行仿真。最后用 Quartus II 分配引脚,编译工程后,先把 sof 文件下载到 FPGA 中,然后再把应用程序烧写到 Flash 中。完成 Nios II 系统的整个开发过程,观察实验结果。

10.1.3 实验步骤

(1) 打开 Nios II SDK shell,进入 SOPC Builder 命令输入界面,如图 10.1 所示。

图 10.1　SOPC Builder 命令输入界面

(2) 输入命令"mk_target_board --name= UP_AR2000_board --family=cycloneII --clock=50 --index=1 --buffer_size=32768 --epcs=U4",生成的目标板 UP_AR2000_board 信息会显示出来,文件夹放在 Nios II 的安装目录 d:/alter/kits/nios2/examples/ UP_AR2000_board 下,如图 10.2 所示。

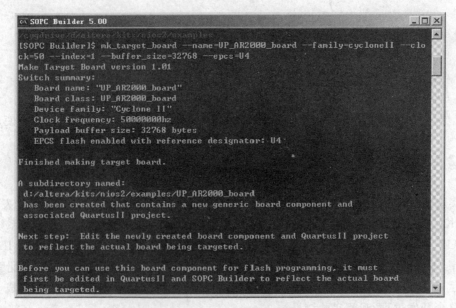

图 10.2　生成 UP_AR2000_board 目标板

(3) 在 Quartus II 中打开刚生成的工程 UP_AR2000_board.qpf,如图 10.3 所示。目标板 SOPC Builder 系统模块如图 10.4 所示。

第 10 章 Nios II 系统设计综合提高实例中级篇

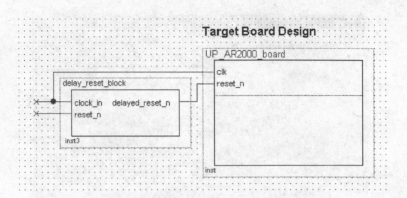

图 10.3 UP_AR2000_board 目标板顶层 bdf 文件

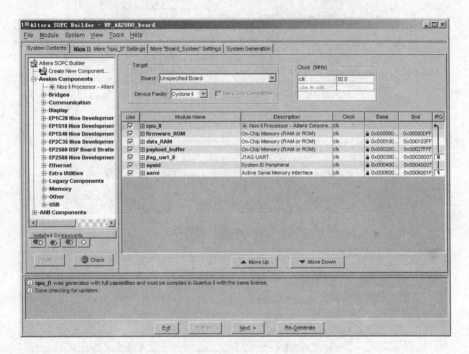

图 10.4 目标板 SOPC Builder 系统模块

（4）向目标板 UP_AR2000_board 系统中添加三态桥。选择 Avalon Components | Bridges | Avalon Tri-State Bridge，默认添加。

（5）向目标板 UP_AR2000_board 系统中添加 Flash 存储器接口组件。选择 Avalon Components | Memory | Flash Memory，Address Width 选择 25 bits，因开发板上 Flash 大小为 32 MB。Data Width 选择 8 bits，Reterence Designater(chip lable)填入 U7，对应 Flash 在原理图的标号，如图 10.5 所示。至此组件添加完毕。

（6）更改 cfi_flash_0 的基地址。因为默认的 Flash 基址与上面锁定的地址冲突，可以看到下面的错误提示。把 0x00000000 改为 0x02000000，如图 10.6 所示。

（7）单击 Next，进入 More Board_System Settings 界面，将硬件镜像到 Flash 存储器中，FPGA 的一些配置文件和程序将放到 Flash 中。设置 user、safe 的偏移地址，如图 10.7 所示。

（8）SOPC Builder 模块系统生成成功，如图 10.8 所示。

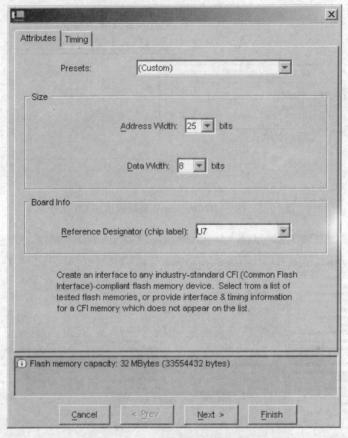

图 10.5 Flash 接口组件设置

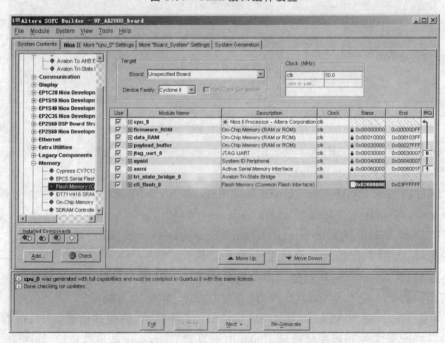

图 10.6 系统添加完三态桥和 Flash 接口组件

第 10 章 Nios II 系统设计综合提高实例中级篇

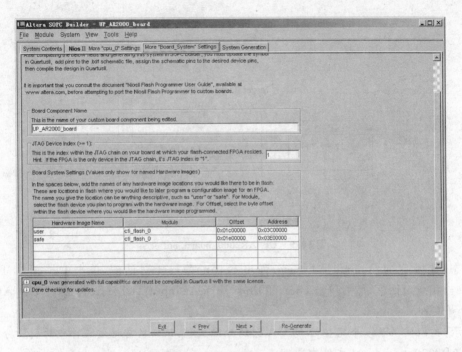

图 10.7 Flash 存储器镜像

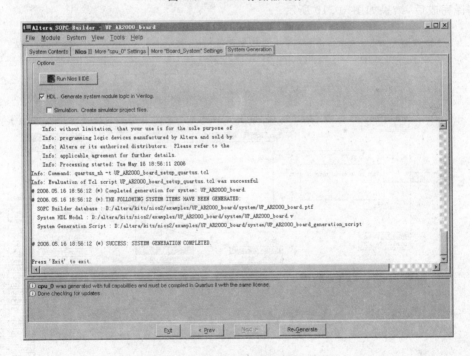

图 10.8 SOPC Builder 系统模块生成

（9）在 UP_AR2000_board.bdf 中更新 UP_AR2000_board.bsf 文件，右击 UP_AR2000_board，选择 Update Symble or Block。添加输入/输出引脚。UP-AR2000 开发板上有两片 32 MB 的 Flash，增加 pld_USER4 对应拨码开关是用来选择哪一片的。最后如图 10.9 所示。

（10）选择 Assignments | Device 选择器件 EP2C35F672C8，并设置 FPGA 没有用到的引

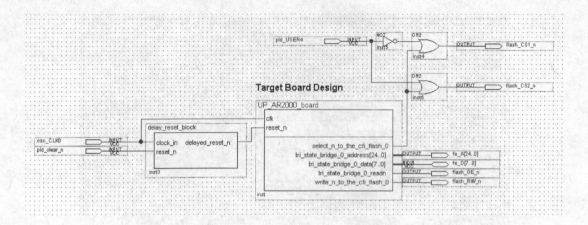

图 10.9　UP_AR2000_board.bdf 文件

脚的状态,选择 Assignments | Device,弹出 Setting Test1 对话框,单击 Device & Pin Options,弹出相应对话框,然后单击 Unused Pins,选择 As inputs,tri-stated。修改 UP_AR2000_board.qsf 文件。

提示： 我们提供了一个完整的 FPGA 引脚分配文件.qsf,只需把该文件中的引脚分别复制到 UP_AR2000_board.qsf 文件中即可。

编译完成后,结果如图 10.10 所示。

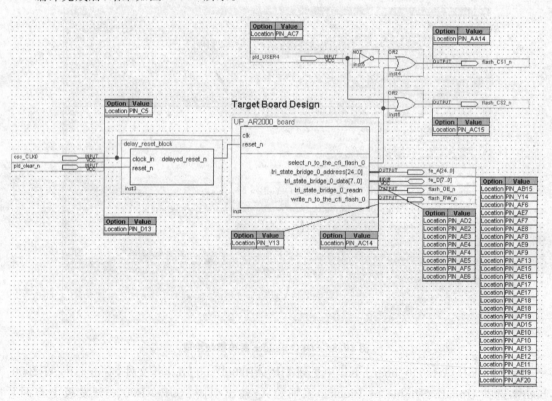

图 10.10　分配引脚后编译结果

第10章 Nios II 系统设计综合提高实例中级篇

这样在新建系统时就可在目标板栏选择自己定制的目标板。主要是为了进行 Flash 编程才定制的,如图 10.11 所示。

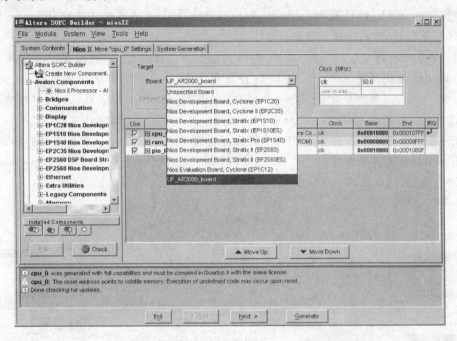

图 10.11 新建系统选择自定制的目标板

(11) 完成目标板的定制。

(12) 新建工程 Flash_test,打开 SOPC Builder 建立 Nios II 系统。如图 10.12 所示,在目标板

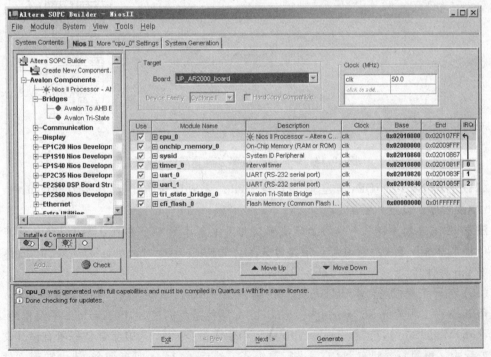

图 10.12 基于目标板 UP_AR2000_board 的 Nios II 系统

中选择新建的 UP_AR2000_board。最后添加完所有组件,自动分配基地址和中断,分别选择 System | Auto-Assign Base Adresses 和 System | Auto-Assign IRQs。最后生成 Nios II 系统。

注意:reset Address 设置在 flash 中,要与 Nios II IDE 系统库配置中的 Program memory 一致。这样复位后,可执行应用程序。

(13)建立工程顶层设计文件。双击空白处添加该系统和输入/输出端口。选择 Assignments | Device 选择器件 EP2C35F672C8,并设置 FPGA 没有用到的引脚的状态,选择 Assignments | Device,弹出 Setting Test1 对话框,单击 Device & Pin Options,弹出相应对话框,然后单击 Unused Pins,选择 As inputs,tri-stated。修改 Flash_test.qsf 文件。

提示:我们提供了一个完整的 FPGA 引脚分配文件.qsf,只需把该文件中的引脚分别复制到 Flash_test.qsf 文件中即可。

编译完成后,结果如图 10.13 所示。

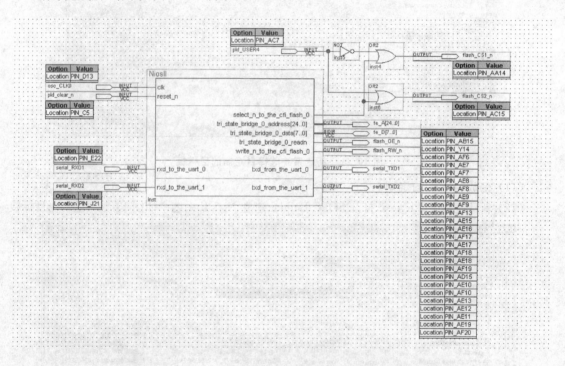

图 10.13 编译后的 Flash_test 顶层设计文件

(14)打开 Nios II IDE,新建应用工程 Hello_world。把应用程序放在 Flash 中,并从 Flash 中读程序。设置如图 10.14 所示。

注意:系统库配置标准串口的选择决定使用开发板上的哪个串口。不是 PC 机的串口选择,PC 机串口选择是在运行目标板连接时设置。这里 Program memory 和 reset address 一致选择 Flash 存储器。

(15)编译工程,运行 ModelSim 进行仿真。选择 Run | Run,选择 Nios II ModelSim 单击左下角 New。工程为 hello_world_0。ModelSim 路径是我们在 SOPC Builder 中设置的结果。单击 Run,ModelSim 运行,在 Transcript 窗口中输入命令 s 回车,该命令是把所有设计文件加载到工程中。再执行 c 回车,对工程进行重编译。然后,执行 w 回车命令,建立波形文件。把

第10章 Nios II 系统设计综合提高实例中级篇

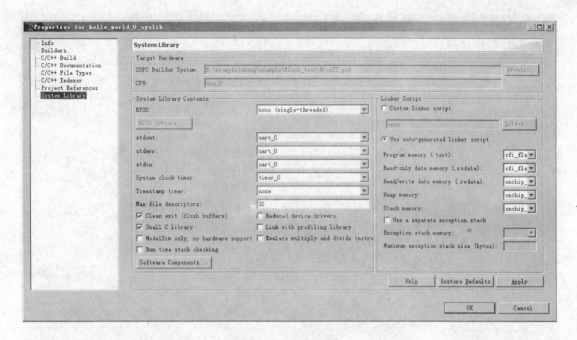

图 10.14 系统库配置

Wave 窗口中所有信号全部删除，然后在 Objects 窗口中选择仿真信号右击添加到 Wave 窗口中，如图 10.15 所示。

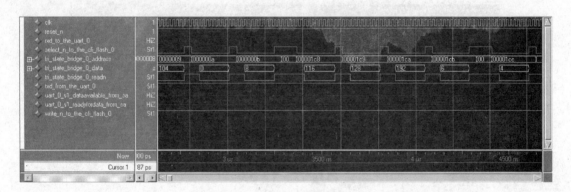

图 10.15 Flash_test 仿真波形

（16）选择 File | Flash Programmer，下载 hello_worid_0 到 Flash 中，设置如图 10.16 所示。注意：第三项 program a file into flash memory 不能选。

（17）选择 File | QuartusII Programmer，下载 Flash_test.sof 文件。通过超级终端观察实验结果。说明 Flash 工作正常，如图 10.17 所示。按复位键查看结果。

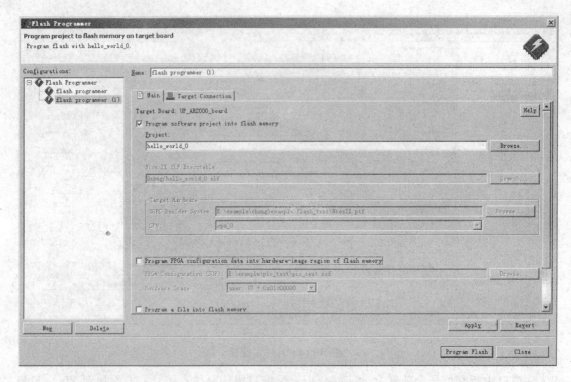

图 10.16　应用程序下载到 Flash 中

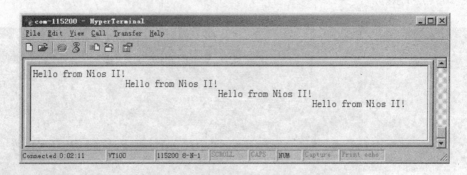

图 10.17　实验结果

10.2　SSRAM 和 SDRAM 存储器实验

10.2.1　实验目的

(1) 熟悉使用 Nios II SDK Shell、Quartus II 和 SOPC Builder 共同建立本开发板的目标板。
(2) 学习使用 SOPC Builder 定制 Nios II 系统的硬件开发过程。
(3) 学习使用 Nios II IDE 编写简单应用程序的软件开发过程。
(4) 学习从 IDE 中运行 ModelSim 进行仿真。

第 10 章　Nios II 系统设计综合提高实例中级篇

（5）学习烧写 SDRAM 和 SSRAM。

（6）学习 Quartus II、SOPC Builder、Nios II IDE 和 ModelSim 四种工具的配合使用。

10.2.2　实验内容

本实验通过使用 Nios II SDK Shell、Quartus II 和 SOPC Builder 共同建立本开发板的目标板 UP_AR2000_board。然后新建工程 RAM_test，使用 SOPC Builder 定制一个 Nios II 系统，该系统是以 UP_AR2000_board 为目标板建立的。从而完成硬件开发。然后使用 Nios II IDE 编写应用程序，编译后完成软件开发。运行 ModelSim 进行仿真。最后用 Quartus II 分配引脚，编译工程后，先把 sof 文件下载到 FPGA 中，然后再把应用程序烧写到 SDRAM 中，测试 SDRAM。再烧写到 SSRAM 中，测试 SSRAM。完成 Nios II 系统的整个开发过程。最后观察实验结果。

10.2.3　实验步骤

（1）目标板不必重新建立，直接用上一实验建立的目标板，因为用的是同一个开发板。直接新建工程 RAM_test，打开 SOPC Builder 建立 Nios II 系统。在目标板中选择新建的 UP_AR2000_board。最后添加完所有组件，自动分配基地址和中断，分别选择 System | Auto-Assign Base Adresses 和 System | Auto-Assign IRQs，如图 10.18 所示。最后生成 Nios II 系统。

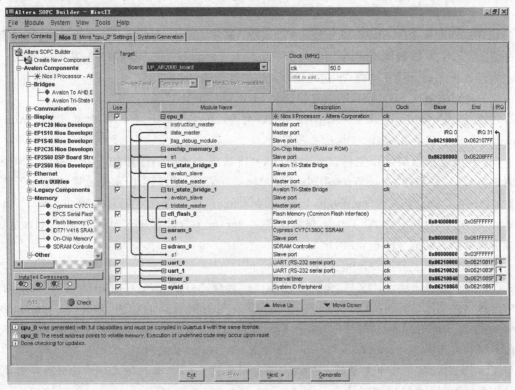

图 10.18　Nios II 系统

其中 SDRAM 和 SSRAM 的设置分别如图 10.19、图 10.20 所示。

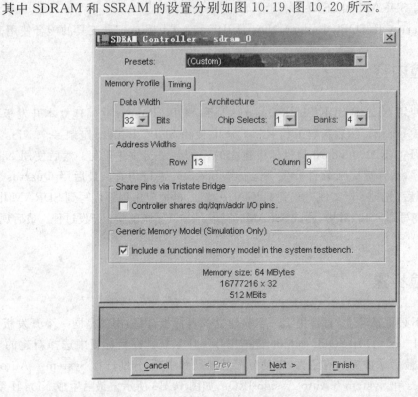

图 10.19　SDRAM 控制器配置

结合本开发板上的 SDRAM 定制，两片 SDRAM 共 32 位，每片各 16 位数据线，每片有 4 组存储区。每片共 13 根地址线，采用地址复用方式，行 13 位，列 9 位，这样两片一共是 64 MB。

本开发板上的 SSRAM 是 19 位地址线，32 位数据线，即 2 MB。

（2）我们先测试 SDRAM，所以复位选择 SDRAM，如图 10.21 所示。

注意：Reset Address 设置在 SDRAM 中，要与 Nios II IDE 系统库配置中的 Program Memory 一致。这样复位后，可执行应用程序。

（3）建立工程顶层设计文件。其中在 Nios II 系统之外我们需添加 SDRAM 和 SSRAM 的时钟信号，并要利用 MegaWizard Plug-In Manager 定制 ALTPLL 元件。锁相环为了使时钟更加稳定。选择 Tool | MegaWizard Plug-In Manager，然后选择定制新的模块 Creat a new custom 项，选择 I/O 下的 ALTPLL，输入文件名 sdram_pll，设置输入时钟为 50 MHz，复位、使能引脚取消。完成 sdran_pll 的定制。

（4）按上述方法定制 ssram_pll 和 system_pll。

（5）建立工程顶层设计文件，为其添加端口。选择 Assignments | Device，在弹出的对话框中选择器件 EP2C35F672C8，并设置 FPGA 没有用到的引脚的状态，选择 Assignments | Device，弹出 Setting Test1 对话框，单击 Device & Pin Options，弹出相应对话框，然后单击 Unused Pins，选择 As inputs，tri-stated。修改 RAM_test.qsf 文件。

提示：我们提供了一个完整的 FPGA 引脚分配文件.qsf，只需把该文件中的引脚分别复制到 RAM_test.qsf 文件中即可。

编译完成后，结果如图 10.22 所示。

第10章　Nios II 系统设计综合提高实例中级篇

注意：与 Flash 相比，SDRAM 和 SSRAM 需要在 FPGA 内实现独立于 Nios II 系统的时钟电路。其中，SSRAM 还要求 FPGA 配置一些引脚，这些都是与 Nios II 并列的用户硬件逻辑编程。可以打开实验例子直接拷贝输入/输出引脚。

(6) 打开 Nios II IDE，新建应用程序 Hello_world。我们把应用程序放在 SDRAM 中，并从 SDRAM 中读程序。设置如图 10.23 所示。

注意：系统库配置标准串口的选择决定我们使用开发板上的哪个串口。不是 PC 机的串口选择，PC 机串口选择是在运行目标板连接时设置。这里 Program Memory 和 Reset Address 一致选择 SDRAM 存储器。

(7) 编译工程，运行 ModelSim 进行仿真。选择 Run | Run，选择 Nios II ModelSim，单击左下角 New。工程为 hello_world_0。ModelSim 路径是我们在 SOPC Builder 中设置的结果。单击 Run，ModelSim 运行，在 Transcript 窗口中输入命令 s 回车，该命令

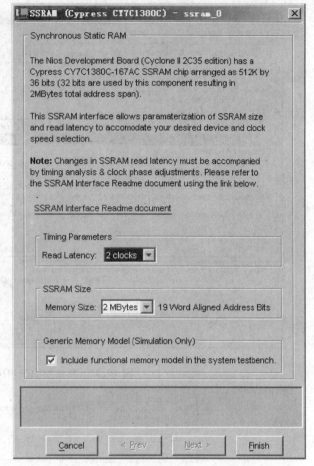

图 10.20　SSRAM 控制器配置

是把所有设计文件加载到工程中。再执行 c 回车，对工程进行重编译。然后，执行 w 回车命令，建立波形文件。把 Wave 窗口中所有信号全部删除，然后在 Objects 窗口中选择仿真信号右击添加到 Wave 窗口中。运行观察仿真波形。

(8) 选择 File | QuartusII Programmer，下载 RAM_test.sof 文件，如图 10.24 所示。

(9) 选择 Run | Run，选择 Nios II Hardware，单击左下角 New。工程为 hello_world_0。可以看到目标硬件是我们定制的 RAM_test\Nios II.ptf，如图 10.25 所示。

查看目标连接是否正常，如图 10.26 所示。

注意：Host COM port 是选择 PC 机串口的。Nios II Termial device 设置要与系统库配置的标准串口一致。JTAG cable 选择取决于我们用哪种下载方式 ByterBlasterII 或 USB-Blaster。

(10) 单击 Run 按钮。通过超级终端观察实验结果。说明 SDRAM 工作正常，如图 10.27 所示。按复位键查看结果。

(11) 下面开始测试 SSRAM。还是用该工程，只是更改一些设置。包括 Nios II 系统复位起始地址要改到 SSRAM；应用程序 Hello_world 放在 SSRAM 中。其他都同前。

(12) 具体操作如下：在 Quartus II 中打开工程 RAM_test.qpf 和顶层设计文件 RAM_test.bdf。

Nios II 系统开发设计与应用实例

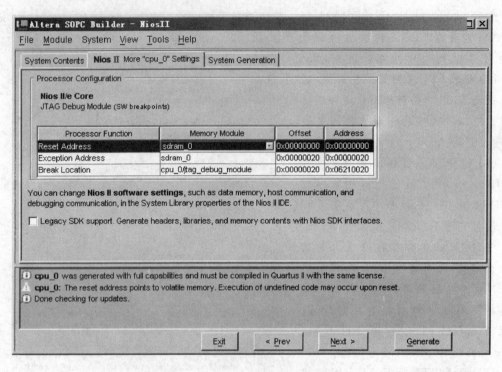

图 10.21　复位地址在 SDRAM 中

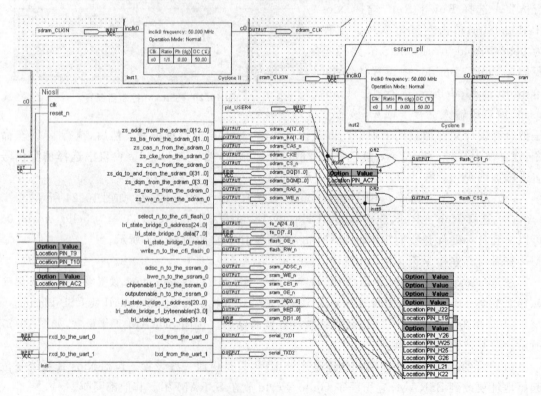

图 10.22　编译后的 RAM_test 顶层设计文件

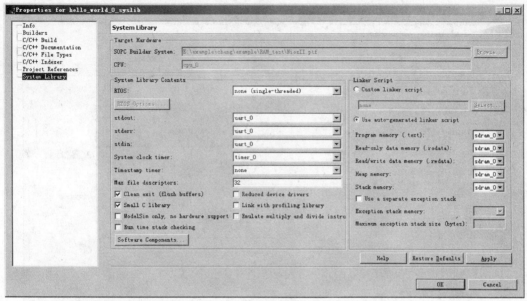

图 10.23 系统库配置

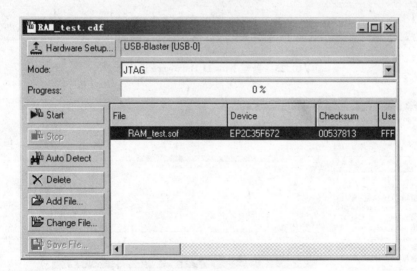

图 10.24 下载 RAM_test.sof 文件

双击 RAM_test.bdf 中的 Nios II 系统模块进入 SOPC Builder 界面,单击 Next,进入 Nios II More cpu_0 Settings 界面,Reset Address 和 Exception Address 都选择为 ssram_0,如图 10.28 所示。

单击 Next,Generate 重新生成 Nios II 系统。完成后右击 RAM_test.bdf 中的 Nios II 系统模块更新。然后进行全编译。

(13) 在 Nios II IDE 中打开应用程序工程 Hello_world。更改设置,设置程序下载时放到 ssram_0 中,如图 10.29 所示。

(14) 编译工程,运行 ModelSim 进行仿真。选择 Run | Run,选择 Nios II ModelSim 单击左下角 New。工程为 hello_world_0。ModelSim 路径是在 SOPC Builder 中设置的结果。单

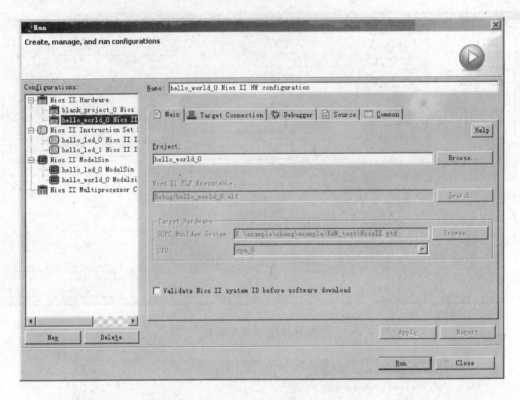

图 10.25 新建 Nios II Hardware 运行配置

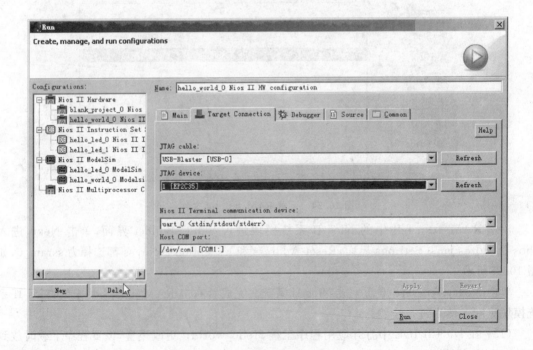

图 10.26 目标连接配置

第 10 章　Nios II 系统设计综合提高实例中级篇

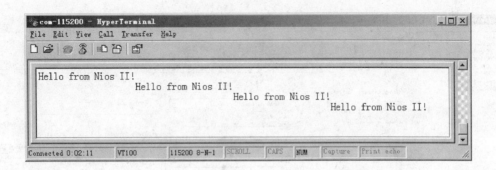

图 10.27　实验结果

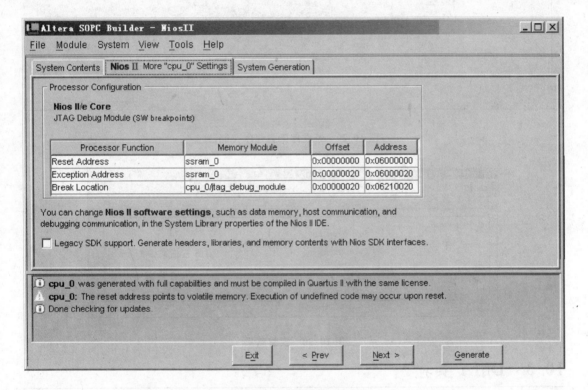

图 10.28　设置复位地址

击 Run，ModelSim 运行，在 Transcript 窗口中输入命令 s 回车，该命令是把所有设计文件加载到工程中。再执行 c 回车，对工程进行重编译。然后执行 w 回车命令，建立波形文件。把 Wave 窗口中所有信号全部删除，然后在 Objects 窗口中选择仿真信号右击添加到 Wave 窗口中。运行观察仿真波形。

（15）选择 File ｜ Quartus II Programmer，下载 RAM_test.sof 文件。

（16）选择 Run ｜ Run，选择 Nios II Hardware，单击左下角 New。工程为 hello_world_0。可以看到目标硬件是我们定制的 RAM_test\Nios II.ptf。单击 Run 按钮。通过超级终端观察实验结果。说明 SSRAM 工作正常，如图 10.30 所示。按复位键查看结果。

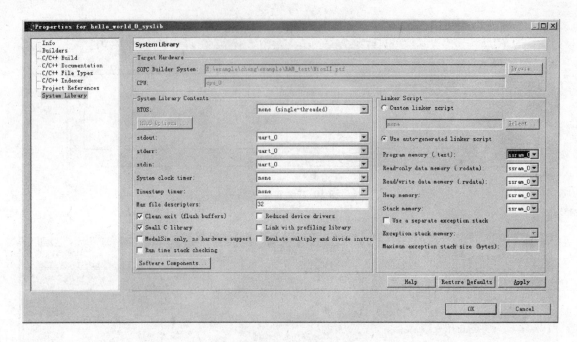

图 10.29　系统库配置程序存储器

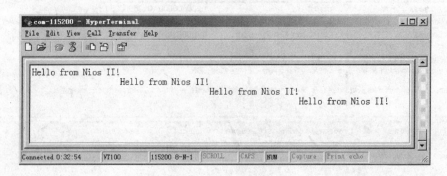

图 10.30　实验结果

10.3　DMA 实验

10.3.1　实验目的

(1) 熟悉使用 Nios II SDK Shell、Quartus II 和 SOPC Builder 共同建立本开发板的目标板。
(2) 学习使用 SOPC Builder 定制 Nios II 系统的硬件开发过程。
(3) 学习使用 Nios II IDE 编写简单应用程序的软件开发过程。
(4) 学习使用 IDE 开发环境。
(5) 学习 Quartus II、SOPC Builder、Nios II IDE 三种工具的配合使用。

10.3.2 实验内容

本实验通过使用 Nios II SDK Shell、Quartus II 和 SOPC Builder 共同建立本开发板的目标板 UP_AR2000_board。然后新建工程 DMA_test,使用 SOPC Builder 定制一个标准的 Nios II 系统,该系统是以 UP_AR2000_board 为目标板建立的。包含 DMA 控制器和 SDRAM、SSRAM、Flash 存储器控制器。从而完成硬件开发。用 QuartusII 分配引脚,编译工程后,先把 sof 文件下载到 FPGA 中,然后使用 Nios II IDE 新建存储器测试和 DMA 测试应用工程,编译完成软件开发。运行通过 JTAG_uart 观察实验结果。

10.3.3 实验原理

DMA 完成不需要 CPU 参与的数据搬家,源和目标可以是内存也可以是设备,在 Nios II 中通过基于 HAL 编程完成。DMA 三种基本传输方式如图 10.31 所示。

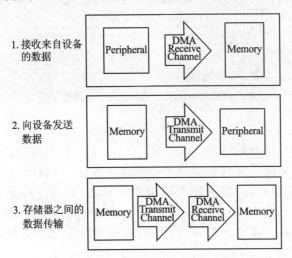

图 10.31 DMA 三种基本传输方式

在 Nios II 的 HAL DMA 设备模式中,DMA 传输被分为两类:transmit 和 receive。Nios II 提供两种设备驱动实现 transmit channels 和 receive channels。transmit channels 把缓冲区数据发送到目标设备,receive channels 读取设备数据存放到缓冲区。

10.3.4 实验步骤

(1) 目标板不必从新建立,直接用已建立的目标板,因为用的是同一个开发板。直接新建工程 DMA_test,打开 SOPC Builder 建立 Nios II 系统。在目标板中选择新建的 UP_AR2000_board。最后添加完所有组件,自动分配基地址和中断,分别选择 System | Auto-Assign Base Adresses 和 System | Auto-Assign IRQs,如图 10.32 所示。最后生成 Nios II 系统。

其中,CPU 的设置如图 10.33 所示,选择 Nios II/fast 内核。

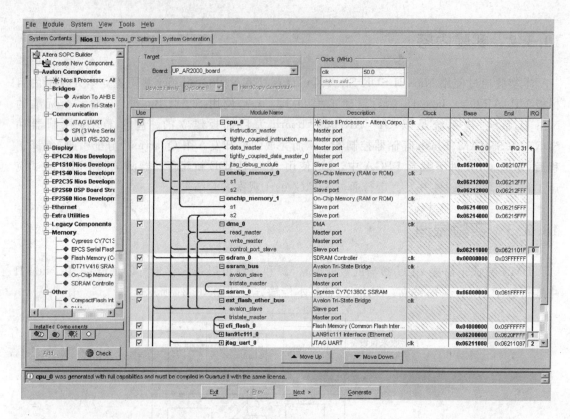

图 10.32 Nios II 系统

DMA 设置如图 10.34 所示。

(2) 建立工程顶层设计文件。为其添加端口，选择 Assignments | Device 选择器件 EP2C35F672C8，并设置 FPGA 没有用到的引脚的状态，选择 Assignments | Device，弹出 Setting Test1 对话框，单击 Device & Pin Options，弹出相应对话框，然后单击 Unused Pins，选择 As inputs, tri-stated。还要将 Dual-Purpose pins 中的 nCEO 设置为 Use as regular IO。修改 DMA_test.qsf 文件。

提示：我们提供了一个完整的 FPGA 引脚分配文件.qsf，只需把该文件中的引脚分别复制到 DMA _test.qsf 文件中即可。

编译完成后，结果如图 10.35 所示。

(3) 打开 Nios II IDE，新建应用工程，如图 10.36 所示。

(4) 系统库工程设置如图 10.37 所示。标准串口和应用程序下载运行的位置也如该图所示。

(5) 编译应用工程。

(6) 烧写 sof 文件配置 FPGA。

(7) 运行应用程序。运行环境的配置如图 10.38、图 10.39 所示。

(8) 运行结果如图 10.40 所示。

第 10 章　Nios II 系统设计综合提高实例中级篇

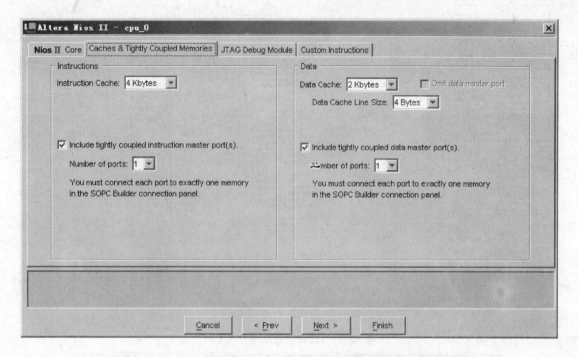

图 10.33　Nios II/fast 配置

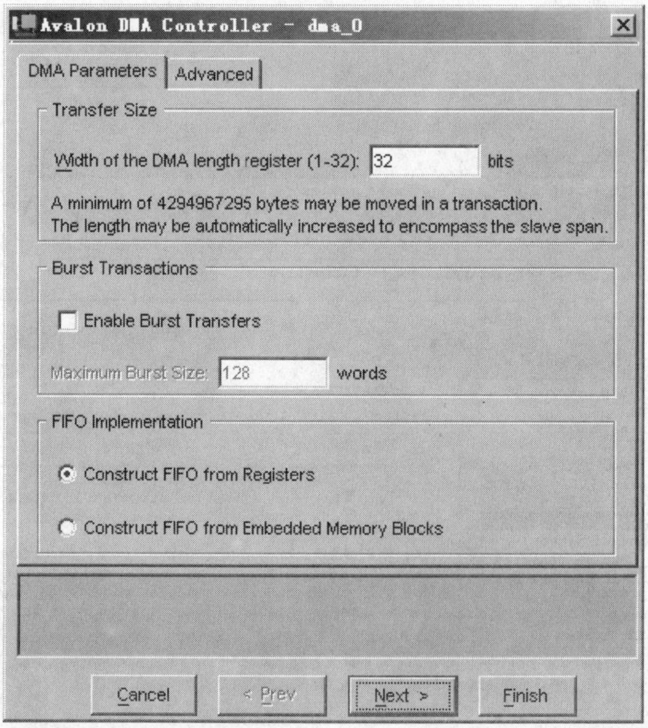

图 10.34　DMA 设置

Nios II 系统开发设计与应用实例

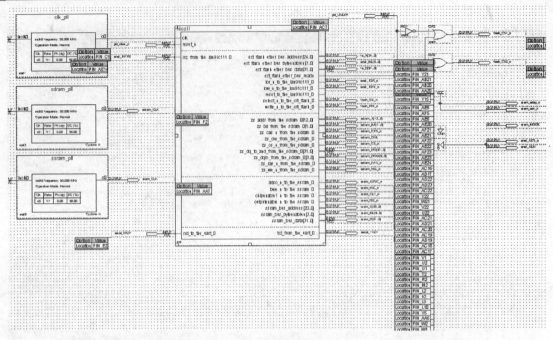

图 10.35 编译后的顶层设计文件

图 10.36 新建应用工程并选择 Memory Test

第 10 章　Nios II 系统设计综合提高实例中级篇

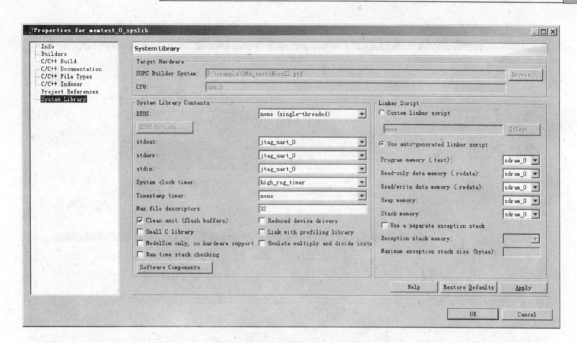

图 10.37　系统库设置

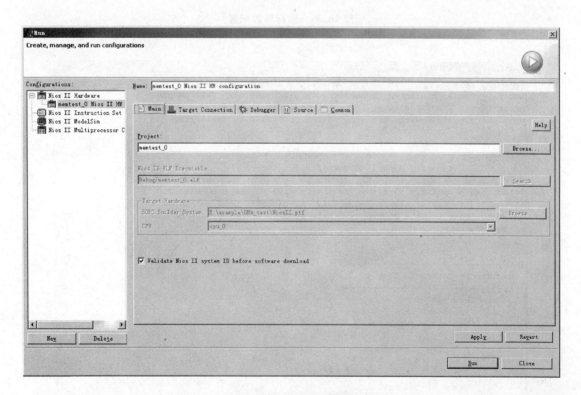

图 10.38　运行环境设置

Nios II 系统开发设计与应用实例

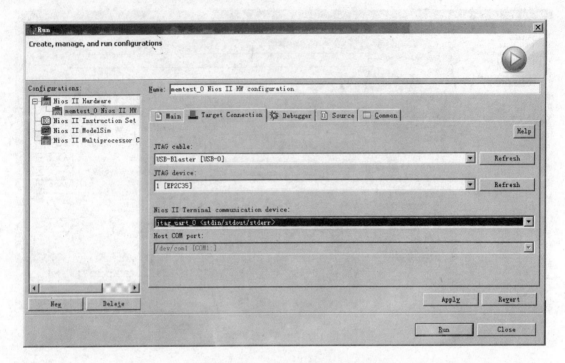

图 10.39 运行环境配置

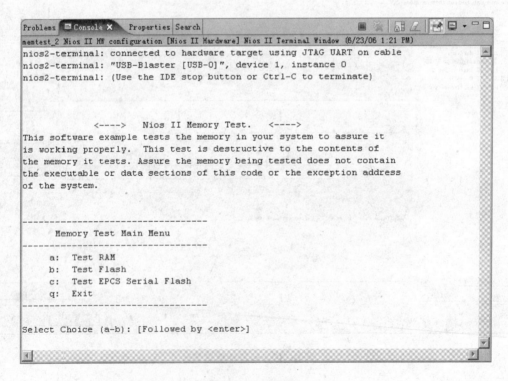

图 10.40 实验结果

第 10 章　Nios II 系统设计综合提高实例中级篇

10.4　VGA 实验

10.4.1　实验目的

（1）学习定制 IP 核。
（2）学习使用 SOPC Builder 定制 Nios II 系统的硬件开发过程。
（3）学习 μClinux 系统的移植、裁剪、编译和烧写运行。
（4）学习根文件系统的建立、编译、烧写和查看。
（5）学习使用 IDE 开发环境。
（6）学习 Quartus II、SOPC Builder、Nios II IDE 三种工具的配合使用。

10.4.2　实验内容

本实验通过使用 Nios II SDK Shell、Quartus II 和 SOPC Builder 共同建立本开发板的目标板 UP_AR2000_board。然后新建工程 VGA_test，使用 SOPC Builder 定制一个标准的 Nios II_full 系统，该系统是以 UP_AR2000_board 为目标板建立的。先学习建立 VGA Controller 核，以及相应的 HAL 的开发。然后添加到系统中，该系统包括了开发板上所有用到的接口控制器 IP 核，从而完成硬件开发。用 Quartus II 分配引脚、编译、生成 sof 文件。然后，在 Nios II IDE 环境下，新建应用工程，IDE 会根据已开发好的 HAL 新建系统库工程，编写应用程序，编译并运行。最后，观察显示器查看实验结果。

10.4.3　实验步骤

（1）添加 VGA Controller IP 核。把开源的 IP 核 VGA Controller 组件（其中包括 HAL 系统库）添加到 Nios II 的安装目录下的 components 文件夹中。路径为 D:\altera\kits\nios2\components\VGA_Controller_component。

添加后在 SOPC Builder 左边的组件栏中就会看到 VGA_Controller_component 组件，如图 10.41 所示。并且在 Nios II IDE 新建应用工程时，Nios II IDE 会根据 VGA Controller 组件中的 HAL 生成需要的 HAL 系统库工程。

（2）目标板不必重新建立，直接用已经建立的目标板，因为用的是同一个开发板。直接新建工程 VGA_test，打开 SOPC Builder 建立 Nios II_full 系统。在目标板中选择新建的 BCKJ_board。最后添加完所有组件，自动分配基地址和中断，分别选择 System | Auto-Assign Base Adresses 和 System | Auto-Assign IRQs，如图 10.42 所示。最后生成 Nios II_full 系统。

其中 CPU 选择的是 Nios II/f。指令和数据 Cache 均为 2 KB，如图 10.43 所示。

片上 RAM 设为 4K，如图 10.44 所示。

Nios II 系统开发设计与应用实例

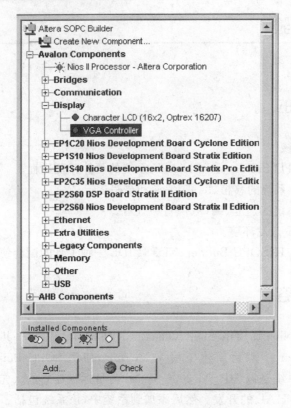

图 10.41 VGA Controller 组件

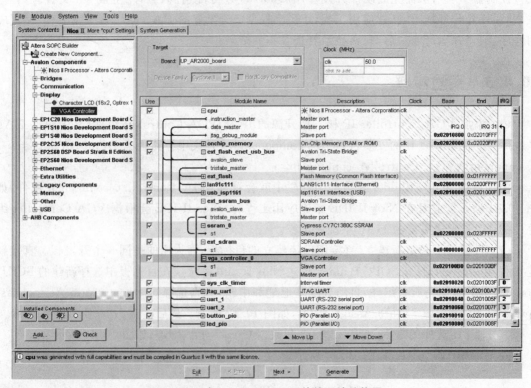

图 10.42 含 vga_controller 组件的系统结构图

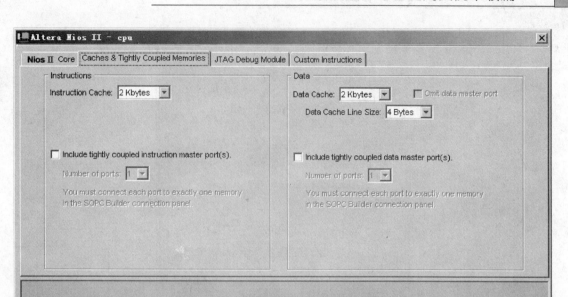

图 10.43　Nios II/f 设置

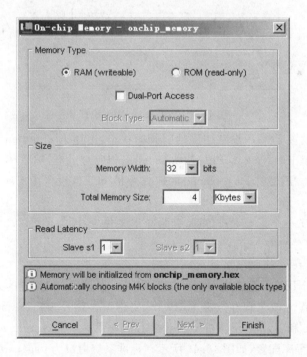

图 10.44　片上 RAM 设置

vga_controller 的设置如图 10.45 所示。

(3) 单击 Next，设置复位从 SDRAM 执行。生成 ptf 文件。

(4) 建立工程顶层设计文件。为其添加端口，选择 Assignments | Device 选择器件

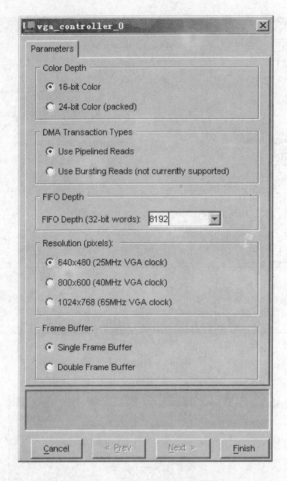

图 10.45 vga_controller 设置

EP2C35F672C8,并设置 FPGA 没有用到的引脚的状态,选择 Assignments | Device,弹出 Setting Test1 对话框,单击 Device & Pin Options,弹出相应对话框,然后单击 Unused Pins,选择 As inputs,tri-stated。还要将 Dual-Purpose Pins 中的 nCEO 设置为 Use as regular IO。修改 VGA_test.qsf 文件。

提示:我们提供了一个完整的 FPGA 引脚分配文件.qsf,只需把该文件中的引脚分别复制到 VGA _test.qsf 文件中即可。

编译生成 VGA_test.sof 文件。

(5) 打开 Nios II IDE。新建应用程序工程 VGA_example 和相应的系统库工程。这里只需 Import 已建的工程。该工程存放在 software 文件下。路径为:\example\VGA_test\software\VGA_Example 和\example\VGA_test\software\VGA_Example_syslib。

(6) 设置系统工程库配置,如图 10.46 所示。标准系统串口为 jtag_uart。Progrm memory 选择 SDRAM,与 reset 选择存储器一致。

(7) 编译应用工程。

(8) 下载 VGA_test.sof 文件,如图 10.47 所示。

第 10 章 Nios II 系统设计综合提高实例中级篇

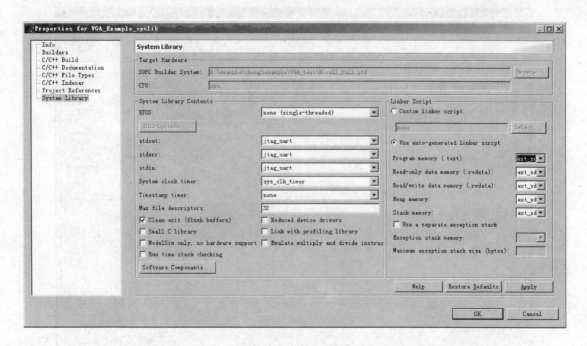

图 10.46 系统库设置

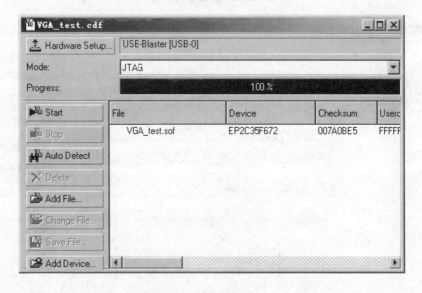

图 10.47 下载 VGA_test.sof 到 FPGA 中

（9）运行应用工程，即把应用程序下载到 sdram 中运行。选择 Run | Run，打开运行方式选择界面，左栏选择 Nios II Hardware，针对具体硬件运行。然后单击左下方 New 新建运行方式配置，如图 10.48、图 10.49 所示。

单击 Run 运行程序，查看实验结果，观察显示器图形。

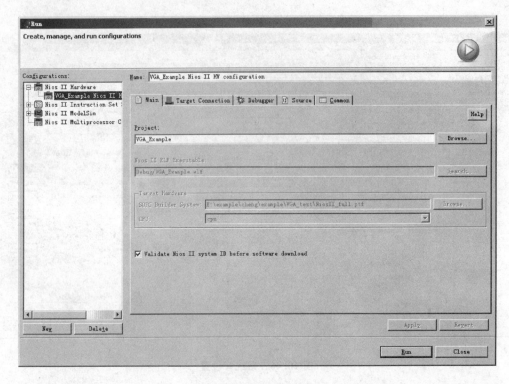

图 10.48　新建运行配置

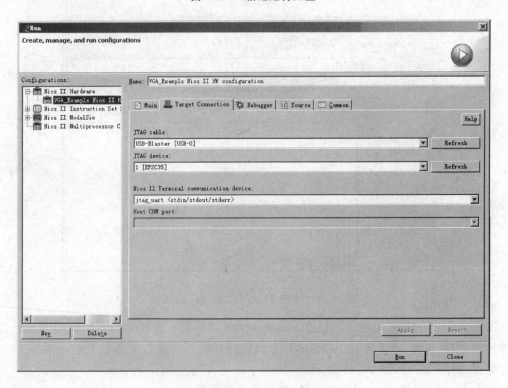

图 10.49　目标连接配置

10.5 Nios II 自定义指令实验

10.5.1 实验目的

(1) 学习 Nios II 自定义指令开发流程。
(2) 学习使用 SOPC Builder 定制 Nios II 系统的硬件开发过程。
(3) 学习使用 IDE 开发环境。
(4) 学习 Quartus II、SOPC Builder、Nios II IDE 三种工具的配合使用。

10.5.2 实验内容

本实验通过使用 Nios II SDK Shell、Quartus II 和 SOPC Builder 共同建立本开发板的目标板 UP_AR2000_board。然后新建工程 Cust_inst，使用 SOPC Builder 定制一个标准的 Nios II 系统，该系统是以 UP_AR2000_board 为目标板建立的。定制 CPU 时添加用户自定制指令，从而完成硬件开发。用 Quartus II 分配引脚，编译并生成 sof 文件。然后使用 Nios II IDE 新建指令应用工程。经过编译、运行后，通过超级终端观察实验结果。

10.5.3 实验原理

可编程软核处理器最大的特点是灵活，灵活到用户可以方便地增加指令，这在其他 SOC 系统中是做不到的。增加用户指令可以把系统中用软件处理时耗费时间多的关键算法用硬逻辑电路来实现，大大提高系统的效率。更突出的一点是：通过下面的逐步操作会认识到，这是一个听起来高深，其实比较容易实现的功能，因为我们借助于功能强大的 EDA 工具。

用户指令就是我们让 Nios II 软核完成的一个功能，这个功能由电路模块来实现。电路模块是用 HDL 语言描述的，它被连接到 Nios II 软核的算术逻辑部件上，如图 10.50 所示。

用户指令分多种，有组合逻辑指令、多周期指令、扩展指令等，学明白一个，就可举一反三。Altera 提供了用户模块 HDL 的模板，通过裁减就可以适应多种指令类型。模板存放的路径为：\altera\kits\nios2\examples\verilog\custom_instruction_templates。

用户指令逻辑模块结构如图 10.51 所示。

这里的用户指令实例是最简单的一种指令形式：组合逻辑指令。实例代码路径为：\altera\kits\nios2\tutorials\Nios II_custom_instr_tutorial\Nios II_stratixII_2s60_es\rtl。

leading_zero_detector.v 代码如下所示：

```
module leading_zero_detector
(
  dataa,
  result,
```

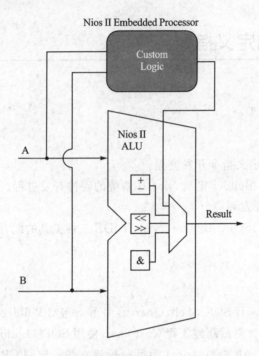

图 10.50 用户指令逻辑连接到 Nios II 的 ALU 上

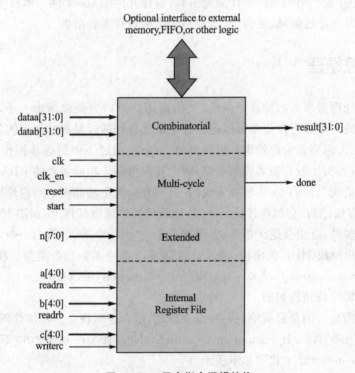

图 10.51 用户指令逻辑结构

);

　　//Inputs

input [31:0] dataa;

//Outputs

  output [31:0] result;

//Signal Declarations
  reg [31:0] result_wire;

//Start Main Code
  always@(dataa)
  begin
    casex(dataa)
      32'b1XXXXXXXXXXXXXXXXXXXXXXXXXXXXXXXX : result_wire[4:0] = 5'd0;
      32'b01XXXXXXXXXXXXXXXXXXXXXXXXXXXXXXX : result_wire[4:0] = 5'd1;
      32'b001XXXXXXXXXXXXXXXXXXXXXXXXXXXXXX : result_wire[4:0] = 5'd2;
      32'b0001XXXXXXXXXXXXXXXXXXXXXXXXXXXXX : result_wire[4:0] = 5'd3;
      32'b00001XXXXXXXXXXXXXXXXXXXXXXXXXXXX : result_wire[4:0] = 5'd4;
      32'b000001XXXXXXXXXXXXXXXXXXXXXXXXXXX : result_wire[4:0] = 5'd5;
      32'b0000001XXXXXXXXXXXXXXXXXXXXXXXXXX : result_wire[4:0] = 5'd6;
      32'b00000001XXXXXXXXXXXXXXXXXXXXXXXXX : result_wire[4:0] = 5'd7;
      32'b000000001XXXXXXXXXXXXXXXXXXXXXXXX : result_wire[4:0] = 5'd8;
      32'b0000000001XXXXXXXXXXXXXXXXXXXXXXX : result_wire[4:0] = 5'd9;
      32'b00000000001XXXXXXXXXXXXXXXXXXXXXX : result_wire[4:0] = 5'd10;
      32'b000000000001XXXXXXXXXXXXXXXXXXXXX : result_wire[4:0] = 5'd11;
      32'b0000000000001XXXXXXXXXXXXXXXXXXXX : result_wire[4:0] = 5'd12;
      32'b00000000000001XXXXXXXXXXXXXXXXXXX : result_wire[4:0] = 5'd13;
      32'b000000000000001XXXXXXXXXXXXXXXXXX : result_wire[4:0] = 5'd14;
      32'b0000000000000001XXXXXXXXXXXXXXXXX : result_wire[4:0] = 5'd15;
      32'b00000000000000001XXXXXXXXXXXXXXXX : result_wire[4:0] = 5'd16;
      32'b000000000000000001XXXXXXXXXXXXXXX : result_wire[4:0] = 5'd17;
      32'b0000000000000000001XXXXXXXXXXXXXX : result_wire[4:0] = 5'd18;
      32'b00000000000000000001XXXXXXXXXXXXX : result_wire[4:0] = 5'd19;
      32'b000000000000000000001XXXXXXXXXXXX : result_wire[4:0] = 5'd20;
      32'b0000000000000000000001XXXXXXXXXXX : result_wire[4:0] = 5'd21;
      32'b00000000000000000000001XXXXXXXXXX : result_wire[4:0] = 5'd22;
      32'b000000000000000000000001XXXXXXXXX : result_wire[4:0] = 5'd23;
      32'b0000000000000000000000001XXXXXXXX : result_wire[4:0] = 5'd24;
      32'b00000000000000000000000001XXXXXXX : result_wire[4:0] = 5'd25;
      32'b000000000000000000000000001XXXXXX : result_wire[4:0] = 5'd26;
      32'b0000000000000000000000000001XXXXX : result_wire[4:0] = 5'd27;
      32'b00000000000000000000000000001XXXX : result_wire[4:0] = 5'd28;
      32'b000000000000000000000000000001XXX : result_wire[4:0] = 5'd29;
      32'b0000000000000000000000000000001XX : result_wire[4:0] = 5'd30;
      32'b00000000000000000000000000000001 : result_wire[4:0] = 5'd31;

```
        endcase
    end
    assign result[31:5] = 27'd0;
    assign result[4:0] = result_wire[4:0];
endmodule
```

10.5.4 实验步骤

(1) 目标板不必重新建立,直接新建工程 Cust_inst,打开 SOPC Builder 建立 Nios II 系统。在目标板中选择新建的 UP_AR2000_board。最后添加完所有组件,自动分配基地址和中断,分别选择 System | Auto-Assign Base Adresses 和 System | Auto-Assign IRQs,如图 10.52 所示。最后生成 Nios II 系统。

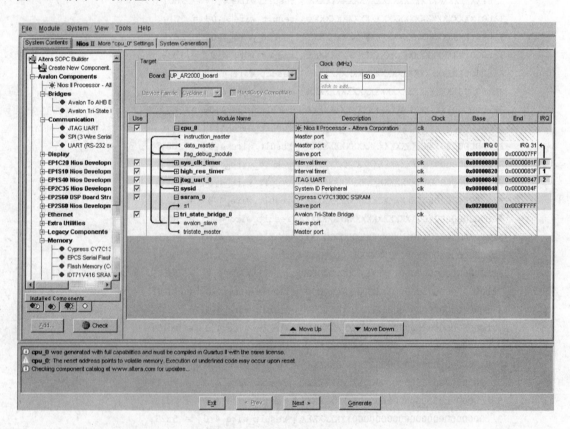

图 10.52 Nios II 系统

(2) 用户指令定制。双击 CPU 进入指令定制界面,如图 10.53 所示。

单击 Import 添加指令代码 leading_zero_detector.v,如图 10.54 所示。

添加完毕,如图 10.55 所示。

第 10 章　Nios II 系统设计综合提高实例中级篇

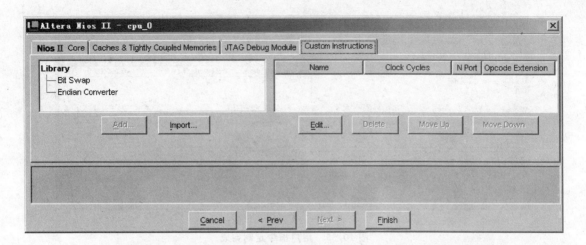

图 10.53　指令定制界面

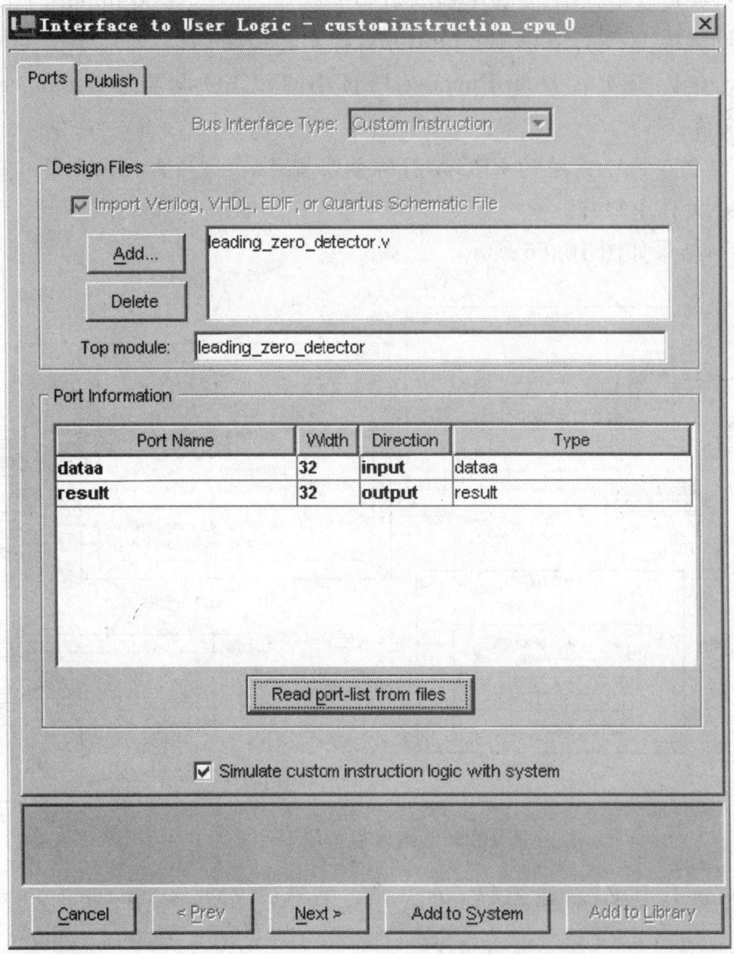

图 10.54　添加 leading_zero_detector.v

Nios II 系统开发设计与应用实例

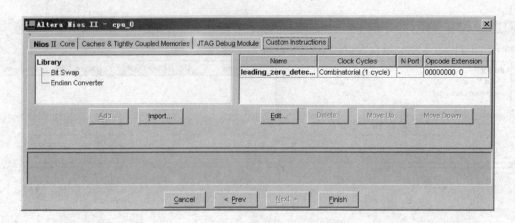

图 10.55 用户指令定制完成

（3）建立工程顶层设计文件。为其添加端口,选择 Assignments | Device 选择器件 EP2C35F672C8,并设置 FPGA 没有用到的引脚的状态,选择 Assignments | Device,弹出 Setting Test1 对话框,单击 Device & Pin Options,弹出相应对话框,然后单击 Unused Pins,选择 As inputs,tri-stated。还要将 Dual-Purpose Pins 中的 nCEO 设置为 Use as regular IO。修改 Cust_inst.qsf 文件。

提示:我们提供了一个完整的 FPGA 引脚分配文件.qsf,只需把该文件中的引脚分别复制到 Cust_inst.qsf 文件中即可。

编译完成后,结果如图 10.56 所示。

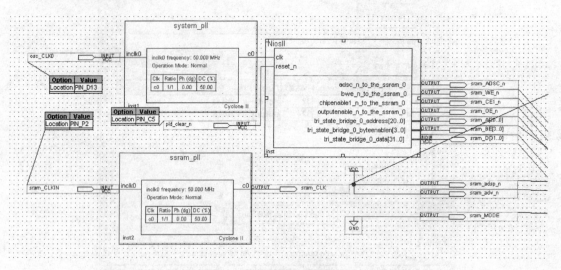

图 10.56 编译后顶层设计文件

（4）打开 Nios II IDE,新建工程 cust_inst_0,选择 custom instruction tutoral 模板,如图 10.57 所示。

对新建工程进行编译,编译后打开 system.h 文件。定制的用户指令声明定义如图 10.58 所示。

第10章 Nios II 系统设计综合提高实例中级篇

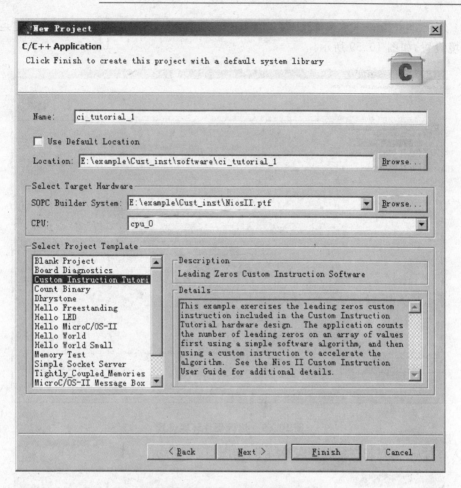

图 10.57 新建用户指令应用工程

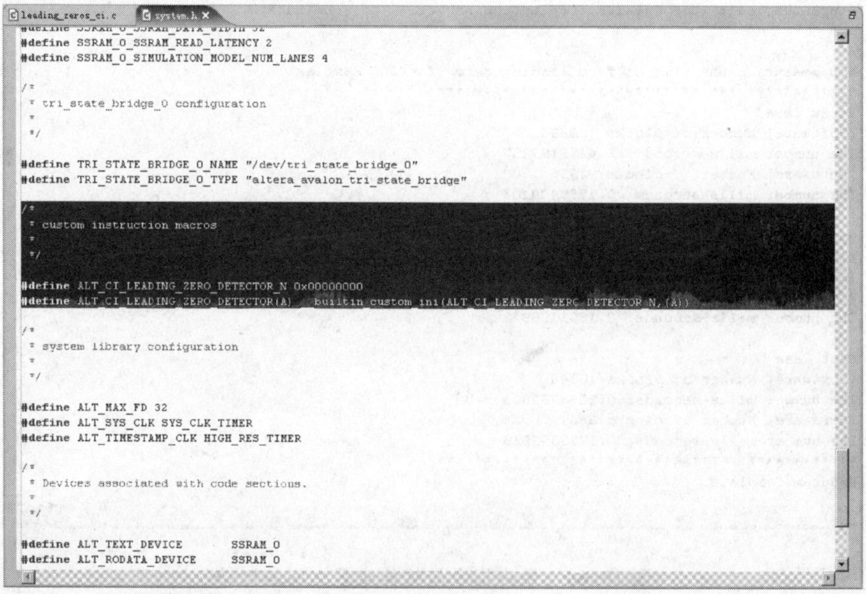

图 10.58 system.h 文件中的用户指令定义

(5) 先把 cust_inst.sof 文件下载到 FPGA 进行配置。然后运行应用工程,新建运行于硬件的环境设置,如图 10.59 所示。

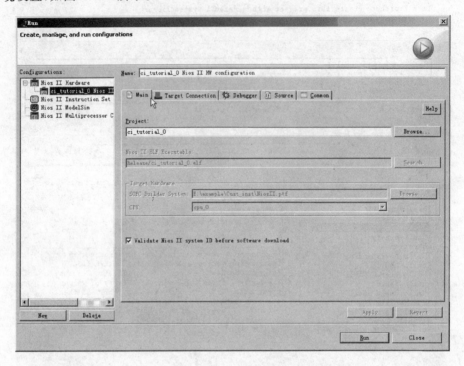

图 10.59　运行硬件环境设置

(6) 运行后,通过控制台观察实验结果,如图 10.60 所示。

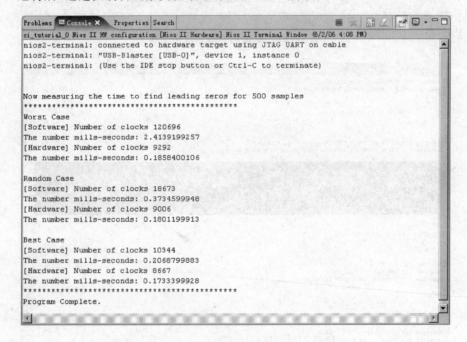

图 10.60　用户指令与软件实现之间的比较

第 11 章 基于嵌入式操作系统的 Nios II 系统设计与应用高级篇

11.1 Hello μC/OS-II 实验

11.1.1 实验目的

(1) 熟悉使用 Nios II SDK Shell、QuartusII 和 SOPC Builder 共同建立本开发板的目标板。
(2) 学习使用 SOPC Builder 定制 Nios II 系统的硬件开发过程。
(3) 学习 μC/OS II 操作系统的编译和使用。
(4) 学习使用 Nios II IDE 编写简单应用程序的软件开发过程。
(5) 学习使用 IDE 开发环境。
(6) 学习 Quartus II、SOPC Builder、Nios II IDE 三种工具的配合使用。

11.1.2 实验内容

本实验通过使用 Nios II SDK Shell、Quartus II 和 SOPC Builder 共同建立本开发板的目标板 UP_AR2000_board。然后新建工程 standard_test,使用 SOPC Builder 定制一个标准的 Nios II_standard 系统。该系统是以 UP_AR2000_board 为目标板建立的,从而完成硬件开发。以后的实验都用该 Nios II_standard 标准系统。用 Quartus II 分配引脚,编译后,把 sof 文件下载到 FPGA 中,然后,使用 Nios II IDE 建立基于 μC/OS II 操作系统应用工程,编译完成软件开发。运行后,通过 jtag_uart 观察实验结果。

11.1.3 实验步骤

(1) 直接利用第 10 章生成的 Nios II_standard 系统。打开工程文件 standard_test.qpf 后,编译完成。

(2) 打开 Nios II IDE，利用 Hello μC/OS-II 模板新建工程 hello_ucosii_1，如图 11.1 所示。目标硬件选择 Nios II_standard.ptf。选择创建系统库。

图 11.1　建立工程

(3) 生成工程后，对系统工程库参数进行设置。系统库参数设置如图 11.2 所示。操作系统 RTOS 选择 μC/OS-II，串口选择 jtag_uart。程序下载到 ext_sdram 中运行，要与 SOPC Builder 中 reset 地址选择的存储器一致。不选 Small C library。

(4) 编译工程。

(5) 下载 standard_test.sof 文件配置 FPGA，如图 11.3 所示。

(6) 在 Nios II IDE 中运行应用工程，选择 Run | Run，新建运行配置环境，设置如图 11.4、图 11.5 所示。

然后运行，通过 Nios II IDE 控制台查看实验结果，如图 11.6 所示。

第 11 章 基于嵌入式操作系统的 Nios II 系统设计与应用高级篇

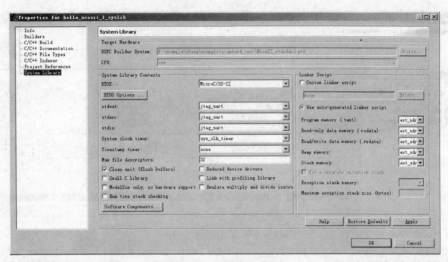

图 11.2　系统库设置

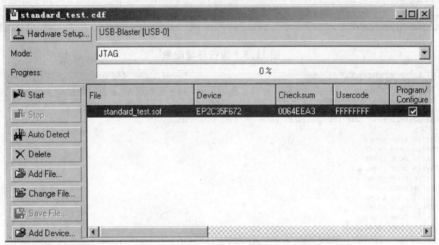

图 11.3　下载 standard_test.sof 文件

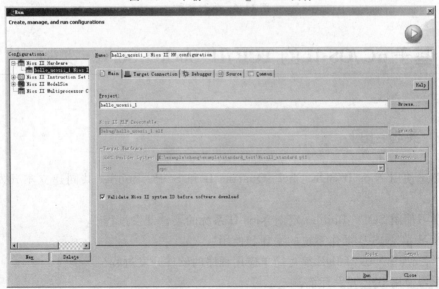

图 11.4　新建运行环境

Nios II 系统开发设计与应用实例

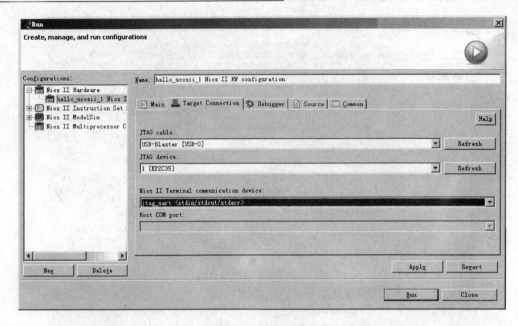

图 11.5 运行环境配置

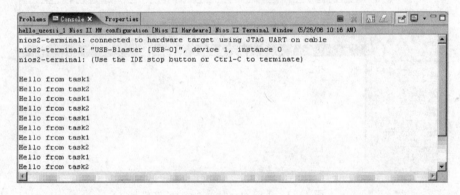

图 11.6 实验结果

11.2 基于 μC/OS-II 的 TCP/IP Socket Server 实验

11.2.1 实验目的

（1）熟悉使用 Nios II SDK Shell、Quartus II 和 SOPC Builder 共同建立本开发板的目标板。

（2）学习使用 SOPC Builder 定制 Nios II 系统的硬件开发过程。

（3）学习 μC/OS II 操作系统的编译和使用。

（4）学习使用 Nios II IDE 编写简单应用程序的软件开发过程。

（5）学习使用 IDE 开发环境。

第 11 章　基于嵌入式操作系统的 Nios II 系统设计与应用高级篇

（6）学习 Quartus II、SOPC Builder、Nios II IDE 三种工具的配合使用。

11.2.2　实验内容

本实验通过使用 Nios II SDK Shell、Quartus II 和 SOPC Builder 共同建立本开发板的目标板 UP_AR2000_board。然后新建工程 standard_test，使用 SOPC Builder 定制一个标准的 Nios II_standard 系统,该系统是以 UP_AR2000_board 为目标板建立的,从而完成硬件开发。以后实验都用该 Nios II_standard 标准系统。

用 Quartus II 分配引脚，编译后，把 sof 文件下载到 FPGA 中，然后，使用 Nios II IDE 建立基于 μC/OS II 操作系统的 TCP/IP Socket Server 工程。该应用工程能够初始化 LwIP (Light weight IP) stack，运行简单的 TCP Server。PC 机可以通过 Ethernet 与开发板通信。硬件系统要求有 lan91c111 Ethernet MAC。软件有 μC/OS-II 和 LwIP。把配置有 Ethernet 控制器的硬件系统配置到 FPGA 中，然后编译运行应用程序。PC 机通过 Ethernet 访问开发板进行通信。

11.2.3　实验步骤

（1）直接利用第 10 章生成的 Nios II_standard 系统。打开工程文件 standard_test.qpf 后，编译完成。

（2）打开 Nios II IDE，利用 Simple socket server 模板新建工程 simple_socket_server_0，如图 11.7 所示。目标硬件选择 Nios II_standard.ptf。选择创建系统库。

（3）生成工程后，对系统工程库参数进行设置。系统库参数设置如图 11.8 所示。操作系统 RTOS 选择 μC/OS-II，串口选择 jtag_uart。程序下载到 ext_sdram 中运行，要与 SOPC Builder 中 reset 地址选择的存储器一致。不选 Small C library。

（4）编译该工程前需要修改一下程序。主要是由于我们没有定制 LCD 组件，应用程序中有，需要把有关 LCD 代码删掉。network_utilities.c 源文件的修改如图 11.9～图 11.12 所示。最后编译工程。

（5）下载 standard_test.sof 文件。连接开发板到和主机同一个局域网内,运行该工程。选择 Run | Run，设置如图 11.13 所示。

然后运行，通过 Nios II Terminal Window 查看实验结果。我们看到 IP 和端口号 Static IP Address is 192.168.0.250，Simple Socket Server listening on port 30。

（6）选择"开始"|"运行"，如图 11.14 所示，输入 cmd 命令。

输入命令和 IP、端口号 telnet 192.168.0.250 30，如图 11.15 所示。

回车，主机就通过网口访问开发板上的应用程序，如图 11.16 所示。

同时通过 Nios II Terminal Window 看到网络连接信息。本实验主机的 IP 是 192.168.0.174。对应会显示实验者的主机 IP，如图 11.17 所示。

最后，查看开发板上的实验运行情况。

Nios II 系统开发设计与应用实例

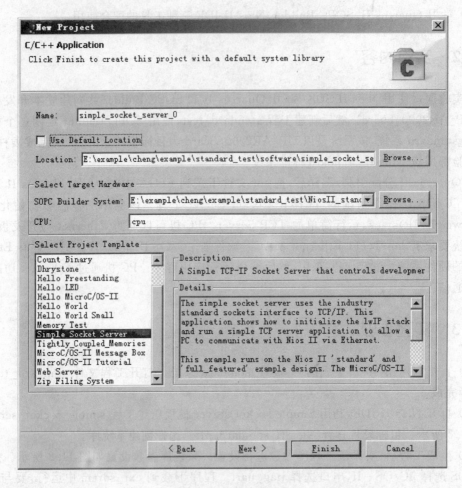

图 11.7 新建应用工程

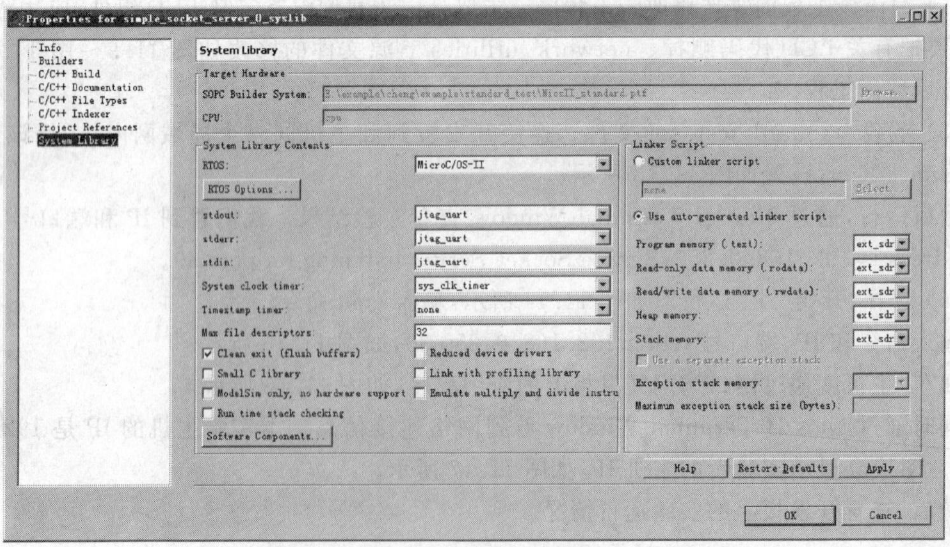

图 11.8 系统库设置

第 11 章　基于嵌入式操作系统的 Nios II 系统设计与应用高级篇

```
/* Write the MAC address to flash */
//flash_handle = alt_flash_open_dev(EXT_FLASH_NAME);
//if (flash_handle)
//{
// alt_write_flash(flash_handle, LAST_SECTOR_OFFSET, flash_content,
// alt_flash_close_dev(flash_handle);
// ret_code = ERR_OK;
//}
}
return ret_code;
}

/*
* get_mac_addr
*
* Read the MAC address in a board specific way
*
*/
err_t get_mac_addr(alt_lwip_dev* lwip_dev)
{
    err_t ret_code = ERR_OK;
    alt_u32 signature;
    struct netif* netif = lwip_dev->netif;

    netif->hwaddr[0] = 0x01;
    netif->hwaddr[1] = 0x02;
    netif->hwaddr[2] = 0x03;
    netif->hwaddr[3] = 0x04;
    netif->hwaddr[4] = 0x05;
    netif->hwaddr[5] = 0x06;
```

```
/* Write the MAC address to flash */
flash_handle = alt_flash_open_dev(EXT_FLASH_NAME);
if (flash_handle)
{
    alt_write_flash(flash_handle, LAST_SECTOR_OFFSET, flash_content, 32);
    alt_flash_close_dev(flash_handle);
    ret_code = ERR_OK;
}
}
return ret_code;
}

/*
* get_mac_addr
*
* Read the MAC address in a board specific way
*
*/
err_t get_mac_addr(alt_lwip_dev* lwip_dev)
{
    err_t ret_code = ERR_OK;
    alt_u32 signature;
    struct netif* netif = lwip_dev->netif;

#if defined(ALTERA_NIOS_DEV_BOARD_CYCLONE_1C20) ||\
    defined(ALTERA_NIOS_DEV_BOARD_CYCLONE_2C35) ||\
    defined(ALTERA_NIOS_DEV_BOARD_STRATIX_1S10) ||\
    defined(ALTERA_NIOS_DEV_BOARD_STRATIX_1S10_ES) ||\
    defined(ALTERA_NIOS_DEV_BOARD_STRATIX_2S60_ES) ||\
    defined(ALTERA_NIOS_DEV_BOARD_STRATIX_2S60) ||\
    defined(ALTERA_NIOS_DEV_BOARD_STRATIX_1S40) ||\
    defined(ALTERA_DSP_DEV_BOARD_STRATIX_2S60_ES)
    signature = IORD_32DIRECT(LAST_FLASH_SECTOR, 0);
```

图 11.9　network_utilities.c 的修改

```
                                         * valid network settings are present, indicated by a signature of 0x00005afe at
                                         * the first address of the last flash sector. This hex value is chosen as the
                                         * signature since it looks like the english word "SAFE", meaning that it is
                                         * safe to use these network address values.
                                         */
                                        if (signature != 0x00005afe)
                                        {
                                            ret_code = generate_and_store_mac_addr();
                                        }

                                        if (ret_code == ERR_OK)
                                        {
                                            netif->hwaddr[0] = IORD_8DIRECT(LAST_FLASH_SECTOR, 4);
                                            netif->hwaddr[1] = IORD_8DIRECT(LAST_FLASH_SECTOR, 5);
                                            netif->hwaddr[2] = IORD_8DIRECT(LAST_FLASH_SECTOR, 6);
                                            netif->hwaddr[3] = IORD_8DIRECT(LAST_FLASH_SECTOR, 7);
                                            netif->hwaddr[4] = IORD_8DIRECT(LAST_FLASH_SECTOR, 8);
                                            netif->hwaddr[5] = IORD_8DIRECT(LAST_FLASH_SECTOR, 9);

printf("Your Ethernet MAC address is %02x:%02x:%02x:%02x:%02x:%02x\n",    printf("Your Ethernet MAC address is %02x:%02x:%02x:%02x:%02x:%02x\n",
    netif->hwaddr[0],                                                         netif->hwaddr[0],
    netif->hwaddr[1],                                                         netif->hwaddr[1],
    netif->hwaddr[2],                                                         netif->hwaddr[2],
    netif->hwaddr[3],                                                         netif->hwaddr[3],
    netif->hwaddr[4],                                                         netif->hwaddr[4],
    netif->hwaddr[5]);                                                        netif->hwaddr[5]);
                                        }
                                        #else
                                        ret_code = ERR_IF;

                                        perror("Not an Altera Nios Development Board.\n");
                                        perror("You need to modify the function get_mac_addr.\n");
                                        perror("to set a MAC address for your board");
                                        #endif
```

图 11.10　network_utilities.c 的修改

```
IP4_ADDR(ipaddr, 192,168,0,250);          #ifdef LCD_DISPLAY_NAME
IP4_ADDR(gw, 192,168,0,254);                  LCDDevice = fopen(LCD_DISPLAY_NAME, "w");
IP4_ADDR(netmask, 255,255,255,0);             if (LCDDevice <= 0)
                                              {
                                                  alt_lwIPErrorHandler(EXPANDED_DIAGNOSIS_CODE,
                                                      "[network_utilities:get_ip_addr] fopen LCD_DISPLAY_NAME failed");
                                              }
                                          #endif /* LCD_DISPLAY_NAME */

                                          if (!strcmp(lwip_dev->name, "/dev/" LWIP_DEFAULT_IF))
                                          {
                                          #if LWIP_DHCP == 1
                                              *use_dhcp = 1;

                                              /*
                                               * If we are telling lwIP to attempt DHCP, all that is needed is to save
                                               * the lwIP device in question to a the global netif "adapter"; the
                                               * DHCP timeout task will then query this device to see whether an IP
                                               * address has been set.
                                               *
                                               * If we are not attempting DHCP, static network settings are assigned here
                                               * and we go on our merry way.
                                               */
                                              adapter = lwip_dev->netif;

                                          #ifdef LCD_DISPLAY_NAME
                                              /* Clear the LCD screen */
                                              fprintf(LCDDevice, "\x1b");
                                              fprintf(LCDDevice, "[2J");
                                              fprintf(LCDDevice, "Using DHCP to\nfind IP Addr");
                                          #endif /* LCD_DISPLAY_NAME */
                                              printf("Using DHCP to find an IP Address\n");

                                          #else
                                              IP4_ADDR(ipaddr, IPADDR0,IPADDR1,IPADDR2,IPADDR3);
```

图 11.11　network_utilities.c 的修改

```
                                                          /* Clear the LCD screen */
                                                          fprintf(LCDDevice, "\x1b");
                                                          fprintf(LCDDevice, "[2J");
                                                          fprintf(LCDDevice, "Using DHCP to\nfind IP Addr");
                                                      #endif /* LCD_DISPLAY_NAME */
                                                          printf("Using DHCP to find an IP Address\n");

                                                      #else
                                                          IP4_ADDR(ipaddr, IPADDR0,IPADDR1,IPADDR2,IPADDR3);
                                                          IP4_ADDR(gw, GWADDR0,GWADDR1,GWADDR2,GWADDR3);
                                                          IP4_ADDR(netmask, MSKADDR0,MSKADDR1,MSKADDR2,MSKADDR3);
*use_dhcp = 0;                                            *use_dhcp = 0;

printf("Static IP Address is %d.%d.%d.%d\n",              printf("Static IP Address is %d.%d.%d.%d\n",
    ip4_addr1(ipaddr),                                        ip4_addr1(ipaddr),
    ip4_addr2(ipaddr),                                        ip4_addr2(ipaddr),
    ip4_addr3(ipaddr),                                        ip4_addr3(ipaddr),
    ip4_addr4(ipaddr));                                       ip4_addr4(ipaddr));

                                                      #ifdef LCD_DISPLAY_NAME
                                                          /* Clear the LCD screen */
                                                          fprintf(LCDDevice, "\x1b");
                                                          fprintf(LCDDevice, "[2J");
                                                          fprintf(LCDDevice, "Static IP Addr\n %d.%d.%d.%d",
                                                              ip4_addr1(ipaddr),
                                                              ip4_addr2(ipaddr),
                                                              ip4_addr3(ipaddr),
                                                              ip4_addr4(ipaddr));
                                                      #endif /* LCD_DISPLAY_NAME */

                                                      #endif /* lwIP_DHCP */

ret_code = 1;                                         ret_code = 1;
```

图 11.12　network_utilities.c 的修改

第 11 章 基于嵌入式操作系统的 Nios II 系统设计与应用高级篇

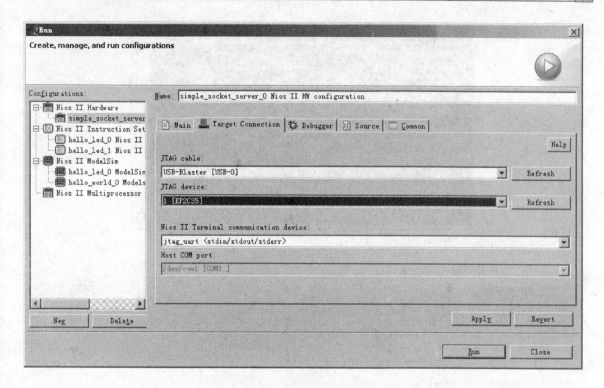

图 11.13 硬件运行环境设置

图 11.14 打开命令窗口

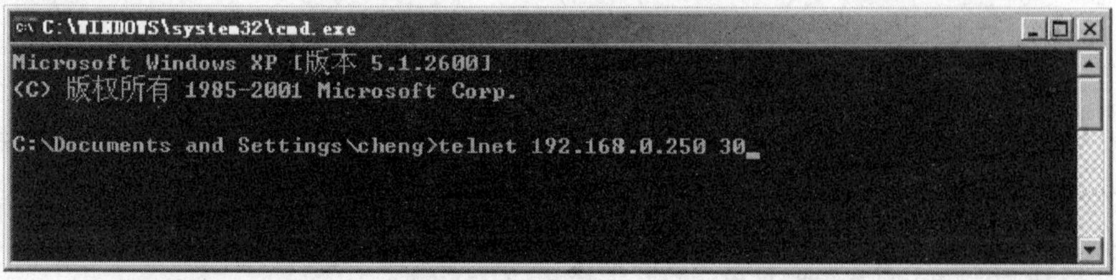

图 11.15 telnet 访问开发板

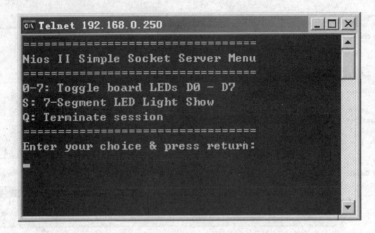

图 11.16 连接成功

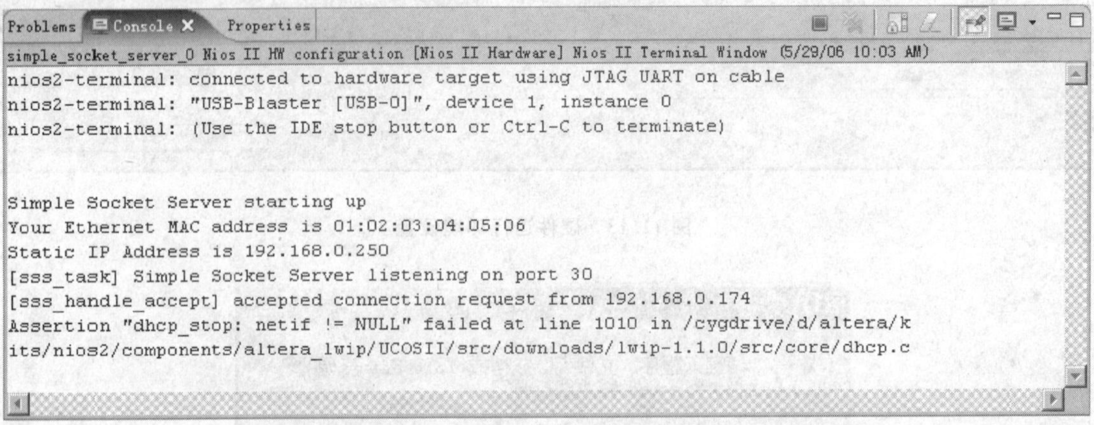

图 11.17 控制台信息

11.3 μClinux 内核与根文件系统的移植及 Flash 在 μClinux 下的使用实验

11.3.1 实验目的

（1）熟悉使用 Nios II SDK Shell、Quartus II 和 SOPC Builder 共同建立本开发板的目标板。

（2）学习使用 SOPC Builder 定制 Nios II 系统的硬件开发过程。

（3）学习 μClinux 系统的移植、裁剪、编译和烧写运行。

（4）学习根文件系统的建立、编译、烧写和查看。

（5）学习使用 IDE 开发环境。

（6）学习 Quartus II、SOPC Builder、Nios II IDE 三种工具的配合使用。

11.3.2 实验内容

本实验通过使用 Nios II SDK Shell、Quartus II 和 SOPC Builder 共同建立本开发板的目标板 UP_AR2000_board。然后新建工程 standard_test，使用 SOPC Builder 定制一个标准的 Nios II_standard 系统，该系统是以 UP_AR2000_board 为目标板建立的，从而完成硬件开发。以后的实验我们都用该 Nios II_standard 标准系统。用 Quartus II 分配引脚，编译后，生成 sof 文件。然后，使用 Nios II IDE 移植 μClinux 操作系统内核，并编译、烧写。建立根文件系统，并编译、烧写。最后下载 sof 文件。运行后，通过超级终端观察实验结果。

11.3.3 实验步骤

（1）直接利用第 10 章生成的 Nios II_standard 系统。打开工程文件 standard_test.qpf。注意：这里要对 Nios II_standard 系统中的复位地址进行设置，放到 Flash 中。打开 SOPC Builder 环境设置，如图 11.18 所示。

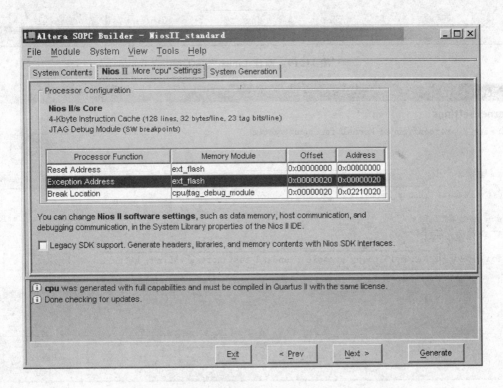

图 11.18 设置 Reset Address 和 Exception Address

重新生成 Nios II 系统，并重新编译工程。

（2）打开 Nios II IDE 新建工程，在图 11.19 中选择 Linux Kernel Project。单击 Next 按钮，在弹出的对话框中选择路径为 standard_test\software\linux_kernel 及名为 Linux_kernel 的工程，如图 11.20 所示。

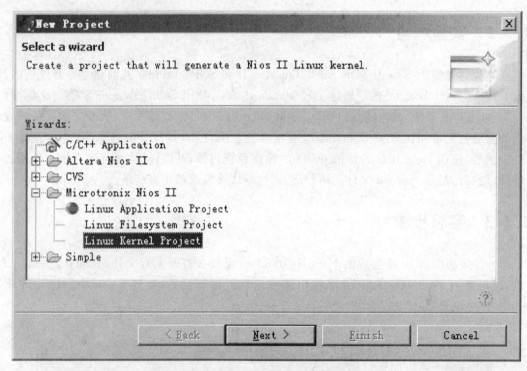

图 11.19 新建 Linux 内核工程

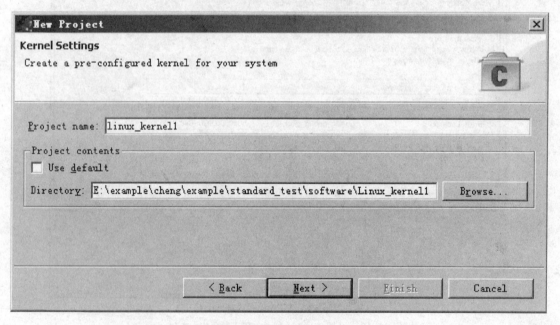

图 11.20 新建 Linux 内核工程

单击 Next，选择目标硬件，即硬件开发生成的 Nios II 系统对应 ptf 文件，内核存放位置放在片外 Flash 中。执行时复制到 SDRAM 中运行，如图 11.21 所示。

注意：这里内核存放位置要与 SOPC Builder 生成 Nios II 系统时设置的复位起始位置一致，都是在 Flash 中。

第 11 章　基于嵌入式操作系统的 Nios II 系统设计与应用高级篇

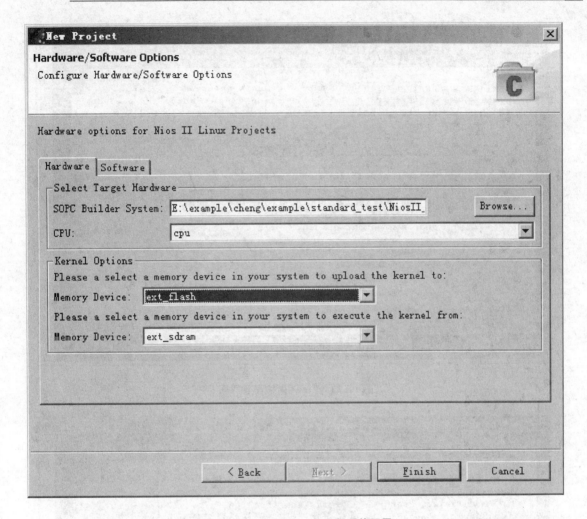

图 11.21　Linux_kernel 工程硬件配置

(3) 对内核进行裁剪配置，在 Navigator 窗口下右击工程 Linux_kernel，选择 configure kernel。

注意：这是在 Navigator 窗口下，可以通过 Window 选择。

(4) 内核配置界面如图 11.22 所示。

(5) 选择目标板。选择"Processor type and features→"选择目标板 UP-Tech AR2000 Development board support，如图 11.23 所示。

然后选择"Platform＜Altera Stratix Development board support＞→"，默认选的是 Altera Stratix Development board support，如图 11.24 所示。

进入后选择目标板 UP-Tech AR2000 Development board support，如图 11.25 所示。

(6) 裁剪掉对 ATA/ATAPI/MFM/RLL 协议的支持。在嵌入式设备中，目前这些设备应用的还不多，但台式机及笔记本用户如果有支持以上协议的硬盘或光驱就可选上它。在 2.6.x 内核中这方面的支持内容也比较丰富。选择"Device Drivers→"，如图 11.26 所示。

然后选择"ATA/ATAPI/MFM/RLL support→"，进入该配置界面，如图 11.27 所示。

在"＜ ＞"中输入 N，不选择该项，如图 11.28 所示。选择 Exit 退出。

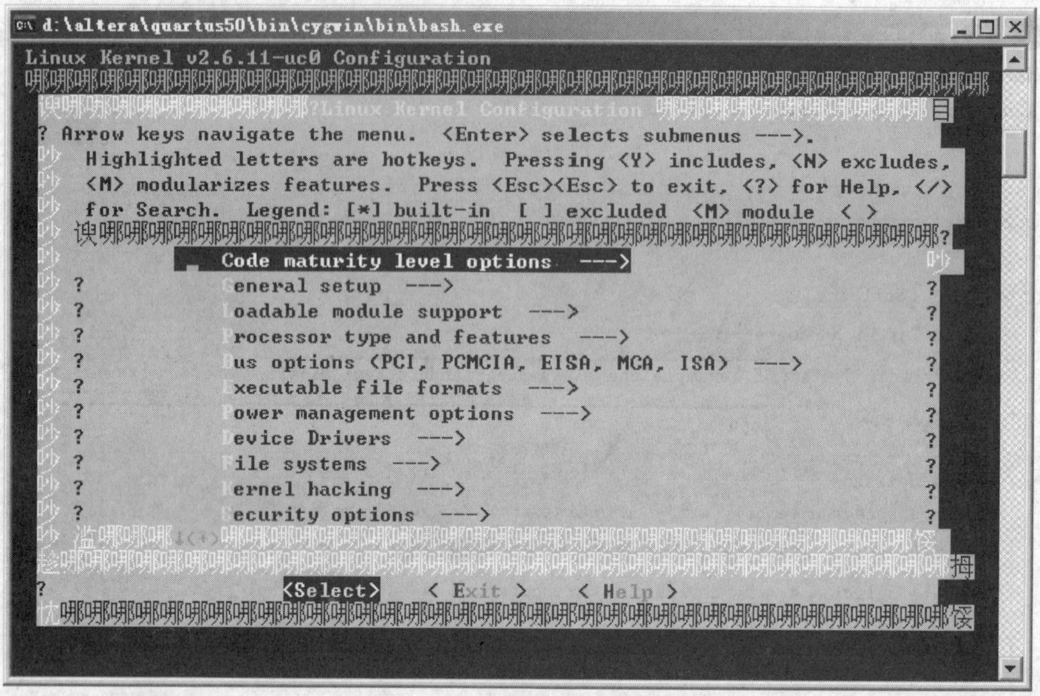

图 11.22　Linux 内核配置界面

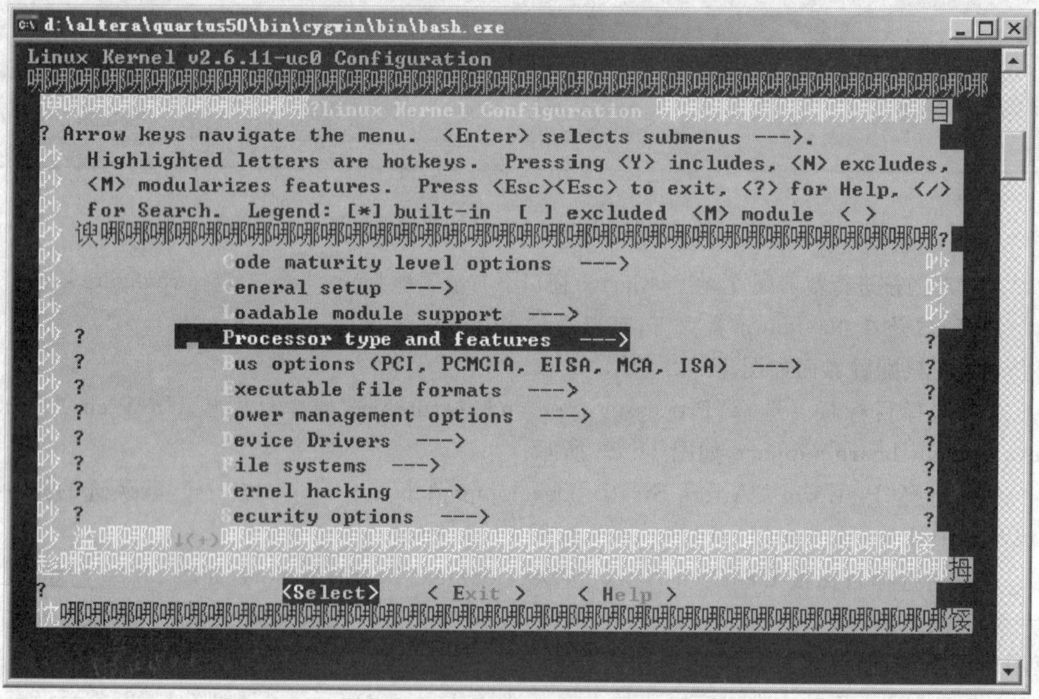

图 11.23　目标板的选择

第11章 基于嵌入式操作系统的 Nios II 系统设计与应用高级篇

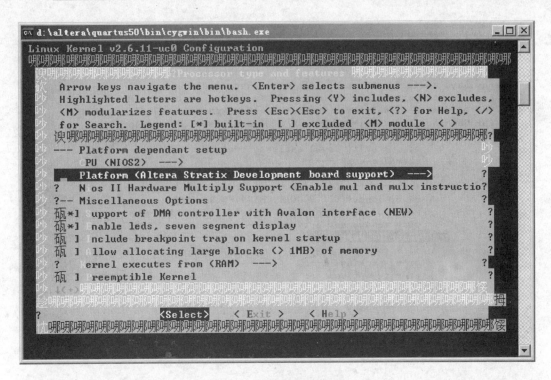

图 11.24 目标板的选择

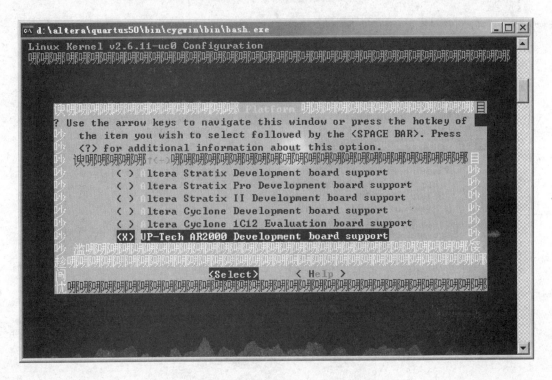

图 11.25 选择目标板 UP-Tech AR2000

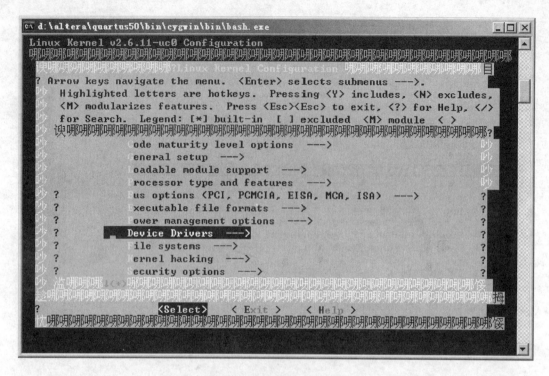

图 11.26 进入驱动配置界面

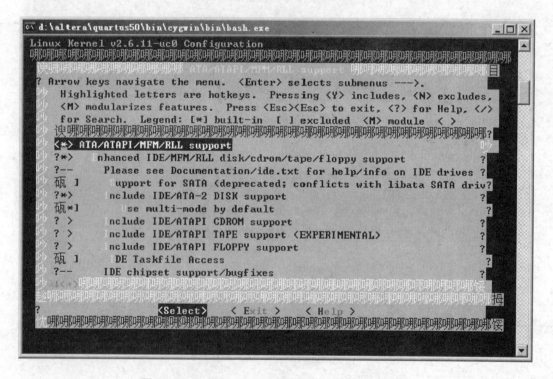

图 11.27 ATA/ATAPI/MFM/RLL support 配置界面

第11章 基于嵌入式操作系统的 Nios II 系统设计与应用高级篇

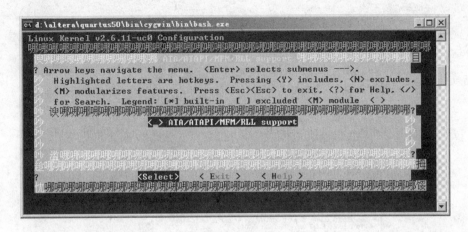

图 11.28 取消 ATA/ATAPI/MFM/RLL support

（7）对串口进行配置。选择"Device Drivers→"，然后选择"Character Devices→"，再选择"Serial drivers→"。我们选择 Nios serial support 和 Support for console on Nios UART，关闭 JTAG UART 避免两者冲突，如图 11.29 所示。

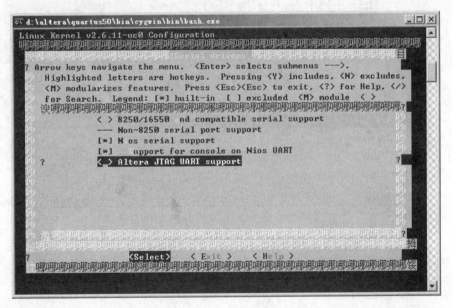

图 11.29 串口设置

（8）最后退出保存设置。
（9）右击工程进行编译。
（10）下载烧写内核。右击工程下 build 文件夹中的 vmlinux.bin 文件。选择 upload 烧写到 Flash 中。
（11）下载 Nios II_standard.sof 文件配置 FPGA。打开超级终端，Linux 内核自动从 Flash 启动，如图 11.30 所示。
（12）建立 Linux 根文件系统。选择 Linux Filesystem Project，如图 11.31 所示。

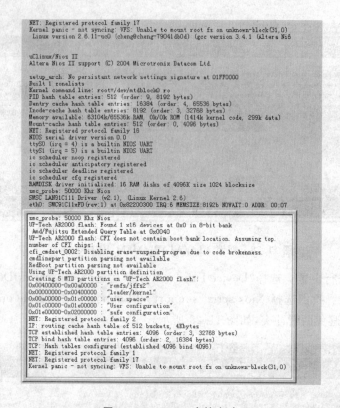

图 11.30　Linux 内核启动

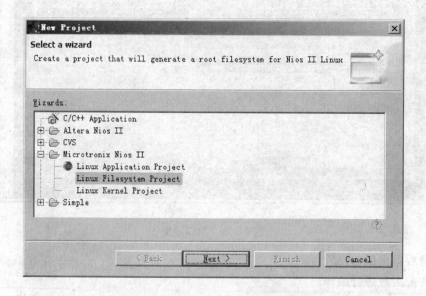

图 11.31　新建 Linux 根文件系统工程

单击 Next，选择路径为 standard_test 工程文件夹下的 software，新建文件夹 Linux_filesystem 和名为 Linux_filesystem 的工程，如图 11.32 所示。

单击 Next，选择目标硬件，即硬件开发生成的 Nios II 系统对应的 ptf 文件。根文件系统存放在片外 Flash 中。执行时复制到 SDRAM 中运行，如图 11.33 所示。

第 11 章 基于嵌入式操作系统的 Nios II 系统设计与应用高级篇

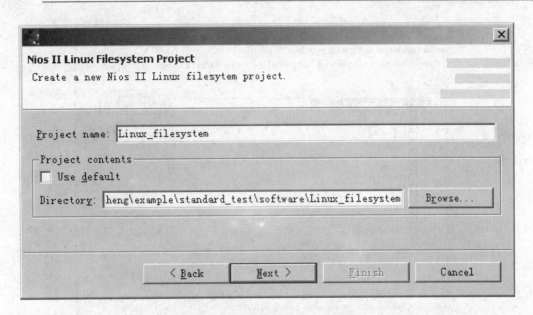

图 11.32 选择路径并命工程名

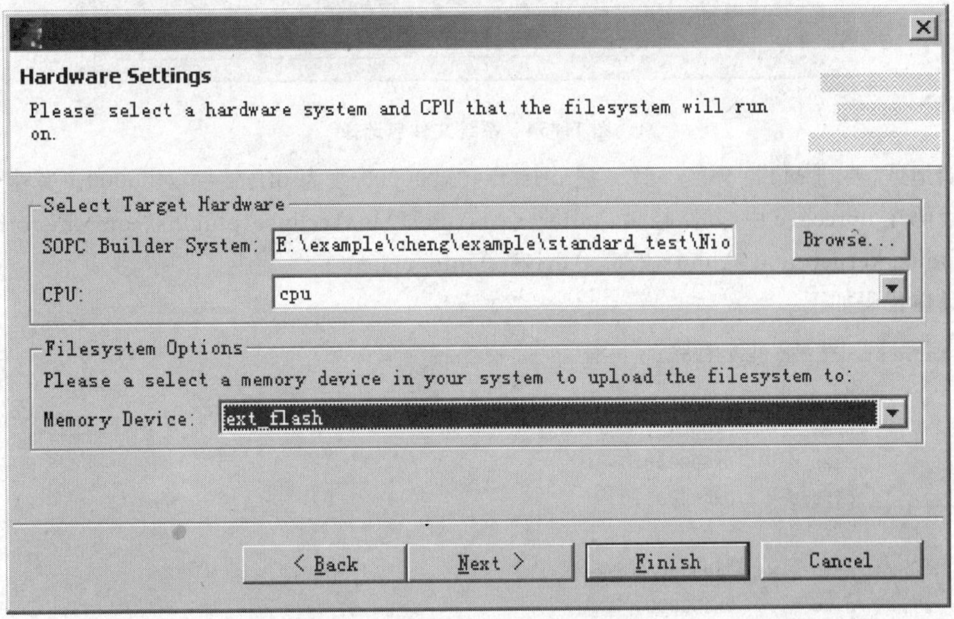

图 11.33 根文件系统硬件配置

注意：这里根文件系统存放位置要与 SOPC Builder 生成 Nios II 系统时设置的复位起始位置一致，都是在 Flash 中。

选择文件系统包，单击右边 Install Minimal 按钮，选择最小包安装。还要再选上以下几项：agetty、boa、dhcpcd、ftpd、e2fsprogs、inetd、ping、route 和 telnetd，如图 11.34 所示。注意不要选 init 项。选择结束单击 Finish 按钮。

(13) 打开根文件系统工程下的 Linux_filesystem.stf 文件。修改根文件系统在 Flash 中

图 11.34 系统文件包选择

的存储地址,要与 MTD 分区一致。把 offset＝0x200000 改为 offset＝0x400000。其中 MTD 分区代码在 uptech.c 中,其路径为:\altera\kits\nios2\bin\eclipse\plugins\com.microtronix. nios2linux.kernel_1.4.0\linux-2.6.x\drivers\mtd\maps。

具体代码如下:

```
static struct mtd_partition uptechamap_partitions[] = {
    {
        .name    =   "romfs/jffs2",
        .size    =   0x600000,
        .offset  =   0x400000,
    },{
        .name    =   "loader/kernel",
        .size    =   0x400000,
        .offset  =   0,
    },{
        .name    =   "user spacce",
        .size    =   0x1200000,
        .offset  =   0xA00000,
    },{
        .name    =   "User configuration",
        .size    =   0x200000,
        .offset  =   0x1c00000,
```

第 11 章 基于嵌入式操作系统的 Nios II 系统设计与应用高级篇

```
    }, {
        .name       =   "safe configuration",
        .size       =   0x200000,
        .offset     =   0x1e00000,
        .mask_flags =   MTD_WRITEABLE,  /* force read-only */
    }
};
```

（14）编译该根文件系统工程。右击工程选择 Build Project。

（15）烧写根文件系统。右击该工程下 romfs.bin 文件,选择 upload 烧写到 Flash 中。

（16）下载 Nios II_standard.sof 文件配置 FPGA。打开超级终端,Linux 内核和根文件系统自动从 Flash 启动,如图 11.35 所示。

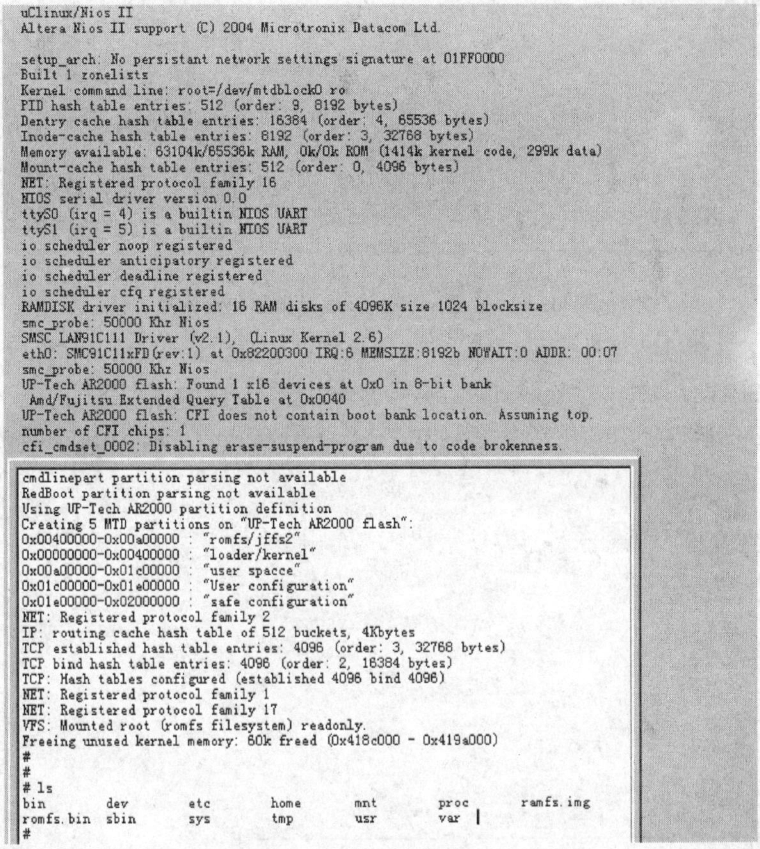

图 11.35 Linux 内核启动查看根文件系统

（17）在 Linux 下用 Flash,首先要为 Flash 每个分区建立对应的 Flash 分区设备文件。建立设备文件结点需要知道设备类型和设备号。在 Linux 运行后,通过 proc 下的 devices 查看设备类型和设备号。具体命令如下：mount -n -t proc /proc proc 回车,cat /proc/devices 回车查看,如图 11.36 所示。

如图 11.36 所示,mtdblock 设备类型为块设备,设备号为 31。然后,就在根文件系统工程

·279·

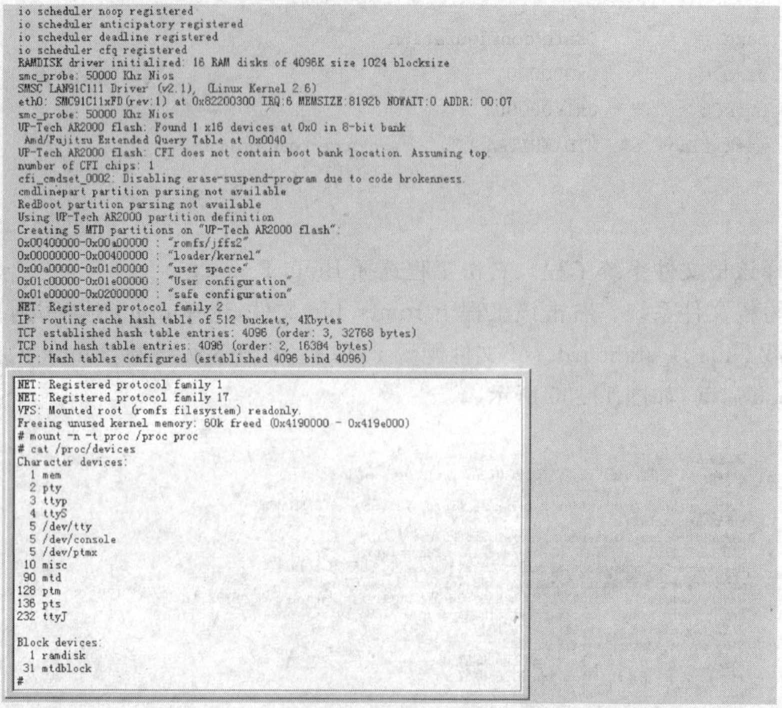

```
io scheduler noop registered
io scheduler anticipatory registered
io scheduler deadline registered
io scheduler cfq registered
RAMDISK driver initialized: 16 RAM disks of 4096K size 1024 blocksize
smc_probe: 50000 Khz Nios
SMSC LAN91C111 Driver (v2.1), (Linux Kernel 2.6)
eth0: SMC91C11xFD(rev:1) at 0x82200300 IRQ:6 MEMSIZE:8192b NOWAIT:0 ADDR: 00:07
smc_probe: 50000 Khz Nios
UF-Tech AR2000 flash: Found 1 x16 devices at 0x0 in 8-bit bank
 Amd/Fujitsu Extended Query Table at 0x0040
UF-Tech AR2000 flash: CFI does not contain boot bank location. Assuming top.
number of CFI chips: 1
cfi_cmdset_0002: Disabling erase-suspend-program due to code brokenness.
cmdlinepart partition parsing not available
RedBoot partition parsing not available
Using UF-Tech AR2000 partition definition
Creating 5 MTD partitions on "UF-Tech AR2000 flash":
0x00400000-0x00a00000 : "romfs/jffs2"
0x00000000-0x00400000 : "loader/kernel"
0x00a00000-0x01c00000 : "user space"
0x01c00000-0x01e00000 : "User configuration"
0x01e00000-0x02000000 : "safe configuration"
NET: Registered protocol family 2
IP: routing cache hash table of 512 buckets, 4Kbytes
TCP established hash table entries: 4096 (order: 3, 32768 bytes)
TCP bind hash table entries: 4096 (order: 2, 16384 bytes)
TCP: Hash tables configured (established 4096 bind 4096)
```

```
NET: Registered protocol family 1
NET: Registered protocol family 17
VFS: Mounted root (romfs filesystem) readonly.
Freeing unused kernel memory: 60k freed (0x4190000 - 0x419e000)
# mount -n -t proc /proc proc
# cat /proc/devices
Character devices:
  1 mem
  2 pty
  3 ttyp
  4 ttyS
  5 /dev/tty
  5 /dev/console
  5 /dev/ptmx
 10 misc
 90 mtd
128 ptm
136 pts
232 ttyJ

Block devices:
  1 ramdisk
 31 mtdblock
#
```

图 11.36 查看 mtdblock 设备类型和设备号

的 dev 文件夹下新建设备文件"@mtdblock0,b,31,0"、"@mtdblock1,b,31,1"、"@mtdblock2,b,31,2"、"@mtdblock3,b,31,3"、"@mtdblock4,b,31,4"这 5 个设备文件分别对应 Flash 的 5 块分区。也可在 Linux 运行后,用以下命令查看:cat /proc/mtd 和 cat /proc/partition,如图 11.37 所示。

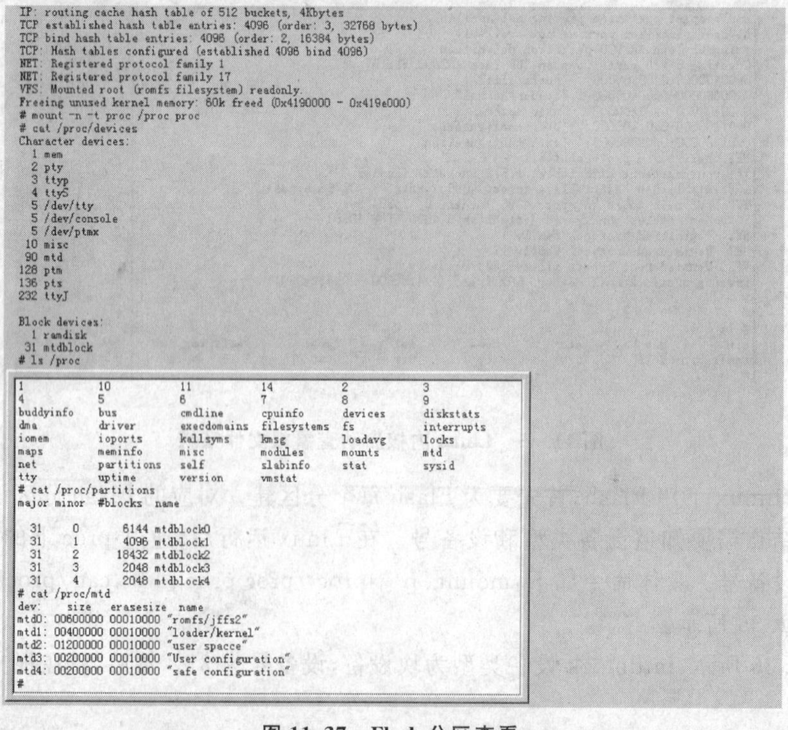

```
IP: routing cache hash table of 512 buckets, 4Kbytes
TCP established hash table entries: 4096 (order: 3, 32768 bytes)
TCP bind hash table entries: 4096 (order: 2, 16384 bytes)
TCP: Hash tables configured (established 4096 bind 4096)
NET: Registered protocol family 1
NET: Registered protocol family 17
VFS: Mounted root (romfs filesystem) readonly.
Freeing unused kernel memory: 60k freed (0x4190000 - 0x419e000)
# mount -n -t proc /proc proc
# cat /proc/devices
Character devices:
  1 mem
  2 pty
  3 ttyp
  4 ttyS
  5 /dev/tty
  5 /dev/console
  5 /dev/ptmx
 10 misc
 90 mtd
128 ptm
136 pts
232 ttyJ

Block devices:
  1 ramdisk
 31 mtdblock
# ls /proc
1          10        11         14         2         3
4          5         6          7          8         9
buddyinfo  bus       cmdline    cpuinfo    devices   diskstats
dma        driver    execdomains filesystems fs       interrupts
iomem      ioports   kallsyms   kmsg       loadavg   locks
maps       meminfo   misc       modules    mounts    mtd
net        partitions self      slabinfo   stat      sysid
tty        uptime    version    vmstat
# cat /proc/partitions
major minor  #blocks  name

   31     0     6144  mtdblock0
   31     1     4096  mtdblock1
   31     2    18432  mtdblock2
   31     3     2048  mtdblock3
   31     4     2048  mtdblock4
# cat /proc/mtd
dev:    size   erasesize  name
mtd0: 00600000 00010000 "romfs/jffs2"
mtd1: 00400000 00010000 "loader/kernel"
mtd2: 01200000 00010000 "user space"
mtd3: 00200000 00010000 "User configuration"
mtd4: 00200000 00010000 "safe configuration"
#
```

图 11.37 Flash 分区查看

新建设备文件方法:右击 dev 文件,选择新建 File,写入文件名即可,如图 11.38 所示。

设备文件结点建完后,还要在 mnt 文件夹下新建一个装载 flash 的文件夹。右击 mnt 文件夹,新建文件夹 Folder,文件夹名为 flash。重新编译根文件系统工程,下载到 flash 中。运行 Linux 可以在 dev 中看到新建的设备文件结点和 mnt 文件夹下的 flash 文件夹,如图 11.39 所示。

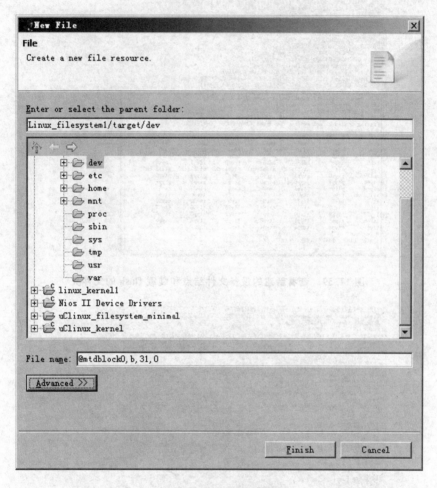

图 11.38　新建设备文件

(18) 装载 Flash 的用户分区 user space(对应设备文件结点 mtdblock2)到 mnt 下的 flash 文件夹下。首先要对设备文件 mtdblock2 格式化,命令为:mke2fs /dev/mtdblock2。格式化为 ext2 文件系统,它是 Linux 文件系统。最后就以 ext2 文件系统格式进行装载,mount -n -t ext2 /dev/mtdblock2 /mnt/flash。最后就可用这块存储空间进行读写文件了。把 mnt 文件夹下的内容复制到 Flash 中,查看 Flash 内容。最后不用时要进行卸载,umount -n /mnt/flash。然后重起 Linux 系统,不用格式化 mtdblock2,直接挂载到 mnt 下的 Flash 中,可以看到上次复制的内容,这就是 Flash 在 Linux 系统下的使用。具体操作如图 11.40 所示。

Nios II 系统开发设计与应用实例

```
ttyJ0 at MMIO 0x822108b0 (irq = 1) is a jtag_uart
io scheduler noop registered
io scheduler anticipatory registered
io scheduler deadline registered
io scheduler cfq registered
RAMDISK driver initialized: 16 RAM disks of 4096K size 1024 blocksize
smc_probe: 50000 Khz Nios
SMSC LAN91C111 Driver (v2.1), (Linux Kernel 2.6)
eth0: SMC91C111xFD(rev:1) at 0x82200300 IRQ:6 MEMSIZE:8192b NOWAIT:0 ADDR: 00:07
smc_probe: 50000 Khz Nios
UP-Tech AR2000 flash: Found 1 x16 devices at 0x0 in 8-bit bank
  Amd/Fujitsu Extended Query Table at 0x0040
UP-Tech AR2000 flash: CFI does not contain boot bank location. Assuming top.
number of CFI chips: 1
cfi_cmdset_0002: Disabling erase-suspend-program due to code brokenness.
cmdlinepart partition parsing not available
RedBoot partition parsing not available
Using UP-Tech AR2000 partition definition
Creating 5 MTD partitions on "UP-Tech AR2000 flash":
0x00400000-0x00400000 : "romfs/jffs2"
0x00000000-0x00400000 : "loader/kernel"
0x00a00000-0x01c00000 : "user space"
0x01c00000-0x01e00000 : "User configuration"
0x01c00000-0x02000000 : "safe configuration"
NET: Registered protocol family 2
IP: routing cache hash table of 512 buckets, 4Kbytes
TCP established hash table entries: 4096 (order: 3, 32768 bytes)
TCP bind hash table entries: 4096 (order: 2, 16384 bytes)
TCP: Hash tables configured (established 4096 bind 4096)
NET: Registered protocol family 1
NET: Registered protocol family 17
VFS: Mounted root (romfs filesystem) readonly.
Freeing unused kernel memory: 60k freed (0x4190000 - 0x419e000)
# ls /dev
button    console   cua0      cua1      cua2      cua3      cua4
cua5      cua6      cua7      cua8      cua9      fb0       fb1
hda       hda1      hda2      hda3      hda4      hda5      hda6
hda7      hda8      hdb       hdb1      hdb2      hdb3      hdb4
hdb5      hdb6      hdb7      hdb8      i2c-0     i2c-1     input
kmem      mem       mtdblock0 mtdblock1 mtdblock2 mtdblock3 mtdblock4
null      ptyp0     ptyp1     ptyp2     ptyp3     ptyp4     ptyp5
ptyp6     ptyp7     ptyp8     ptyp9     ptypa     ptypb     ptypc
ptypd     ptype     ptypf     ram0      ram1      ram2      ram3
spi       tty       tty0      tty1      tty2      tty3      tty4
ttyS1     ttyS2     ttyS3     ttyS4     ttyS5     tty6      ttyS7
ttyS8     ttyS9     ttyp0     ttyp1     ttyp2     ttyp3     ttyp4
ttyp5     ttyp6     ttyp7     ttyp8     ttyp9     ttypa     ttypb
ttypc     ttypd     ttype     ttypf     zero
# ls /mnt
flash     ide0      ide1      ide2      nfs
#
```

图 11.39 查看新建的设备文件结点和装载 flash 的文件夹

```
VFS: Mounted root (romfs filesystem) readonly.
Freeing unused kernel memory: 60k freed (0x4190000 - 0x419e000)
# mke2fs /dev/mtdblock2
mke2fs 1.25 (20-Sep-2001)
ext2fs_check_if_mount: No such file or directory while determining whether /dev.
Filesystem label=
OS type: Linux
Block size=1024 (log=0)
Fragment size=1024 (log=0)
4608 inodes, 18432 blocks
921 blocks (5.00%) reserved for the super user
First data block=1
3 block groups
8192 blocks per group, 8192 fragments per group
1536 inodes per group
Superblock backups stored on blocks:
    8193

Writing inode tables: done
Writing superblocks and filesystem accounting information: done

This filesystem will be automatically checked every 30 mounts or
180 days, whichever comes first.  Use tune2fs -c or -i to override.
# ls /mnt/flash
# mount -n -t ext2 /dev/mtdblock2 /mnt/flash
# ls /mnt/flash
lost+found
# cp /mnt/* /mnt/flash
/mnt/flash: Is a directory
/mnt/ide0: Is a directory
/mnt/ide1: Is a directory
/mnt/ide2: Is a directory
/mnt/nfs: Is a directory
# ls /mnt/flash
flash     ide0      ide1      ide2      lost+found nfs
# umount -n /mnt/flash
warning: can't open /etc/mtab: No such file or directory
# ls /mnt/flash
# mount -n -t ext2 /dev/mtdblock2 /mnt/flash
# ls /mnt/flash
flash     ide0      ide1      ide2      lost+found nfs
# cp /bin/cp/mnt/flash
# ls /mnt/flash
cp        flash     ide0      ide1      ide2      lost+found
nfs
# umount -n /mnt/flash
warning: can't open /etc/mtab: No such file or directory
# ls /mnt/flash
# mount -n -t ext2 /dev/mtdblock2 /mnt/flash
# ls /mnt/flash
cp        flash     ide0      ide1      ide2      lost+found
nfs
#
```

图 11.40 flash 在 Linux 下的使用

11.3.4　Linux 简介

1. 软、硬盘及光驱的使用

在 Linux 中对其他硬盘逻辑分区、软盘和光盘的使用与通常在 DOS 与 Windows 中的使用方法是不一样的,不能直接访问。因为在 Linux 中它们都被视为文件,因此在访问使用前必须使用装载命令 mount 将它们装载到系统的/mnt 目录中来;使用结束时必须进行卸载。命令格式如下:

　　mount -t　文件系统类型　设备名　装载目录

文件类型常用的如表 11.1 所列。

设备名是指要装载的设备的名称,如软盘、硬盘、光盘等,软盘一般为/dev/fd0 fd1,硬盘一般为/dev/hda hdb,硬盘逻辑分区一般为 hda1 hda2 等,光盘一般为/dev/hdc。在装载前一般要在/dev/mnt 目录下建立一个空的目录,如软盘为 floppy,硬盘分区为其盘符,如 c、d 等,光盘为 cd-rom,使用命令如下:

表 11.1　常用文件类型

MSDOS	DOS 分区文件
ext2、ext3	Linux 文件系统
Swap	Linux swap 分区或 swap 文件
Vfat	支持长文件名的 DOS 分区
ios9660	安装光盘 CD-ROM 的文件系统
hpfs	OS/2 分区文件系统

　　mount -n -t msdos /dev/fd0 /mnt/floppy

表示装载一个 msdos 格式的软盘。

　　mount -n -t ext2 /dev/fd0 /mnt/floppy

表示装载一个 Linux 格式的软盘。

　　mount -n -t vfat /dev/hda1 /mnt/c

表示装载 Windows98 格式的硬盘分区。

　　mount -n -t ios9660 /dev/hdc /mnt/cd-rom

表示装载一个光盘。

装载完成之后便可对该目录进行操作,在使用新的软盘及光盘前必须退出该目录,使用卸载命令进行卸载,方可使用新的软盘及光盘;否则系统不会承认该软盘。光盘在卸载前,不能用光驱面板前的弹出键退出。

2. Linux 下的硬盘分区

对于 DOS 或 Windows 系统来说,有几个分区就有几个驱动器,并且每个分区都会获得一个字母标识符,然后就可以选用这个字母来指定在这个分区上的文件和目录,它们的文件结构都是独立的。但对于 Linux 来说,无论有几个分区,分给哪个目录使用,它只有一个根目录,一个独立且唯一的文件结构。Linux 中每个分区都是用来组成整个文件系统的一部分,因为它采用了一种叫载入的处理方法,它的整个文件系统中包含了一整套的文件和目录,且将一个分区和一个目录联系起来。这时要载入的一个分区将使它的存储空间在一个目录下获得。

对于 IDE 硬盘,驱动器标识符为"hdx～",其中"hd"表明分区所在设备的类型,这里是指 IDE 硬盘。"x"为盘号(a 为基本盘,b 为基本从属盘,c 为辅助主盘,d 为辅助从属盘),"～"代表分区,前 4 个分区用数字 1 到 4 表示,它们是主分区或扩展分区,从 5 开始就是逻辑分区。例 hda3 表示为第 1 个 IDE 硬盘上的第 3 个主分区或扩展分区。对于 SCSI 硬盘则标识为 sdx

~,SCSI 硬盘是用 sd 来表示分区所在设备的类型的,其余和 IDE 硬盘表示方法一样。IDE (Integrated Driver Electronics)接口指把控制器与盘体集成在一起的硬盘驱动器,也叫 ATA (Advanced Technology Attachment)接口。SCSI(Small Computer System Interface)不是专门为硬盘设计的,而是一种总线型的系统接口。

Linux 分区格式只有 ext2(3)和 swap 两种,ext2(3)用于存放系统文件,swap 则作为交换分区。在 Linux 的每一个分区都必须指定一个载入点,系统启动时,告诉系统这个目录要给哪个目录使用。对 swap 分区来说,一般定义一个且它不必要定义载入点。swap 分区是 Linux 暂时存储数据的交换分区,它主要是把主内存上暂时不用的数据存起来,在需要的时候再调进内存内,且作为 swap 使用的分区不用指定载入点,它的大小至少是内存的两倍,但最大不要大于 128 MB。如果内存是 64 MB 的内存,那么 swap 分区最大也只能被定义为 127 MB,再大就是浪费空间了。如果内存是 128 MB 或更大的内存,swap 分区也只能最大被定义为 127 MB。可以创建和使用 1 个以上的交换分区,最多 16 个。

11.4 μClinux 下应用程序的建立与使用实验

11.4.1 实验目的

(1)熟悉使用 Nios II SDK Shell、QuartusII 和 SOPC Builder 共同建立本开发板的目标板。
(2)学习使用 SOPC Builder 定制 Nios II 系统的硬件开发过程。
(3)学习 μClinux 系统的移植、裁剪、编译和烧写运行。
(4)学习根文件系统的建立、编译、烧写和查看。
(5)学习 μClinux 下应用程序的建立与使用。
(6)学习使用 IDE 开发环境。
(7)学习 Quartus II、SOPC Builder、Nios II IDE 三种工具的配合使用。

11.4.2 实验内容

本实验通过使用 Nios II SDK Shell、Quartus II 和 SOPC Builder 共同建立本开发板的目标板 UP_AR2000_board。然后新建工程 USB_test,使用 SOPC Builder 定制一个标准的 Nios II 系统,该系统是以 UP_AR2000_board 为目标板建立的,从而完成硬件开发。用 Quartus II 分配引脚,编译后,生成 sof 文件。然后,使用 Nios II IDE 移植 μClinux 操作系统内核,编译并烧写。建立根文件系统编译、烧写。建立应用程序工程,编译生成 .exe 文件。然后把 exe 文件复制到根文件系统中的 bin 文件夹下。再重新编译根文件系统,并烧写。最后下载 sof 文件。通过超级终端用户就可以运行位于 bin 文件夹下的应用程序命令了。

11.4.3 实验步骤

(1) 直接利用 11.3 节实验建立的工程 USB_test,打开工程文件 USB_test.qpf。

注意: 这里要对 Nios II 系统中的复位地址进行设置,放到 Flash 中。

(2) 直接利用 11.3 节实验中建立的 Linux 内核工程和 Linux 根文件系统工程,即在 Nios II IDE 中 Import Linux_kernel1 和 Linux_filesystem1,然后新建应用工程,如图 11.41、图 11.42 所示。

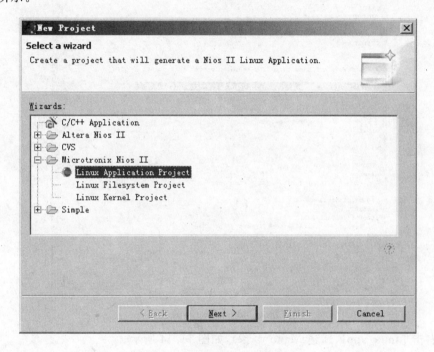

图 11.41 新建 Linux 应用工程

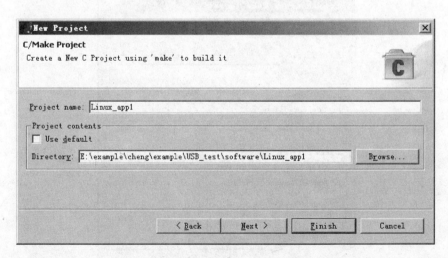

图 11.42 新建 Linux_app1

（3）添加应用程序到应用工程。把 Nios II 下 example 中的 hello 应用程序复制到应用工程中。hello.c 和 makefile 的路径为：D:\altera\kits\nios2\examples\software\linux\apps\samples\hello，把该路径下的 makefile 和 hello.c 文件复制到 Linux_app1 中。

（4）对 makefile 进行修改，保存。指定 Rules.mak 的路径，改为：TOPDIR＝E:\example\cheng\example\USB_test\software\Linux_app1，如图 11.43 所示。

图 11.43　makefile 修改

（5）右击 Linux_app1，新建 Make target，如图 11.44 所示。

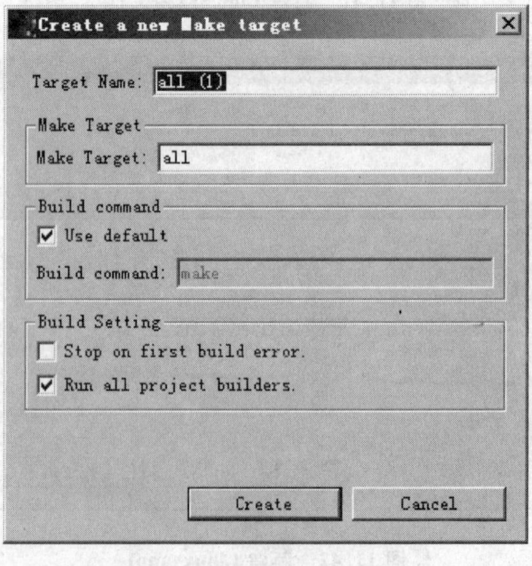

图 11.44　新建 Make target

第11章 基于嵌入式操作系统的 Nios II 系统设计与应用高级篇

(6) 编译应用工程,生成两个文件:hello.exe 和 hello.gdb。

(7) 把 hello.exe 复制到根文件系统工程下的 Target/bin 文件夹下,重新编译,下载到 Flash。

(8) 下载 sof 文件配置 FPGA,启动 Linux,执行位于 bin 下的应用程序生成的命令 hello.exe,如图 11.45 所示。

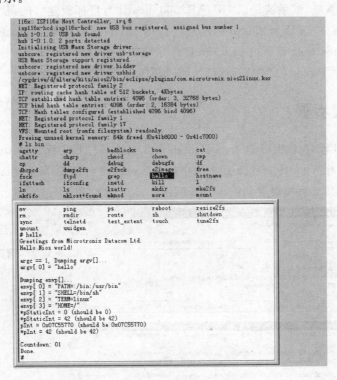

图 11.45 应用程序命令的使用

11.5 μClinux 下 Ethernet 通信实验

11.5.1 实验目的

(1) 熟悉使用 Nios II SDK Shell、Quartus II 和 SOPC Builder 共同建立本开发板的目标板。

(2) 学习使用 SOPC Builder 定制 Nios II 系统的硬件开发过程。

(3) 学习 μClinux 系统的移植、裁剪、编译和烧写运行。

(4) 学习根文件系统的建立、编译、烧写和查看。

(5) 学习使用 IDE 开发环境。

(6) 学习 Quartus II、SOPC Builder 和 Nios II IDE 三种工具的配合使用。

11.5.2 实验内容

本实验通过使用 Nios II SDK Shell、Quartus II 和 SOPC Builder 共同建立本开发板的目标板 UP_AR2000_board。然后新建工程 standard_test,使用 SOPC Builder 定制一个标准的 Nios II_standard 系统,该系统是以 UP_AR2000_board 为目标板建立的,从而完成硬件开发。以后的实验都用该 Nios II_standard 标准系统。用 Quartus II 分配引脚,编译后,生成 sof 文件。然后,使用 Nios II IDE 移植 μClinux 操作系统内核,并编译和烧写。建立根文件系统,并编译和烧写。最后下载 sof 文件。运行后,通过超级终端观察实验结果。

11.5.3 实验步骤

(1) 直接利用第 10 章生成的 Nios II_standard 系统。打开工程文件 standard_test.qpf。

注意:这里要对 Nios II_standard 系统中的复位地址进行设置,放到 Flash 中。

打开 SopcBuilder 环境设置如图 11.46 所示。

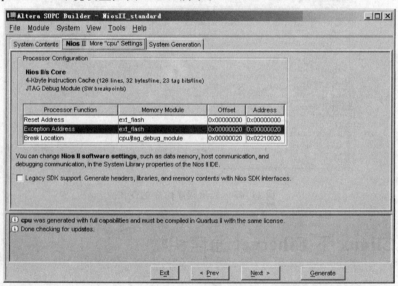

图 11.46 设置 Reset Address 和 Exception Address

重新生成 Nios II 系统,并重新编译工程。

(2) 打开 Nios II IDE 新建工程,选择 Linux Kernel Project,如图 11.47 所示。

单击 Next,选择路径为 standard_test 工程文件夹下的 software,新建文件夹 Linux_kernell 和名为 Linux_kernell 的工程,如图 11.48 所示。

单击 Next,选择目标硬件,即硬件开发生成的 Nios II 系统对应的 ptf 文件,内核存放的位置在片外 Flash 中。执行时复制到 SDRAM 中运行,如图 11.49 所示。

注意:这里内核存放位置要与 SOPC Builder 生成 Nios 系统时设置的复位起始位置一致,都是在 Flash 中。

(3) 对内核进行裁剪配置,在 Navigator 窗口下右击工程 Linux_kernel,选择 configure kernel。

第 11 章　基于嵌入式操作系统的 Nios II 系统设计与应用高级篇

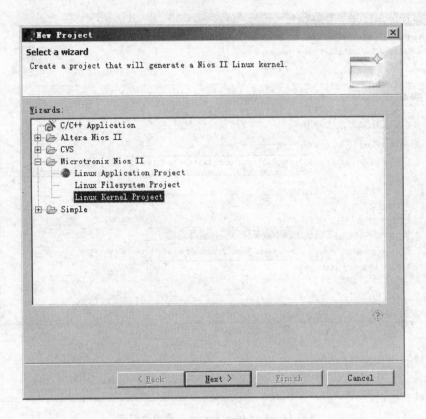

图 11.47　新建 Linux 内核工程

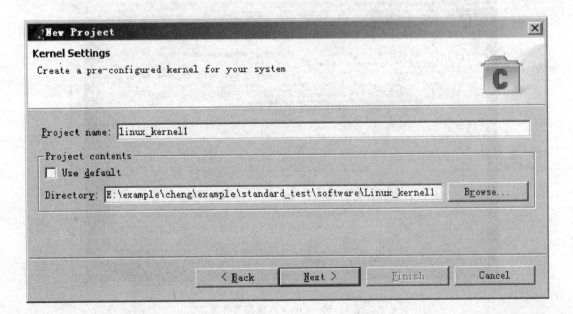

图 11.48　新建 Linux 内核工程的设置

注意：这是在 Navigator 窗口下，可以通过 Window 选择。

（4）内核配置界面如图 11.50 所示。

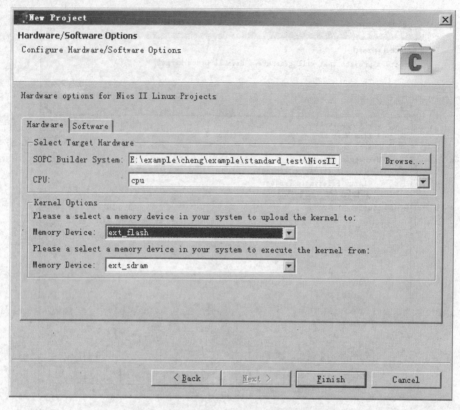

图 11.49　Linux_kernel 工程硬件配置

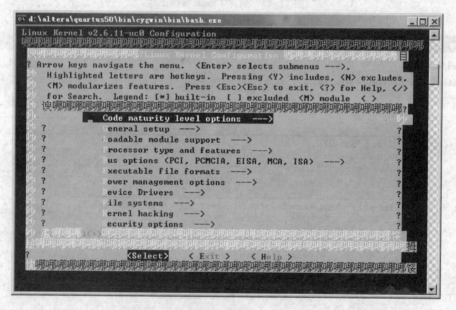

图 11.50　Linux 内核配置界面

（5）选择目标板。选择"Processor type and features→"选择目标板 UP-Tech AR2000 Development board support，如图 11.51 所示。

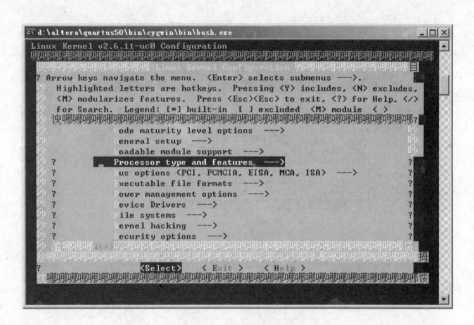

图 11.51　目标板的选择

然后选择"Platform＜Altera Stratix Development board support＞→"，默认选的是 Altera Stratix Development board support，如图 11.52 所示。

图 11.52　目标板的选择

进入后选择目标板 UP-Tech AR2000 Development board support，如图 11.53 所示。

（6）裁剪掉对 ATA/ATAPI/MFM/RLL 协议的支持。目前在嵌入式设备中，这些设备应用的还不多，但台式机及笔记本用户如果有支持以上协议的硬盘或光驱就可选上它。在

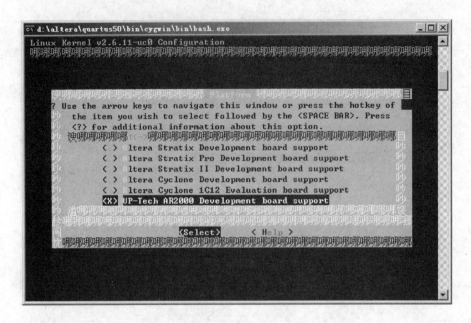

图 11.53 选择目标板 UP-Tech AR2000

2.6.x内核中这方面的支持内容也比较丰富。选择"Device Drivers→",如图 11.54 所示。

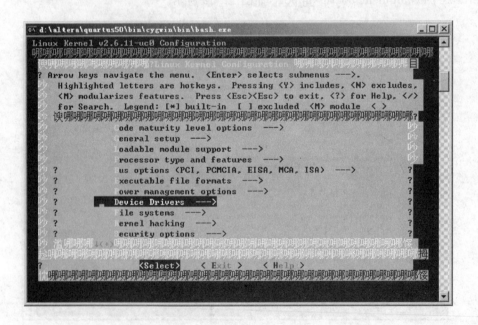

图 11.54 进入驱动配置界面

然后选择"ATA/ATAPI/MFM/RLL support→",进入该配置界面,如图 11.55 所示。

第 11 章 基于嵌入式操作系统的 Nios II 系统设计与应用高级篇

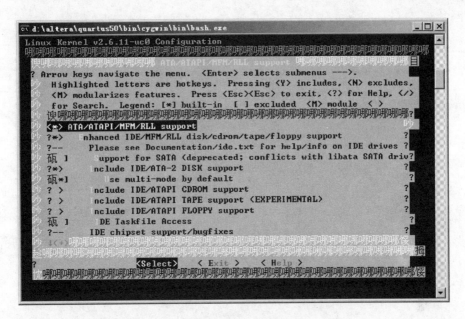

图 11.55　ATA/ATAPI/MFM/RLL support 配置界面

在"＜　＞"中输入 N，不选择该项，如图 11.56 所示。选择 Exit 退出。

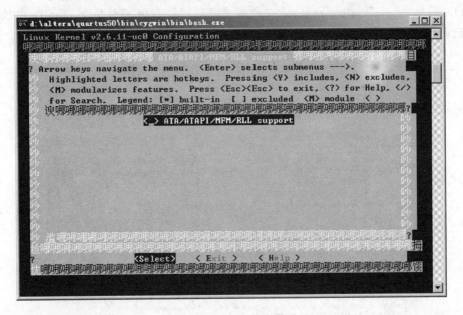

图 11.56　取消 ATA/ATAPI/MFM/RLL support

（7）对串口进行配置。在图 11.54 中选择"Device Drivers→"，然后选择"Character Devices→"，再选择"Serial drivers→"。在图 11.57 中选择 Nios serial support 和 Support for console on Nios UART，关闭 JTAG UART 避免两者冲突。

（8）最后退出保存设置。

（9）右击工程进行编译。

（10）下载烧写内核，右击工程下 build 文件夹中的 vmlinux.bin 文件。选择 upload，烧写

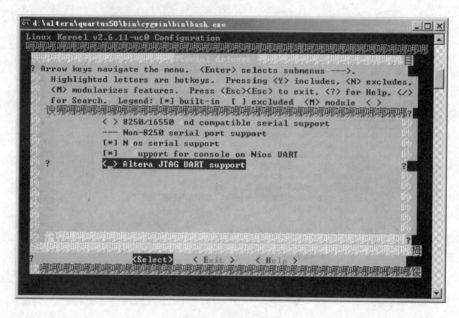

图 11.57 串口设置

到 Flash 中。

(11) 下载 Nios II_standard.sof 文件配置 FPGA。打开超级终端，Linux 内核自动从 Flash 启动，如图 11.58 所示。

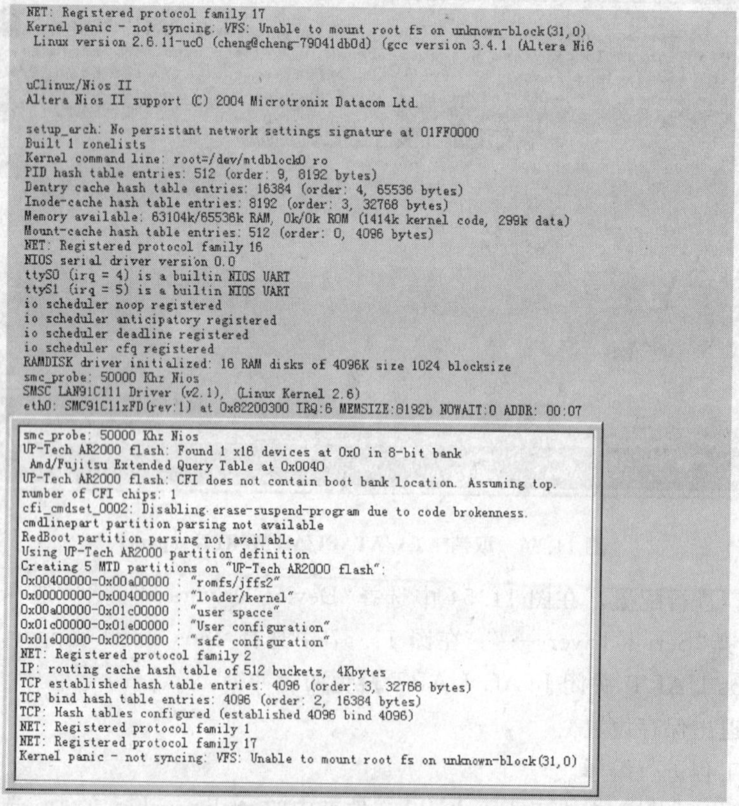

图 11.58 Linux 内核启动

第 11 章　基于嵌入式操作系统的 Nios II 系统设计与应用高级篇

（12）建立 Linux 根文件系统。在图 11.59 中选择 Linux Filesystem Project。单击 Next 按钮，在弹出的对话框中选择路径为 standard_test\software\Linux_filesystem 及名为 Linux_filesystem 的工程，如图 11.60 所示。

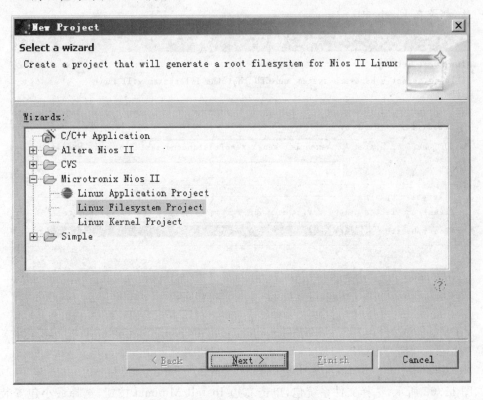

图 11.59　新建 Linux 根文件系统工程

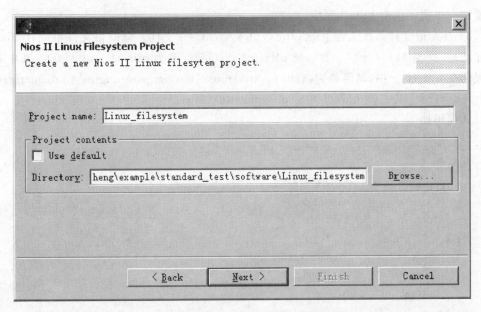

图 11.60　选择路径并命工程名

单击Next,选择目标硬件,即硬件开发生成的Nios II系统对应的ptf文件,根文件系统存放在片外Flash中。执行时复制到SDRAM中运行,如图11.61所示。

注意:这里根文件系统存放位置要与SOPC Builder生成Nios II系统时设置的复位起始位置一致,都是在Flash中。

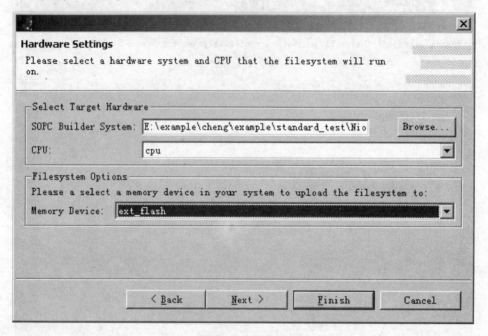

图11.61 根文件系统硬件配置

如图11.62所示,选择文件系统包,单击右边Install Minimal按钮,选择最小包安装。还要再选以下几项:agetty、boa、debug、dhcpcd、ftpd、e2fsprogs、inetd、ping、route和telnetd。注意不要选init项。单击Finish完成。

(13) 打开根文件系统工程下的Linux_filesystem.stf文件。修改根文件系统在Flash中的存储地址,要与MTD分区一致。把offset=0x200000改为offset=0x400000。其中MTD分区代码在uptech.c中,其路径为:\altera\kits\nios2\bin\eclipse\plugins\com.microtronix.nios2linux.kernel_1.4.0\linux-2.6.x\drivers\mtd\maps。

具体代码如下:

```
static struct mtd_partition uptechamap_partitions[] = {
    {
        .name     =    "romfs/jffs2",
        .size     =    0x600000,
        .offset   =    0x400000,
    },{
        .name     =    "loader/kernel",
        .size     =    0x400000,
        .offset   =    0,
    },{
        .name     =    "user spacce",
```

第 11 章　基于嵌入式操作系统的 Nios II 系统设计与应用高级篇

图 11.62　系统文件包选择

```
        .size =         0x1200000,
        .offset =       0xA00000,
}, {
        .name =         "User configuration",
        .size =         0x200000,
        .offset =       0x1c00000,
}, {
        .name =         "safe configuration",
        .size =         0x200000,
        .offset =       0x1e00000,
        .mask_flags =   MTD_WRITEABLE,  /* force read-only */
}
};
```

(14) 编译该根文件系统工程。右击工程选择 Build Project。

(15) 烧写根文件系统。右击该工程下 romfs.bin 文件。选择 upload，烧写到 Flash 中。

(16) 下载 Nios II_standard.sof 文件配置 FPGA。打开超级终端，Linux 内核和根文件系统自动从 Flash 启动，如图 11.63 所示。

(17) 以太网测试。先配置 IP 为 192.168.0.240，也可为其他的 IP，只要不与局域网中其他 IP 冲突就行。输入命令 ifconfig eth0 192.168.0.240，本实验访问的局域网 Linux 服务器 IP 为 192.168.0.43。配置好后，把服务器上 /home/lishen 文件夹挂载到开发板上的 /mnt/nfs

Nios II 系统开发设计与应用实例

文件夹下。输入命令 mount -n -t nfs 192.168.0.43:/home/lishen/mnt/nfs -o nolock。输入命令 ls /mnt/nfs 就可看到服务器上的文件了。可以查看具体文件的内容。最后，要卸载 /mnt/nfs 中的文件。命令为：umount -n /mnt/nfs。

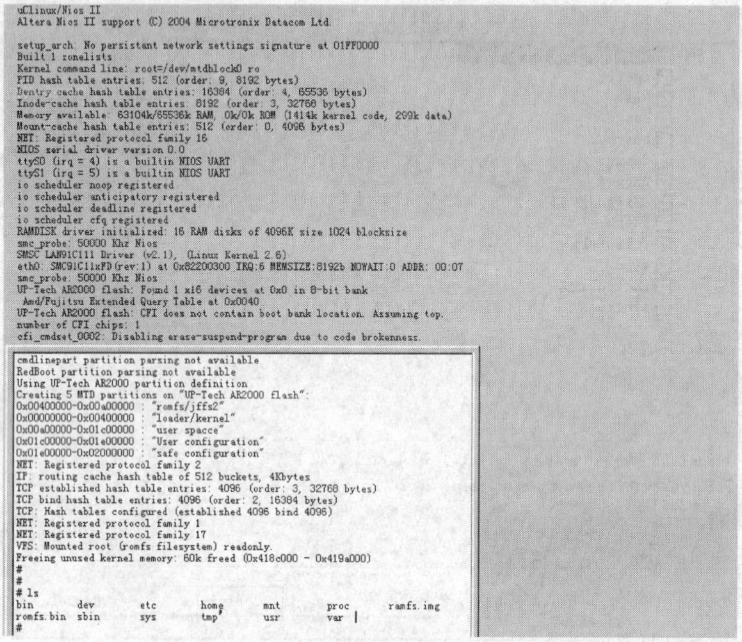

图 11.63　Linux 内核启动查看根文件系统

注意：服务器上要装有 Linux 和 nfs 文件服务器。

以上操作如图 11.64 所示。

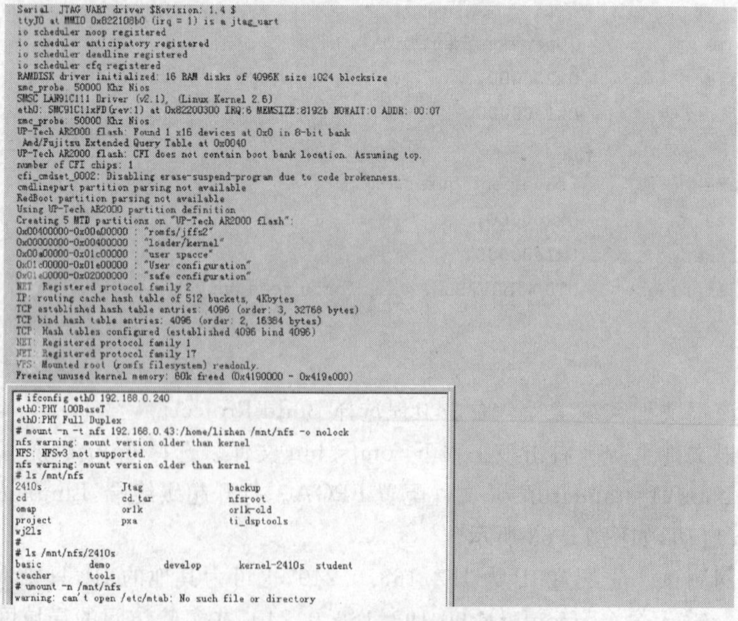

图 11.64　Ethernet 通信

11.6 μClinux 下 USB 接口实验

11.6.1 实验目的

(1) 学习定制 IP 核。
(2) 学习使用 SOPC Builder 定制 Nios II 系统的硬件开发过程。
(3) 学习 μClinux 系统的移植、裁剪、编译和烧写运行。
(4) 学习根文件系统的建立、编译、烧写和查看。
(5) 学习使用 IDE 开发环境。
(6) 学习 Quartus II、SOPC Builder、Nios II IDE 三种工具的配合使用。

11.6.2 实验内容

本实验通过使用 Nios II SDK Shell、Quartus II 和 SOPC Builder 共同建立本开发板的目标板 UP_AR2000_board。然后新建工程 USB_test，使用 SOPC Builder 定制一个标准的 Nios II_full 系统，该系统是以 UP_AR2000_board 为目标板建立的。先学习建立 USB IP 核，然后添加到系统中，该系统包括了开发板上所有用到的接口控制器 IP 核，从而完成硬件开发。用 Quartus II 分配引脚，编译后，生成 sof 文件。然后，使用 Nios II IDE 移植 μClinux 操作系统内核、添加 USB 驱动、编译、烧写。建立根文件系统后，并编译和烧写。最后下载 sof 文件。运行后，通过超级终端观察实验结果。

11.6.3 实验步骤

(1) 建立 USB IP 核。实验开发板上用的 USB 芯片是 ISP1161，建立 ISP1161 接口控制 IP 核是用修改 class.ptf 文件的方法。因为它与以太网芯片 lan91c111 接口控制 IP 核类似，我们就修改 lan91c111 的 class.ptf 文件。把修改好的 class.ptf，安装到 Nios 下的 component 中，如图 11.65 所示。
(2) 在 SOPC Builder 中就可看到 USB IP 核，如图 11.66 所示。
(3) 目标板不必重新建立，直接用上一实验建立的目标板，这是因为用的是同一个开发板。直接新建工程 USB_test，打开 SOPC Builder 建立 Nios II_full 系统。在目标板中选择新建的 UP_AR2000_board。最后添加完所有组件，自动分配基地址和中断，分别选择 System | Auto-Assign Base Adresses 和 System | Auto-Assign IRQs，如图 11.67 所示。最后生成 Nios II_full 系统。

复位地址设在 Flash 中，如图 11.68 所示。
最后生成 Nios II_full 系统。

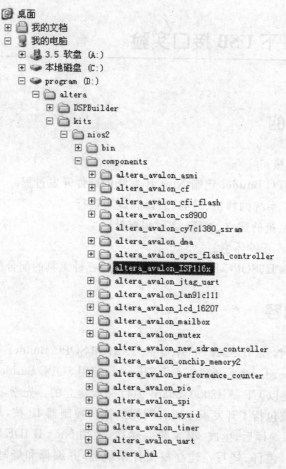

图 11.65 添加 USB IP 核

（4）建立工程顶层设计文件。为其添加端口，选择 Assignments | Device 选择器件 EP2C35F672C8，并设置 FPGA 没有用到的引脚的状态，选择 Assignments | Device，弹出 Setting Test1 对话框，单击 Device & Pin Options，弹出相应对话框，然后单击 Unused Pins，选择 As inputs,tri-stated。还要将 Dual-Purpose pins 中的 nCEO 设置为 Use as regular IO。修改 USB_test.qsf 文件。

提示：我们提供了一个完整的 FPGA 引脚分配文件.qsf，只需把该文件中的引脚分别复制到 USB_test.qsf 文件中即可。

编译完成后，结果如图 11.69 所示。

（5）打开 Nios II IDE 新建工程，选择 Linux Kernel Project，如图 11.70 所示。

单击 Next，选择路径为 standard_test 工程文件夹下的 software，新建文件夹 Linux_kernell 和名为 Linux_kernell 的工程，如图 11.71 所示。

图 11.66 SOPC Builder 中的 USB 组件

第11章 基于嵌入式操作系统的 Nios II 系统设计与应用高级篇

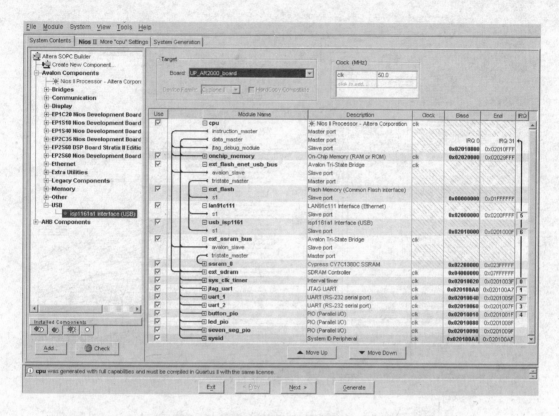

图 11.67 Nios II_full 系统

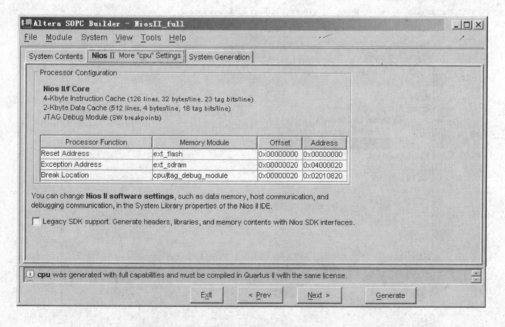

图 11.68 Reset Address 和 Exception Address 设置

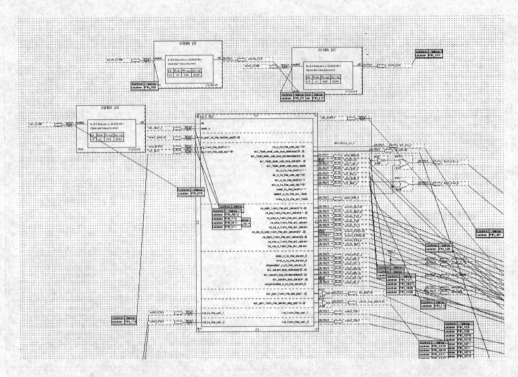

图 11.69 编译后顶层文件

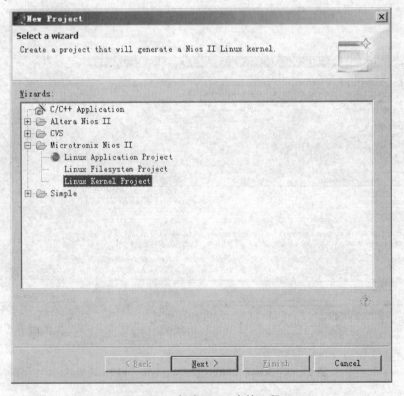

图 11.70 新建 Linux 内核工程

第 11 章 基于嵌入式操作系统的 Nios II 系统设计与应用高级篇

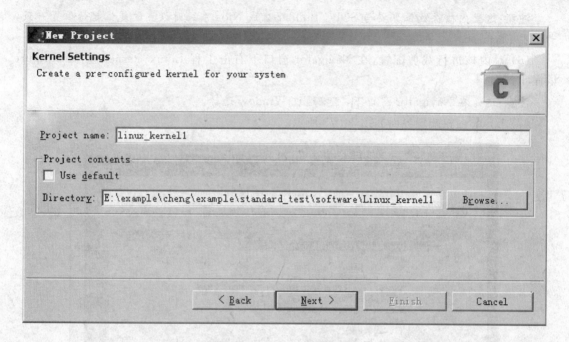

图 11.71　新建 Linux 内核工程

单击 Next，选择目标硬件，即硬件开发生成的 Nios II 系统对应的 ptf 文件，内核存放在片外 Flash 中。执行时复制到 SDRAM 中运行，如图 11.72 所示。

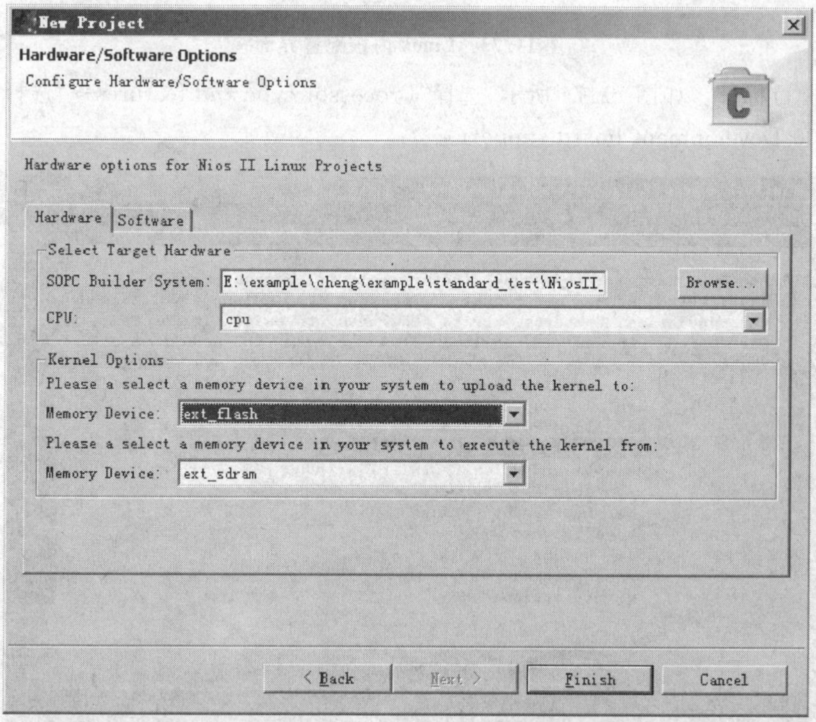

图 11.72　Linux_kernel 工程硬件配置

注意：这里内核存放位置要与 SOPC Builder 生成 Nios 系统时设置的复位起始位置一致，都是在 Flash 中。

（6）对内核进行裁剪配置，在 Navigator 窗口下右击工程 Linux_kernel 选择 configure kernel。

注意：这是在 Navigator 窗口下，可以通过 Window 选择。

（7）Linux 内核配置界面如图 11.73 所示。

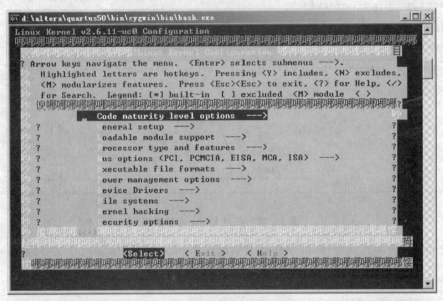

图 11.73　Linux 内核配置界面

（8）选择目标板。如图 11.74 所示，选择"Processor type and features→"选择目标板 UP-Tech AR2000 Development board support。

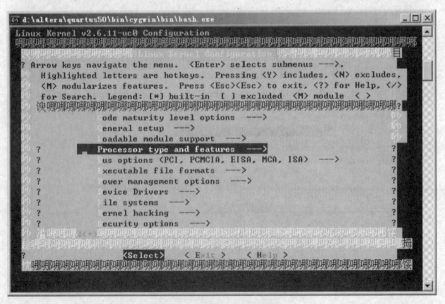

图 11.74　目标板的选择（一）

第11章 基于嵌入式操作系统的 Nios II 系统设计与应用高级篇

如图 11.75 所示,然后选择"Platform＜Altera Stratix Development board support＞→",默认选的是 Altera Stratix Development board support。

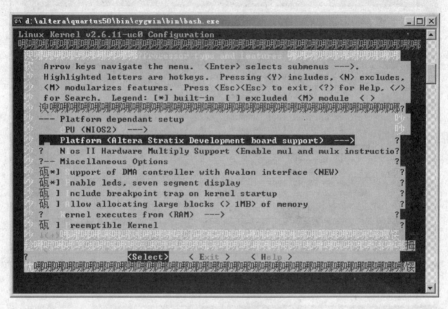

图 11.75 目标板的选择(二)

进入如图 11.76 所示界面后选择目标板 UP-Tech AR2000 Development board support。

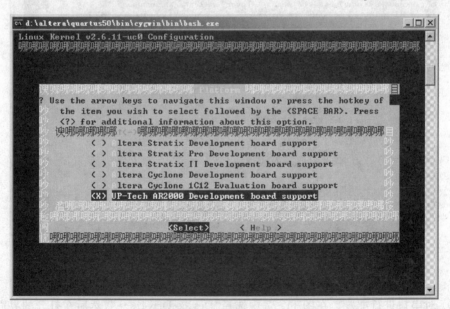

图 11.76 选择目标板 UP-Tech AR2000

(9) 裁剪掉对 ATA/ATAPI/MFM/RLL 协议的支持。目前在嵌入式设备中,这些设备应用的还不多,但台式机及笔记本用户如果有支持以上协议的硬盘或光驱就可选上它。在 2.6.x 内核中这方面的支持内容也比较丰富。如图 11.77 所示,选择"Device Drivers→"之后显示如图 11.78 所示界面。然后选择"ATA/ATAPI/MFM/RLL support→",进入该配置界面。

·305·

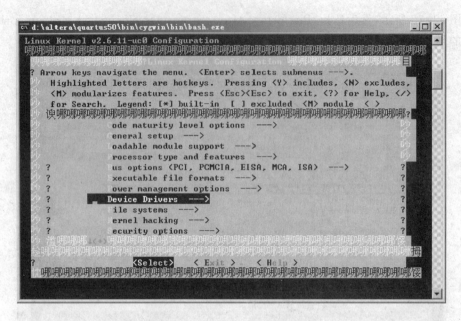

图 11.77　进入驱动配置界面

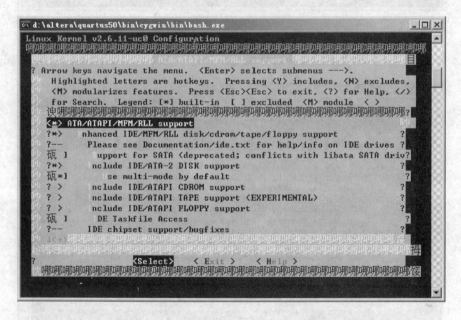

图 11.78　ATA/ATAPI/MFM/RLL support 配置界面

在"< >"中输入 N,不选择该项,如图 11.79 所示。选择 Exit 退出。

(10) 对串口进行配置。在图 11.77 中选择"Device Drivers→",然后在打开的界面中选择"Character Devices→",之后再选择"Serial drivers→"。在图 11.80 所示界面选择 Nios serial support 和 Support for console on Nios UART,并关闭 JTAG UART,避免两者冲突。

(11) 添加 USB 驱动。在图 11.77 中选择 Device drivers 之后在图 11.81 界面中选择 USB support。进入 USB support 后,选择 ISP116x HCD support 和 USB Mass Storage support 两项,如图 11.82 所示。

第 11 章 基于嵌入式操作系统的 Nios II 系统设计与应用高级篇

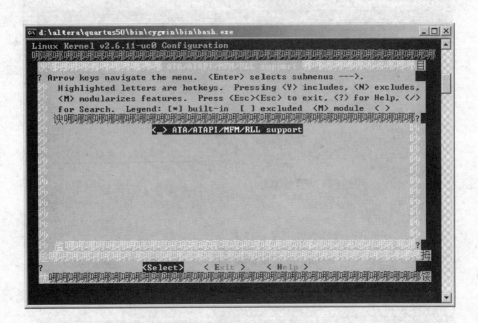

图 11.79 取消 ATA/ATAPI/MFM/RLL support

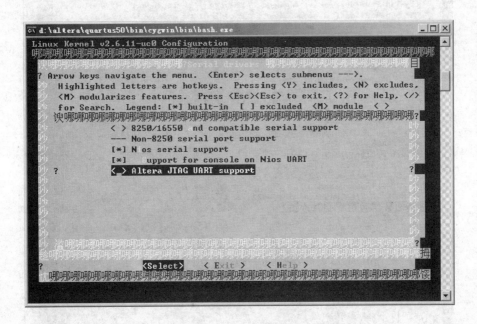

图 11.80 串口设置

Nios II 系统开发设计与应用实例

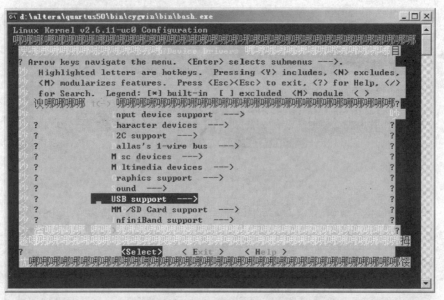

图 11.81　添加 USB 驱动

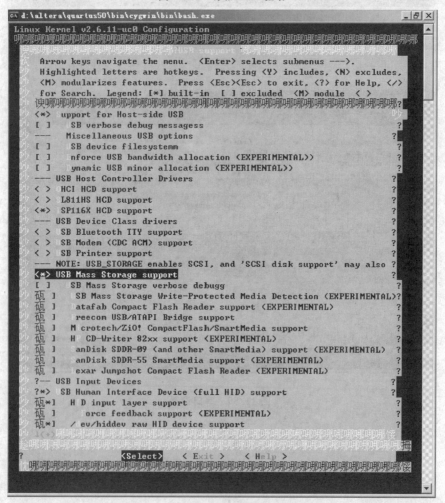

图 11.82　USB 驱动选择

第 11 章 基于嵌入式操作系统的 Nios II 系统设计与应用高级篇

（12）添加 SCSI 器件支持。在图 11.77 中选择 Device drivers 之后在图 11.83 中选择 SCSI device support。

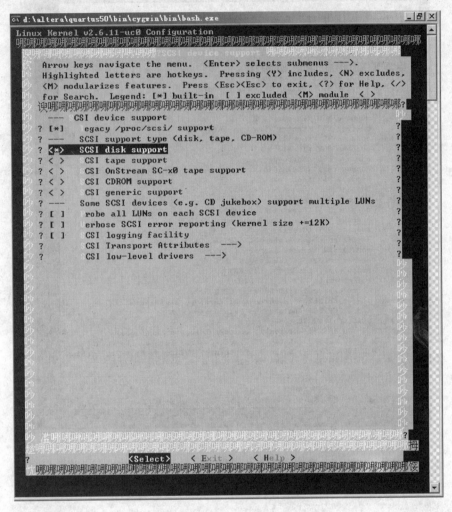

图 11.83 添加 SCSI 驱动

（13）配置语言支持。在图 11.74 界面中选择 File systems 之后在图 11.84 中选上 Codepage 437 ＜United States, Canada＞和 NLS ISO 8859-1＜Latin 1：Western European Languages＞两项。

（14）最后退出，并保存设置。

（15）右击内核工程进行编译。

（16）下载烧写内核，右击工程下 build 文件夹中 vmlinux.bin 文件。选择 upload 烧写到 Flash 中。

（17）下载 USB_test.sof 文件配置 FPGA。打开超级终端，Linux 内核自动从 Flash 启动，如图 11.85 所示。

（18）建立 Linux 根文件系统。在图 11.86 中选择 Linux Filesystem Project。单击 Next 按钮，在弹出的对话框中选择路径为…standard_test\software\Linux_filesystem 及名为 Linux_filesystem

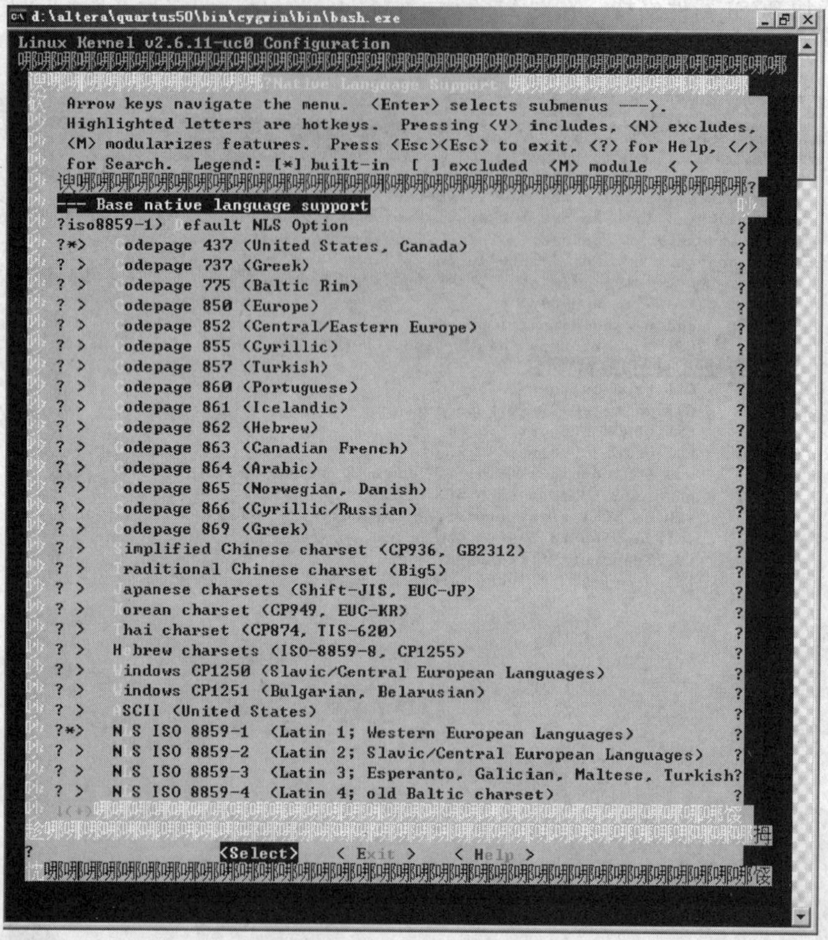

图 11.84 语言种类选择

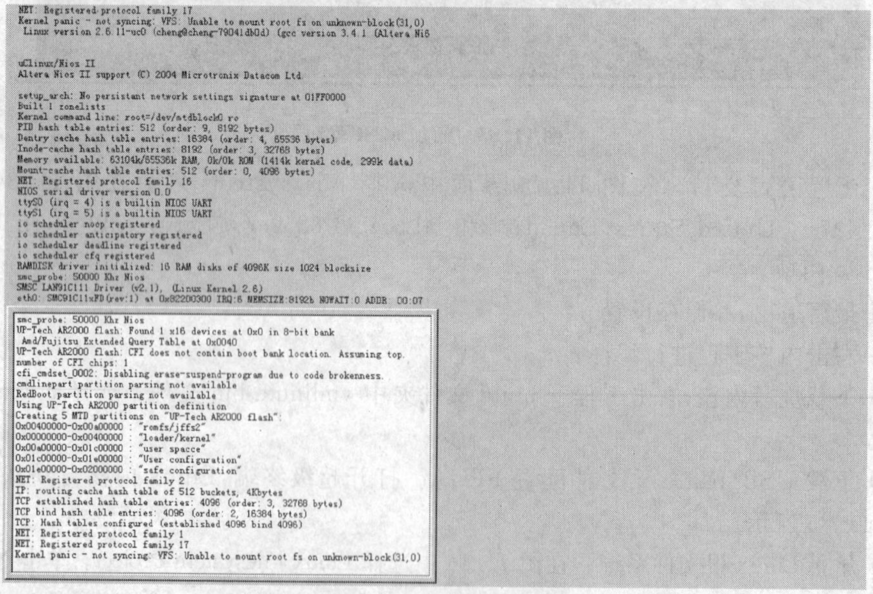

图 11.85 Linux 内核启动

第 11 章　基于嵌入式操作系统的 Nios II 系统设计与应用高级篇

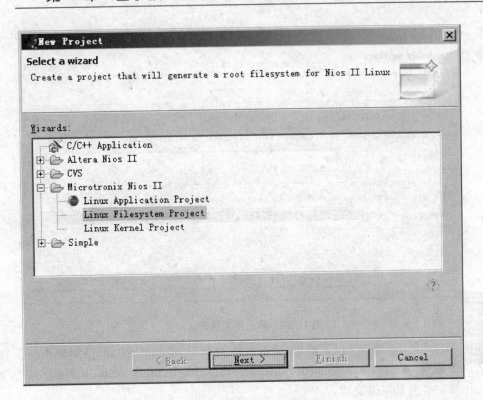

图 11.86　新建 Linux 根文件系统工程

的工程,如图 11.87 所示。单击 Next 按钮,选择目标硬件,即硬件开发生成的 Nios II 系统对应 ptf 的文件,根文件系统存放在片外 Flash 中。执行时复制到 SDRAM 中运行,如图 11.88 所示。

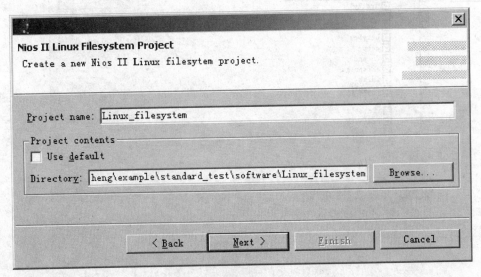

图 11.87　选择路径并命工程名

注意:这里根文件系统存放位置要与 SOPC Builder 生成 Nios II 系统时设置的复位起始位置一致,都是在 Flash 中。

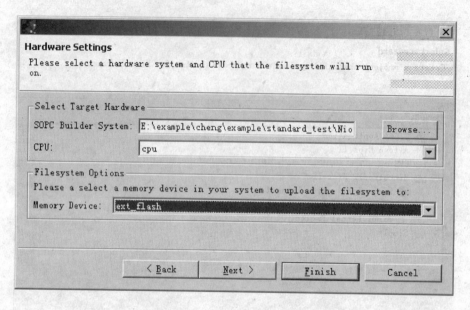

图 11.88 根文件系统硬件配置

如图 11.89 所示,选择文件系统包,单击右边 Install Minimal 按钮,选择最小包安装。还要再选以下几项:agetty、boa、dhcpcd、ftpd、e2fsprogs、inetd、ping、route 和 telnetd。注意:不要选 init 项。单击 Finish 完成。

图 11.89 系统文件包选择

第11章 基于嵌入式操作系统的 Nios II 系统设计与应用高级篇

(19) 打开根文件系统工程下的 Linux_filesystem.stf 文件。修改根文件系统在 Flash 中的存储地址，要与 MTD 分区一致。把 offset=0x200000 改为 offset=0x400000。其中 MTD 分区代码在 uptech.c 中，其路径为：\altera\kits\nios2\bin\eclipse\plugins\com.microtronix.nios2linux.kernel_1.4.0\linux-2.6.x\drivers\mtd\maps。

具体代码如下：

```
static struct mtd_partition uptechamap_partitions[] = {
    {
        .name    =    "romfs/jffs2",
        .size    =    0x600000,
        .offset  =    0x400000,
    },{
        .name    =    "loader/kernel",
        .size    =    0x400000,
        .offset  =    0,
    },{
        .name    =    "user spacce",
        .size    =    0x1200000,
        .offset  =    0xA00000,
    },{
        .name    =    "User configuration",
        .size    =    0x200000,
        .offset  =    0x1c00000,
    },{
        .name    =    "safe configuration",
        .size    =    0x200000,
        .offset  =    0x1e00000,
        .mask_flags =  MTD_WRITEABLE,   /* force read-only */
    }
};
```

(20) 编译该根文件系统工程。右击"工程"选择 Build Project。

(21) 烧写根文件系统。右击该工程下 romfs.bin 文件，选择 upload 烧写到 Flash 中。

(22) 下载 Nios II_standard.sof 文件配置 FPGA。打开超级终端，Linux 内核和根文件系统自动从 Flash 启动，如图 11.90 所示。

(23) 在根文件系统工程的 target | mnt 中新建文件夹 usb。用来做挂载 U 盘设备的挂载目录。Refresh 后可看到新建文件夹。

(24) 在根文件系统工程中的 dev 文件夹下建立 U 盘对应的设备文件，文件命名为"@sda1,b,8,1"。其中，sda1 是设备名，b 代表是块设备，8 是该设备对应的主设备号，1 是次设备号。设备号可通过运行 Linux，用命令 mount -n -t proc /proc proc 和 cat /proc/devices 查看，如图 11.91 所示。

```
uClinux/Nios II
Altera Nios II support (C) 2004 Microtronix Datacom Ltd.
setup_arch: No persistant network settings signature at 01FF0000
Built 1 zonelists
Kernel command line: root=/dev/mtdblock0 ro
PID hash table entries: 512 (order: 9, 8192 bytes)
Dentry cache hash table entries: 16384 (order: 4, 65536 bytes)
Inode-cache hash table entries: 8192 (order: 3, 32768 bytes)
Memory available: 63104k/65536k RAM, 0k/0k ROM (1414k kernel code, 299k data)
Mount-cache hash table entries: 512 (order: 0, 4096 bytes)
NET: Registered protocol family 16
NIOS serial driver version 0.0
ttyS0 (irq = 4) is a builtin NIOS UART
ttyS1 (irq = 5) is a builtin NIOS UART
io scheduler noop registered
io scheduler anticipatory registered
io scheduler deadline registered
io scheduler cfq registered
RAMDISK driver initialized: 16 RAM disks of 4096K size 1024 blocksize
smc_probe: 50000 Khz Nios
SMSC LAN91C111 Driver (v2.1), (Linux Kernel 2.6)
eth0: SMC91C11xFD(rev:1) at 0x92200300 IRQ:6 MEMSIZE:8192b NOWAIT:0 ADDR: 00:07
smc_probe: 50000 Khz Nios
UP-Tech AR2000 flash: Found 1 x16 devices at 0x0 in 8-bit bank
 Amd/Fujitsu Extended Query Table at 0x0040
UP-Tech AR2000 flash: CFI does not contain boot bank location. Assuming top
number of CFI chips: 1
cfi_cmdset_0002: Disabling erase-suspend-program due to code brokenness.
cmdlinepart partition parsing not available
RedBoot partition parsing not available
Using UP-Tech AR2000 partition definition
Creating 5 MTD partitions on "UP-Tech AR2000 flash":
0x00400000-0x00a00000 : "romfs/jffs2"
0x00000000-0x00400000 : "loader/kernel"
0x00a00000-0x01c00000 : "user space"
0x01c00000-0x01e00000 : "User configuration"
0x01e00000-0x02000000 : "safe configuration"
NET: Registered protocol family 2
IP: routing cache hash table of 512 buckets, 4Kbytes
TCP established hash table entries: 4096 (order: 3, 32768 bytes)
TCP bind hash table entries: 4096 (order: 2, 16384 bytes)
TCP: Hash tables configured (established 4096 bind 4096)
NET: Registered protocol family 1
NET: Registered protocol family 17
VFS: Mounted root (romfs filesystem) readonly.
Freeing unused kernel memory: 60k freed (0x418c000 - 0x419a000)
#
#
# ls
bin       dev       etc       home      mnt       proc      ramfs.img
romfs.bin sbin      sys       tmp       usr       var
#
```

图 11.90 Linux 内核启动查看根文件系统

```
VFS: Mounted root (romfs filesystem) readonly.
Freeing unused kernel memory: 68k freed (0x422e000 - 0x423e000)
# ls proc
# mount -n -t proc /proc proc
# ls proc
1         10        11        12        13        16
2         3         4         5         6         7
8         9         buddyinfo bus       cmdline   cpuinfo
crypto    devices   diskstats dma       driver    execdomains
filesystems fs      interrupts iomem    ioports   kallsyms
kmsg      loadavg   locks     maps      meminfo   misc
modules   mounts    mtd       net       partitions scsi
self      slabinfo  stat      sysid     tty       uptime
version   vmstat
# cat /proc/driver
# cat proc/devices
Character devices:
  1 mem
  2 pty
  3 ttyp
  4 ttyS
  5 /dev/tty
  5 /dev/console
  5 /dev/ptmx
 10 misc
 13 input
 90 mtd
128 ptm
136 pts
180 usb
Block devices:
  1 ramdisk
  8 sd
 31 mtdblock
 43 nbd
 65 sd
 66 sd
 67 sd
 68 sd
 69 sd
 70 sd
 71 sd
128 sd
129 sd
130 sd
131 sd
132 sd
133 sd
134 sd
135 sd
#
```

图 11.91 查看 sd 设备号

第 11 章 基于嵌入式操作系统的 Nios II 系统设计与应用高级篇

建完设备文件后重新编译根文件系统工程。

(25) 烧写根文件系统。右击该工程下 romfs.bin 文件 upload 即可。

(26) 下载 USB_test.sof 配置 FPGA。Linux 系统启动。

(27) 插入 U 盘。然后把 U 盘挂载到/mnt/usb 下。U 盘文件系统为 vfat 格式。输入命令 mount -n -t vfat /dev/sda1 /mnt/usb,查看 U 盘内容,输入命令 ls /mnt/usb。拔出 U 盘前先把/mnt/usb 下的文件卸载,可输入命令 umount -n /mnt/usb。以上操作如图 11.92 所示。

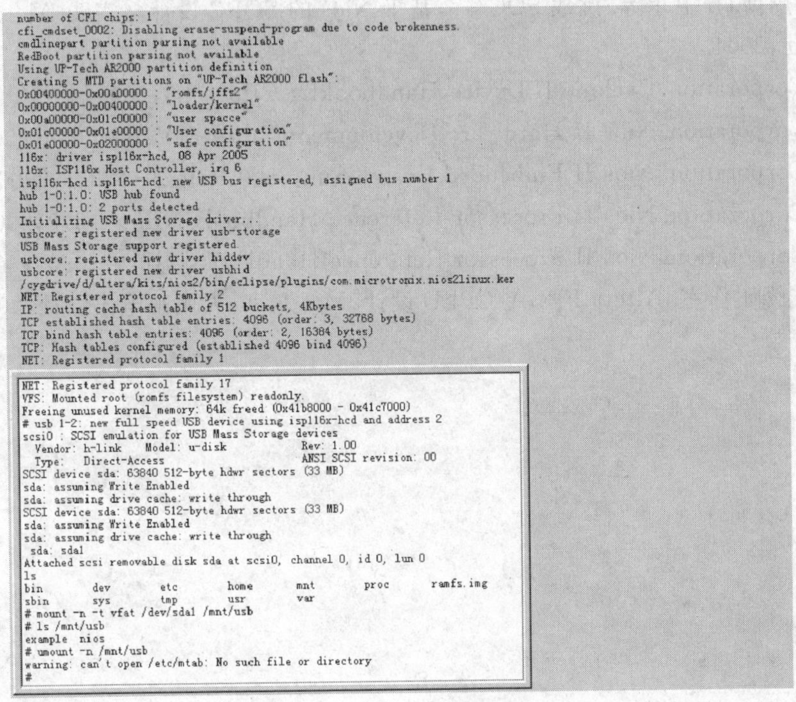

图 11.92 挂载 U 盘

参考文献

[1] 潘松,黄继业,曾毓. SOPC 技术实用教程[M]. 北京:清华大学出版社,2005.

[2] 李兰英. SOPC 设计原理及应用:NIOS 嵌入式软核[M]. 北京:北京航空航天大学出版社,2006.

[3] 周立功. SOPC 嵌入式系统实验教程(一)[M]. 北京:北京航空航天大学出版社,2006.

[4] 彭澄廉,周博,丘卫东等. 挑战 SOC——基于 Nios 的 SOPC 设计与实践[M]. 北京:清华大学出版社,2004.

[5] Altera Corporation. Cyclone II Device HandbookL:CII51-2.3,2005.

[6] Altera Corporation. Nios II Hardware Development Tutoria:Version6.0,2006.

[7] Altera Corporation. Nios II Embedded Design Suite 6.0 Release Notes,2006.

[8] Altera Corporation. Nios II Processor Reference Handbook:NII5V1-6.0,2006.

[9] Altera Corporation. Nios II Processor Reference Handbook:NII5V1-6.0,2006.

[10] EDA 先锋工作室. Altera FPGA/CPLD 设计[M]. 北京:人民邮电出版社,2006.